高等职业教育（本科）机械设计制造类专业系列教材

# 增材制造工艺与装备

主　编　魏青松　陈　娟
副主编　李旭鹏　赵庆鑫
参　编　万　敏　李晓琴　杨冬喆　罗　会

机械工业出版社

本书的编写参考了《增材制造设备操作员国家职业技能标准（2022年版）》的职业工作任务。本书以项目－任务为导向，将每个项目分解成多个任务，每个任务按任务目标、任务引入、知识与技巧、任务实施、知识拓展和任务评价环节展开。针对FDM工艺、LCD工艺和SLM工艺三种类型3D打印机，本书具体内容为：项目1为FDM 3D打印机的装调与维护，介绍了打印头组件、X轴运动组件、平台组件、框架及平面运动组件、Z轴运动组件的装配，以及总装整机、规划线路与常见问题分析；项目2为FDM 3D打印机的应用，介绍了FDM 3D打印机的操作、FDM 3D打印机的耗材、FDM增材制造技术的应用；项目3为LCD 3D打印机的装调与应用，介绍了光源组件、运动组件、平台组件及其他部件的组装，以及LCD 3D打印机的应用与材料；项目4是SLM 3D打印机的装调与应用，介绍了成形舱组件、铺粉及密封腔系统、密封腔与光路系统、SLM 3D打印机的装调，以及SLM 3D打印机的操作。

本书既可作为高等职业教育本科机械设计制造类、机电设备类等专业的教材，也可作为相关专业学生和工程技术人员的参考用书。

为便于教学，本书配套有电子课件、微课视频、习题库等教学资源，凡选用本书作为授课教材的教师可登录www.cmpedu.com注册后免费下载。

**图书在版编目（CIP）数据**

增材制造工艺与装备／魏青松，陈娟主编．--北京：机械工业出版社，2024. 9. --（高等职业教育（本科）机械设计制造类专业系列教材）．--ISBN 978－7－111－76393－2

Ⅰ．TB4

中国国家版本馆CIP数据核字第20242TR899号

机械工业出版社（北京市百万庄大街22号　邮政编码100037）

策划编辑：黎　艳　　　　责任编辑：黎　艳　杜丽君

责任校对：韩佳欣　李　婷　　封面设计：马精明

责任印制：任维东

三河市骏杰印刷有限公司印刷

2024年10月第1版第1次印刷

210mm×285mm · 10.75印张 · 318千字

标准书号：ISBN 978-7-111-76393-2

定价：39.80元

电话服务　　　　　　　　　网络服务

客服电话：010-88361066　　机　工　官　网：www.cmpbook.com

010-88379833　　机　工　官　博：weibo.com/cmp1952

010-68326294　　金　书　网：www.golden-book.com

**封底无防伪标均为盗版**　　机工教育服务网：www.cmpedu.com

# 前言

增材制造技术作为一种相对“年轻”的加工制造技术，虽然在加工规模上还无法与传统制造业中的减材制造（车、铣、刨、磨、钳等）和等材制造（铸造等）相比，但它还是凭借着工艺优势成为整个加工制造业中不可或缺的一环。随着技术的快速迭代，增材制造所涉及的制造领域越来越广泛，在加工制造业中所占的比重也逐年增加。在这个大背景下，增材制造行业内部也不断发生着变化，针对不同材料加工的增材制造设备也层出不穷。目前来看，在现有的加工制造体系中，增材制造不但是为了小批量生产，更重要的是用来攻克传统制造业一些产品无法加工的技术难题或者实现由组件到零件的优化，这就需要从业人员及相关专业学生对增材制造工艺、技术有更深程度的理解，从而在进行某一特定产品的加工、研发、工艺优化时，才能提出更有针对性的建议并实施。通过本书，读者可以在实践操作中掌握不同工艺的增材制造设备的结构组成。本书的知识与技巧和知识拓展，都是在任务实施之外补充的必要理论知识，内容除本书主要介绍的三种类型增材制造设备外，对其他工艺类型的增材制造设备也有涉及。

为深入贯彻党的二十大精神，增强职业教育适应性，着重提高职业人员的理论知识水平及实践能力，本书以实践性任务为主导，理论知识为支撑，以市面主流的熔融沉积成形（FDM）工艺、液晶屏光固化（LCD）工艺、激光选区熔化（SLM）工艺作为典型代表，把每一种工艺的3D打印机机械结构尽可能拆解细分，通过知识、案例、实际操作的有机结合，强化学生对增材制造技术的理解、应用和实践能力。此外，本书精选融入了学习意识、实践能力、社会责任感、沟通和人际交往能力等方面的内容，引导学生坚定技能报国理想信念，提升综合技能和职业素养。

本书由魏青松、陈娟任主编，李旭鹏、赵庆鑫任副主编，万敏、李晓琴、杨冬喆、罗会参与编写。

由于编者水平有限，书中难免有疏漏之处，恳请广大读者批评指正。

编　者

# 二维码索引

| 名称 | 图形 | 页码 | 名称 | 图形 | 页码 |
| --- | --- | --- | --- | --- | --- |
| 打印头组件的装配动画 | | 6 | 光源及屏幕组件的组装方法动画 | | 90 |
| X 轴运动组件的装配动画 | | 12 | 运动组件的组装方法动画 | | 95 |
| 平台组件的装配动画 | | 19 | 平台组件及其他部件的组装方法动画 | | 102 |
| 框架及平面运动组件的组装动画 | | 27 | 成形舱组件的组装方法动画 | | 118 |
| Z 轴运动组件的装配动画 | | 39 | 铺粉与密封腔系统的组装方法动画 | | 125 |
| 总装整机动画 | | 49 | 密封腔与光路系统的组装方法动画 | | 135 |

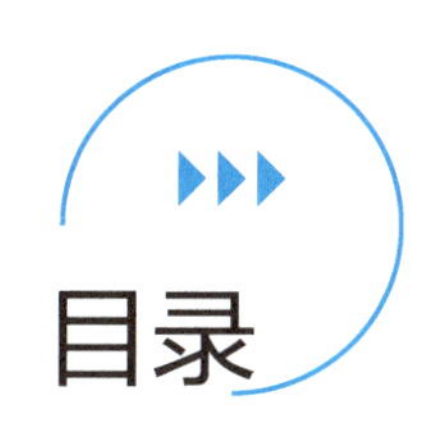

# 目录


前言

二维码索引

**项目 1　FDM 3D 打印机的装调与维护** ········· 1

任务 1　装配打印头组件 ········· 2

任务 2　装配 X 轴运动组件 ········· 10

任务 3　装配平台组件 ········· 16

任务 4　装配框架及平面运动组件 ········· 24

任务 5　装配 Z 轴运动组件 ········· 37

任务 6　总装整机 ········· 45

任务 7　规划线路与常见问题分析 ········· 56

**项目 2　FDM 3D 打印机的应用** ········· 63

任务 1　操作 FDM 3D 打印机 ········· 64

任务 2　认识 FDM 3D 打印机的耗材 ········· 71

任务 3　应用 FDM 增材制造技术 ········· 78

**项目 3　LCD 3D 打印机的装调与应用** ········· 86

任务 1　组装光源组件 ········· 87

任务 2　组装运动组件 ········· 93

任务 3　组装平台组件及其他部件 ········· 99

任务 4　认识 LCD 3D 打印机的应用与材料 ········· 106

**项目 4　SLM 3D 打印机的装调与应用** ········· 115

任务 1　装调成形舱组件 ········· 117

任务 2　装调铺粉及密封腔系统 ········· 123

任务 3　装调密封腔与光路系统 ········· 131

任务 4　装调 SLM 3D 打印机 ········· 144

任务 5　操作 SLM 3D 打印机 ········· 151

**参考文献** ········· 165

1

# 项目1 FDM 3D 打印机的装调与维护

## 项目简介

FDM 是熔融沉积成形增材制造技术的简称，其基本原理是通过 X、Y 轴平面运动系统与送料系统的配合，在一个平面上完成单层模型的制造，再通过 Z 轴的运动将每个单层垂直叠加起来，最终实现以点成线、以线成面、以面成体的制造方法。

FDM 3D 打印机操作简单，在前期使用时几乎不需要做太多准备；但对于出现问题的 3D 打印机，其故障的检查、排除及解决都需要对设备结构非常熟悉。通过 3D 打印机的组装演练，一方面能在操作过程中掌握各个部件的名称，另一方面能加深对各个部件的认识，清楚预组装零部件存在的意义。再者，FDM 3D 打印机虽然有着不同的品牌类型，但是其核心是一样的，只要掌握了其中一种类型，就可以触类旁通。

## 项目框架

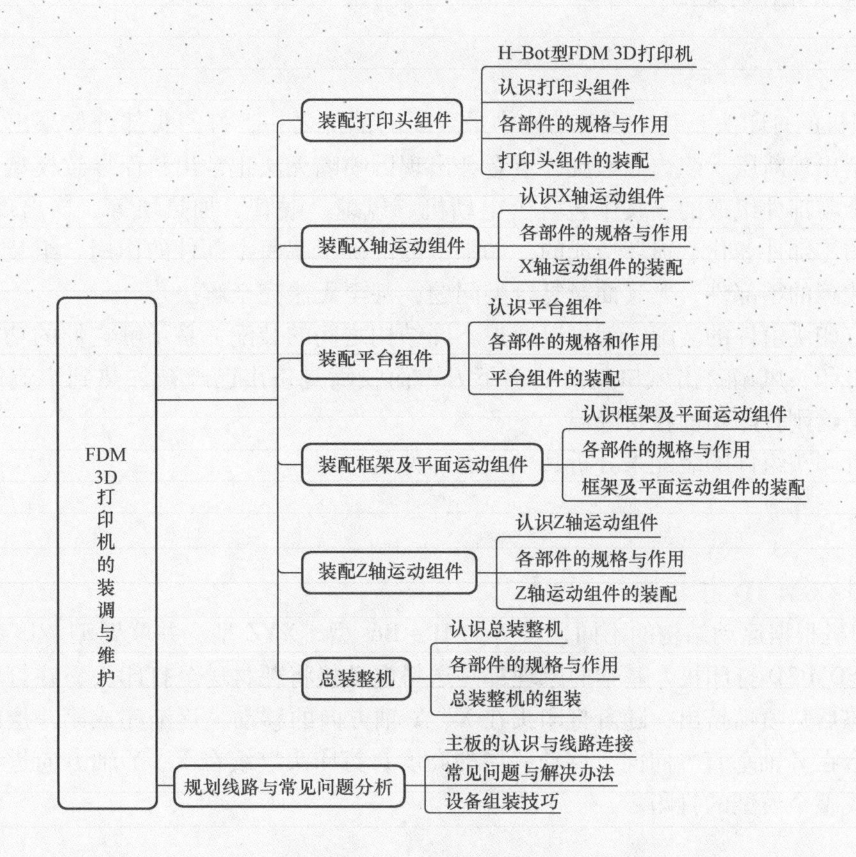

## 素养育人

学习意识是一个人对于学习问题的认知和感受，是指主体针对学习内容的一种态度和行为特征。学习意识是人们生存发展和职业发展必不可少的基础，它不但可以帮助学生更好地掌握专业知识和技能，逐步提升自己的职业能力和学术能力，还可以帮助学生制订科学的学习计划和方法，减少学习时间的浪费，提高学习效率，进一步促进学生对知识的深入理解和领悟，从而获得更好的学习成果。此外，学习意识可以帮助学生培养自我管理和自我控制能力，让他们更好地掌握自己的节奏和时间，合理安排学习和生活，提高自身综合素质和竞争力；帮助学生拓展自己的知识面和视野，让学生不仅可以在本学科领域内不断深入学习，还可以跨学科和跨领域学习，更加全面综合地发展自己。

培养学习意识需要注重以下几个关键点：第一，设定明确目标，尽量减少干扰，持续跟进和更新目标进展；第二，激发好奇心，鼓励探究探索，尝试接触新事物；第三，对未知知识怀有渴望，不断地寻找学习资源；第四，具备专注度，做事全力以赴，不分心；第五，具备自控力，确定自己的学习计划并严格遵守；第六，持有乐观态度，面对挑战积极自信，坚持不懈；第七，交流学习，与他人交流、合作、讨论，保持开放心态，吸纳他人见解。通过培养这些能力和习惯，可以更好地适应未来的发展，创造自己的价值。

# 任务 1　装配打印头组件

## 任务目标

1. 掌握打印头组件各零部件的名称。
2. 了解各部件的作用。
3. 了解所需零件的规格。
4. 会进行打印头组件的装配。

## 任务引入

FDM 3D 打印机的打印头是整个设备结构中最重要的部件之一，打印头部分如果出现问题，轻者会导致所打印的模型出现断层、翘边等瑕疵，重者会出现因喷嘴无法正常出料而导致模型打印失败。由于打印头是由许多个零部件组成的，其中包含了电动机、风扇、喉管、加热块等，当出现同一个问题时，有可能是由不同的零部件老化、损坏造成的，如果不能准确了解每个部件的作用、组装方式，就很难快速排查出老化、故障的零部件，尤其面对复合型问题，甚至无法完全解决。

如果会进行打印头组件的装配，就可以通过不同结构之间的装配关系了解它们的功能。例如，安装在打印头侧面的打印头风扇，出风口朝向喷嘴下方，而喷嘴是挤出已经被加热到半流体状态耗材的位置，其主要作用是给刚打印出的耗材降温。

本任务通过打印头组件的装配来分析其中关键部件的作用。

## 知识与技巧

### 1. H－Bot 型 FDM 3D 打印机

FDM 3D 打印机根据运动结构的不同，可分为 H－Bot 型、XYZ 型、并联臂型、I3 型和 CoreXY 型。这些结构不同的 FDM 3D 打印机，基本的原理都是送料电动机将耗材送至打印头，在打印头处，耗材被加热为半流体状态后从喷嘴挤出；随着打印头在 X、Y 轴方向的移动，逐渐完成第一层的打印；单层打印完毕，打印平台在 Z 轴垂直方向向下移动一层的高度；打印头继续在 X、Y 轴方向进行单层平面的打印工作，直至完成整个模型的打印。

以 H－Bot 型 FDM 3D 打印机（见图 1-1）为例，其主要特点是 X、Y 轴步进电动机都固定在设备框架的一侧，打印头无论是沿 X 轴还是沿 Y 轴运动，两个步进电动机都不会随运动机构移动，减轻了运动机构的负担。

同时，H－Bot 型 FDM 3D 打印机的传动方式可以减缓打印过程中的振动，在一定程度上提高了打印质量，还避免了组装过程中安装丝杠、移动步进电动机的繁琐操作，使整体结构更加简单。由于其电动机绕组形状为 H 形，H－Bot 型 FDM 3D 打印机因此得名。

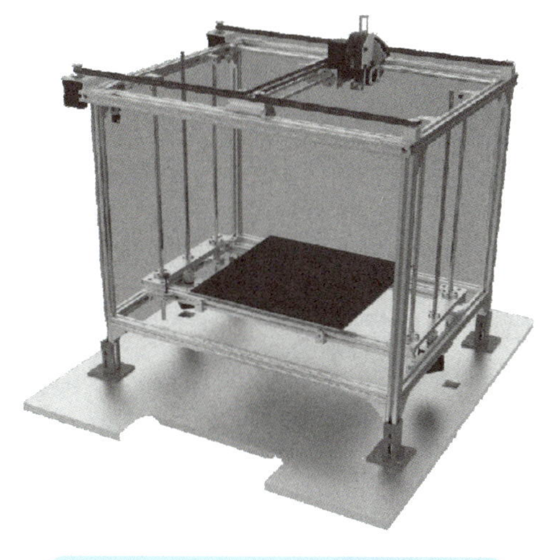

图 1-1　H－Bot 型 FDM 3D 打印机

### 2. 认识打印头组件

打印头作为 3D 打印机的关键部件，担负着加温、送料的重要作用。

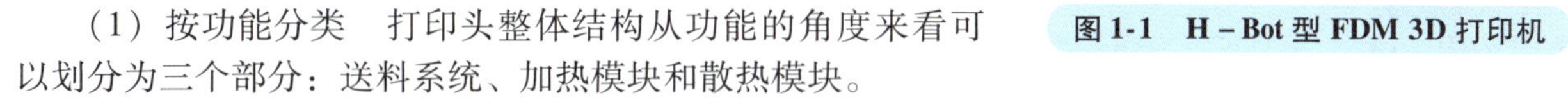

（1）按功能分类　打印头整体结构从功能的角度来看可以划分为三个部分：送料系统、加热模块和散热模块。

1）送料系统。送料系统由送料电动机和挤出机组成，送料电动机负责给挤出机提供动力，挤出机的送料齿轮夹住耗材后向下挤出。

2）加热模块。位于送料系统下方的加热模块由三个部分构成，分别是加热块主体、加热棒和热敏电阻。当打印头开始预热时，加热棒负责给铝制或者铜制加热块主体加热，热敏电阻随时测量、监控加热块的温度，保证加热块升至预设温度后，加热棒可以及时停止工作。

3）散热模块。散热模块一部分用于给打印头本身散热，另一部分用于给打印出的模型散热。加热块在给耗材加热时，热量传导至上方的喉管，耗材有可能在喉管中就已经被高温熔化变软，无法继续向下挤出。为了解决这一问题，首先需要在喉管中增加特氟龙（聚四氟乙烯）管进行隔热，然后可以使用带有散热片的喉管结构（见图 1-2），配合外部的喉管风扇，有效控制喉管部分的温度，确保耗材不会提前熔化。

还有一种分离式的喉管散热结构，喉管采用耐高温且导热性能较差的 PEEK（聚醚醚酮）材料制作，内部同样嵌有特氟龙管，底部加热块的热量很难向上传递。这种结构的打印头，风扇放置在送丝机构的前方，确保没有 PEEK 材料保护的位置不会被提前熔化（见图 1-3）。

图 1-2　带有散热片的喉管结构

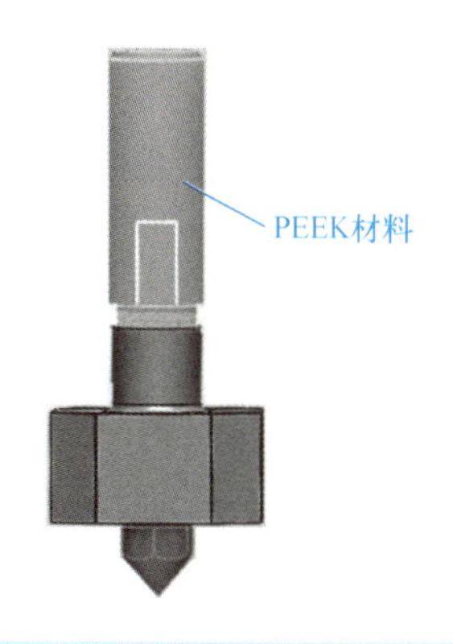


图 1-3　分离式喉管散热结构

（2）按结构分类　从结构上来看，打印头（见图 1-4）主要由送料电动机支架、送料电动机、挤出机、打印头固定块、8mm 直线轴承、离心风扇、离心风扇支撑板、风扇罩、喉管风扇、喉管风扇支撑板、喷嘴等零部件，以及若干内六角螺钉组成。

### 3. 各部件的规格与作用

1）送料电动机支架（见图 1-5）。它是用于固定电动机的支架。它一方面起到固定电动机的作用，另一方面辅助将打印头固定块、挤出机、风扇等与电动机组合在一起。

图 1-4　打印头

图 1-5　送料电动机支架

2）送料电动机（见图 1-6）。它是为挤出机运送耗材提供挤出力的步进电动机。步进电动机是一种将电脉冲信号转换成相应角位移或线位移的电动机，每输入一个脉冲信号，转子就转动一个角度或前进一步，其输出的角位移或线位移与输入的脉冲数成正比，转速与脉冲频率成正比。

3）挤出机（见图 1-7）。它的内部有送丝轮，可以咬合住上方送入的耗材。送料电动机为挤出机的送丝轮提供动力，将咬合住的耗材顺利地向下挤出，经过喉管送入加热块，并最终将耗材从喷嘴挤出。

图 1-6　送料电动机

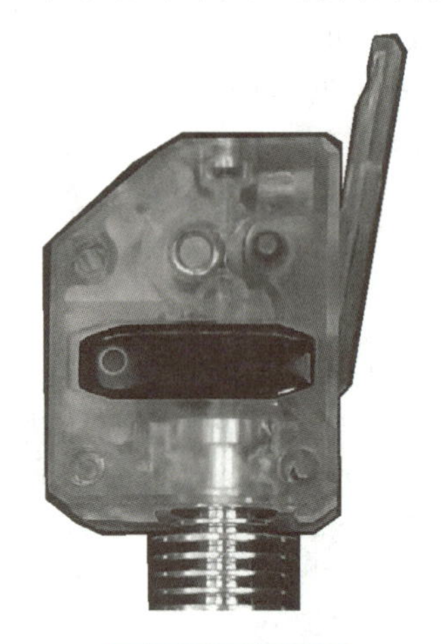

图 1-7　挤出机

挤出机的类型有很多种，图 1-8 所示为双送料齿轮减速挤出机，它的主要特点是在耗材的两侧有两个送料齿轮，送料齿轮上设计有凹槽结构，可以将耗材夹得更紧，能最大限度地减少耗材在打印过程中的打滑现象。挤出机中的减速齿轮不但增加了输出转矩，还可以减轻电动机的负担。将挤出机外壳设计成透明材质，可不用拆开挤出机就能看到内部是否存在卡料的情况。

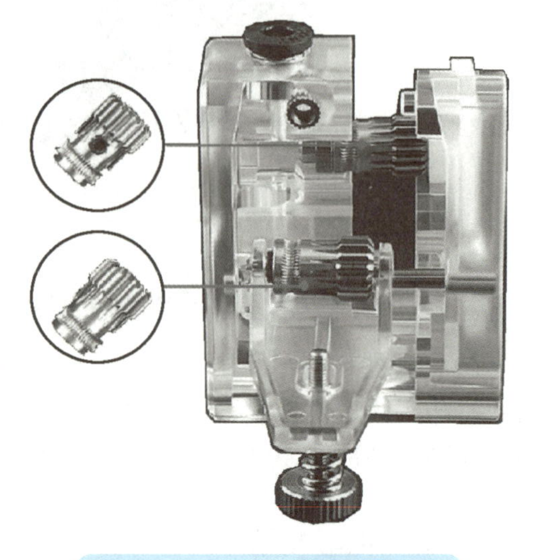

图 1-8　双送料齿轮减速挤出机

图 1-9 和图 1-10 所示分别为近、远端供料的送料齿轮加 U 形槽轴承结构挤出机。这种结构的挤出机不是由双齿轮咬合耗材向下运送，而是设计成一边是没有凹槽的送料齿轮，另一边是带有凹槽的 U 形槽轴承，轴承的侧面装有弹簧，可以施加一个推动力，确保耗材可以始终贴合在送料齿轮处。当电动机轴转动，带动送料齿轮转动时，U 形槽轴承同步转动，

将耗材逐渐向下挤出。这种结构的挤出机在近、远端供料的3D打印机上都很常见。

4）打印头固定块（见图1-11）。它是打印头上负责承载其他部件的底座，也是将打印头与光轴连接的关键部件。

5）8mm直线轴承（见图1-12）。它是与光轴配合使用的一种直线运动系统。8mm直线轴承摩擦小，运动过程比较稳定，不会随轴承速度变化而变化，可以获得灵敏度高、精度高的平稳直线运动。这里使用8mm直线轴承的主要目的是与Y轴的光轴配合，保证打印头在Y轴方向移动平稳。

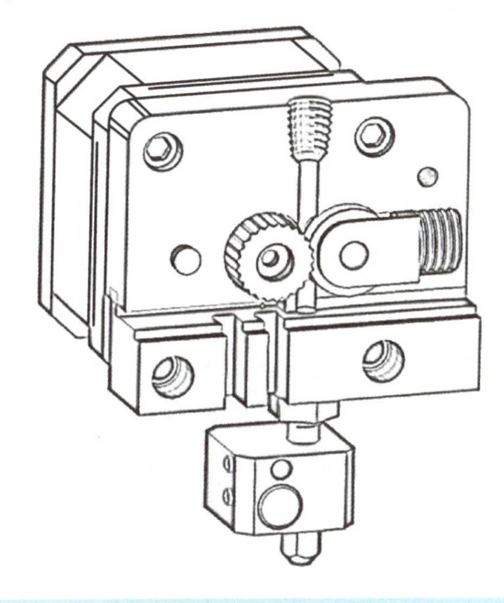

图1-9　近端供料的送料齿轮加U形槽轴承结构挤出机

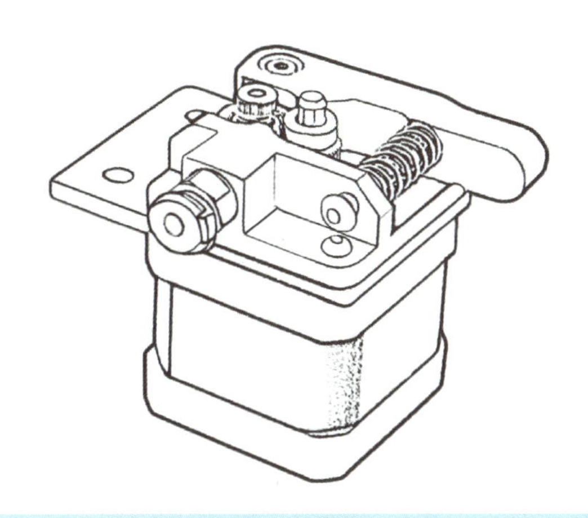

图1-10　远端供料的送料齿轮加U形槽轴承结构挤出机

图1-11　打印头固定块

图1-12　8mm直线轴承

6）离心风扇（见图1-13）。它的主要作用是将气流从风扇的轴向吸入后，利用离心力将气流从圆周方向排出。它的主要用途是与离心风扇支撑板和风扇罩一起组成散热风扇，确保打印出的料丝可以尽快冷却。

7）离心风扇支撑板（见图1-14）。它是用来支撑离心风扇的，是固定离心风扇的底板。

8）风扇罩（见图1-15）。它一方面起到固定和保护离心风扇的作用，另一方面在它的底部有导流槽孔，可以将离心风扇的气流引导至喷嘴下方，精准冷却打印出的料丝。

9）喉管风扇（见图1-16）。它其实是轴流风扇，风扇叶片推动气流沿与中心轴相同的方向流动，主要用于喉管的散热。

挤出机下方的加热块在工作时温度会长时间维持在200℃左右，温度会沿着挤出机的结构逐渐向上传递。如果高温传递到送料电动机的位置，耗材就会在送料齿轮处熔化，对于已经熔化的耗材，自然无法继续向下挤出，喷嘴也就不会出料。为了防止这种情况的发生，就需要安置喉管风扇，以保证打印头喉管部分的散热（见图1-17），防止耗材提前熔化。

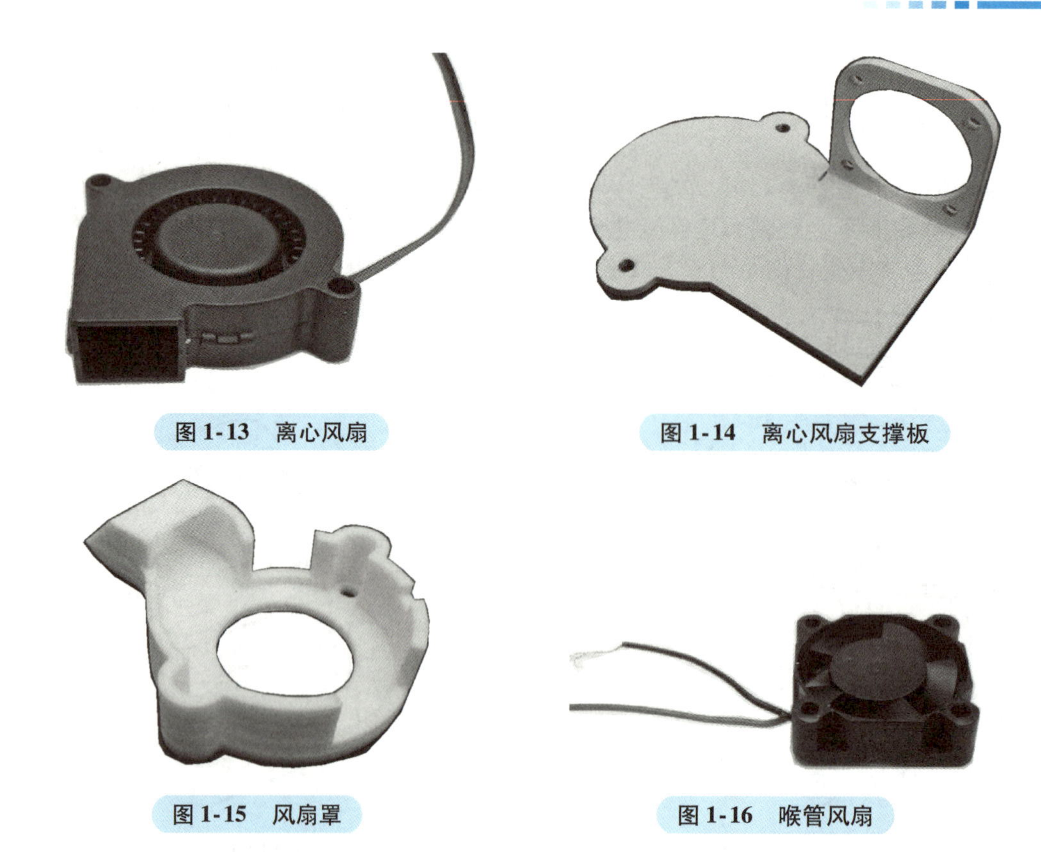

图 1-13 离心风扇

图 1-14 离心风扇支撑板

图 1-15 风扇罩

图 1-16 喉管风扇

10）喉管风扇支撑板（见图 1-18）。它的主要作用有两个：一是作为喉管风扇的底板，将离心风扇支撑板、喉管风扇、喉管风扇支撑板三者连接在一起；二是将整个打印头风扇模组、挤出机、送料电动机支架、送料电动机四个部分组合安装在一起。

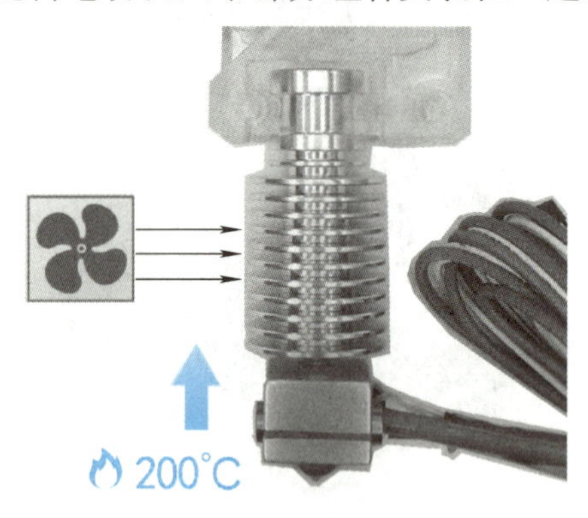


图 1-17 打印头喉管散热

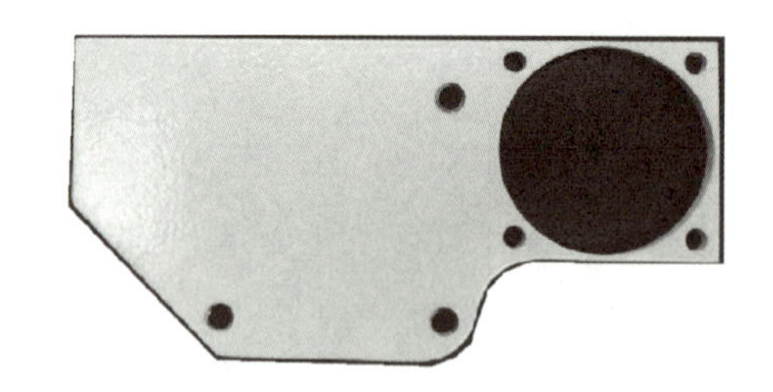

图 1-18 喉管风扇支撑板

11）喷嘴（见图 1-19）。它是位于打印头最底部的结构，一般采用导热效果较好的铜材料制作。铜的硬度较低，可以用于打印 PLA、ABS 等材料，如果使用铜喷嘴打印碳纤维之类的高熔点、高硬度材料，则会导致铜喷嘴磨损、变形，需要更换为钢制喷嘴进行打印。

图 1-19 喷嘴

## 任务实施

打印头组件的装配动画

打印头组件的装配步骤如下：

1）将送料电动机支架安装在打印头固定块上，并使用 M4 ×6 的内六角螺钉固定（见图 1-20）。

2）将离心风扇支撑板与离心风扇安装在一起。在安装时，要注意离心风

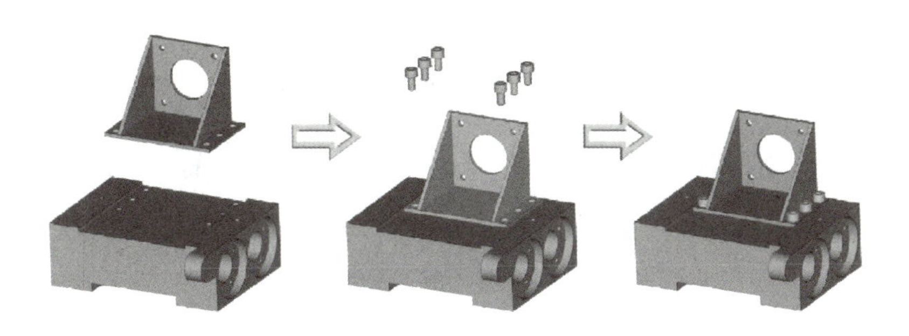

图 1-20　安装送料电动机支架

扇的出风口方向（见图 1-21）。

3）安装风扇罩。使用两颗 M4 × 25 的内六角螺钉将离心风扇支撑板、离心风扇和风扇罩固定在一起，并将螺钉末端的螺母拧紧（见图 1-22）。

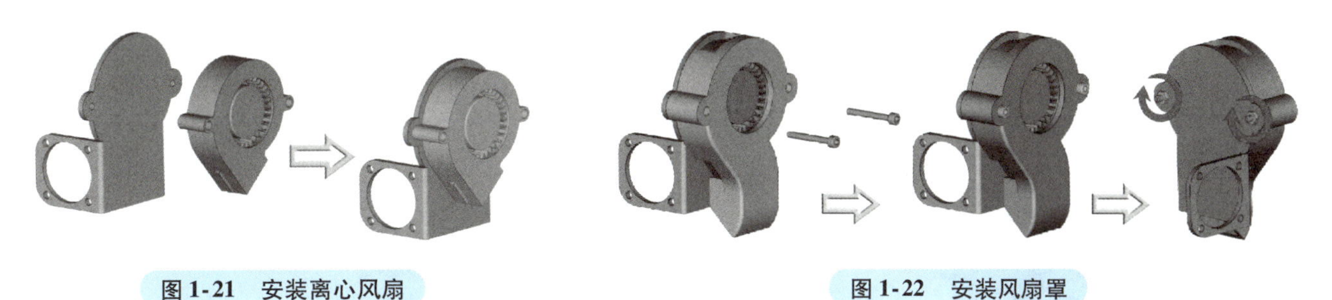

图 1-21　安装离心风扇

图 1-22　安装风扇罩

4）将喉管风扇支撑板、喉管风扇、离心风扇支撑板安装在一起，并使用 M3 × 16 的内六角螺钉配合螺母固定，组装打印头风扇组件（见图 1-23）。

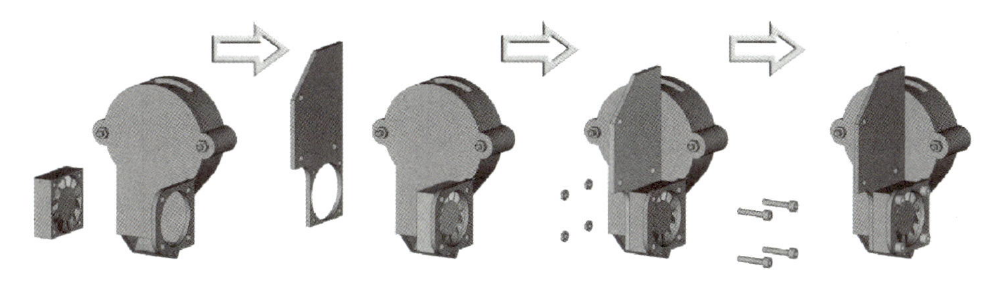

图 1-23　组装打印头风扇组件

5）将加热块安装至挤出机下方的喉管上，随后将喷嘴安装至加热块的下方（见图 1-24）。

6）将送料电动机的电动机轴一端穿过送料电动机支架，并安装在挤出机上（见图 1-25）。

7）把前面组装好的打印头风扇组件安装在挤出机的另一侧，使用 M3 × 45 的内六角螺钉穿过打印头风扇组件、挤出机、送料电动机支架，并最终拧紧固定在送料电动机上（见图 1-26）。

8）将 8mm 直线轴承安装至打印头固定块的前后两侧，并使用 M3 × 6 的内六角螺钉固定（见图 1-27 和图 1-28）。

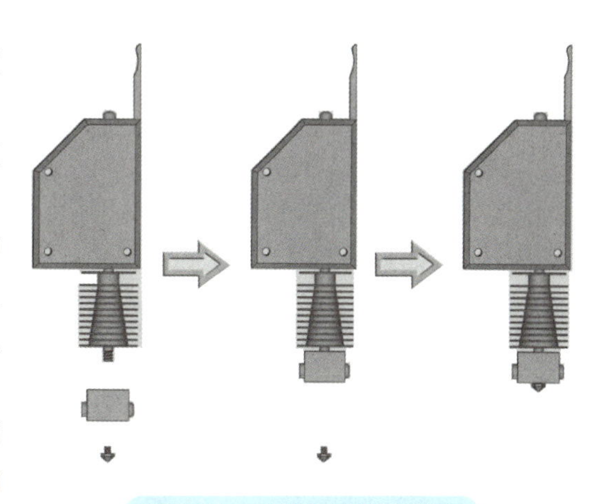

图 1-24　安装加热块和喷嘴

图 1-25　安装送料电动机和挤出机

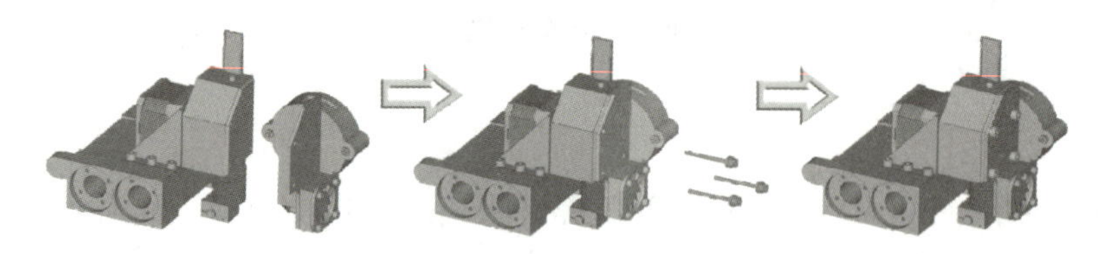

图 1-26　安装打印头风扇组件

9）完成打印头组件的装配（见图 1-29）。

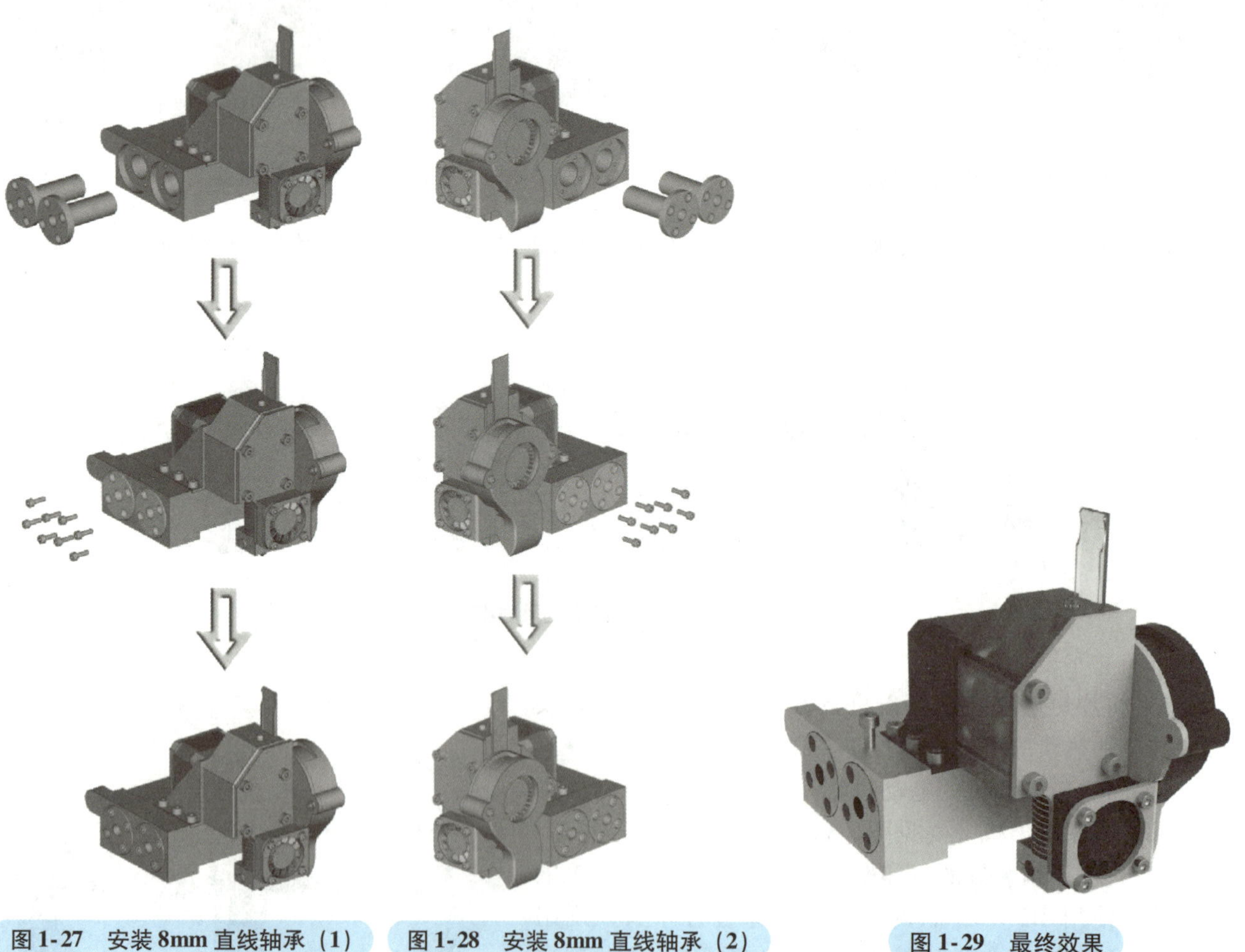

图 1-27　安装 8mm 直线轴承（1）　　图 1-28　安装 8mm 直线轴承（2）　　图 1-29　最终效果

## 知识拓展

### 1. 认识 XYZ 型 3D 打印机

XYZ 型 3D 打印机（见图 1-30），是传统的 3D 打印机类型之一，X、Y、Z 3 个轴的每个轴都由单独的电动机控制。打印平台由电动机带动丝杠控制上下移动，X、Y 轴则是由电动机、传动带、同步轮、光杠协同配合来完成移动的。

XYZ 型 3D 打印机大多会设计成全封闭式的结构，如果是将送料电动机设计在打印头上的近端供料模式，这种结构依托外壳的框架结构，打印头在运动急停时会更稳定，以减轻由此产生的打印瑕疵。全封闭外壳还有个好处是，在配合了近端供料模式后，可以打印多种特殊材料。因为 ABS、PC、TPU 等特殊材料对保温和打印舱室的温度恒定有很高的要求，如果在打印过程中无法持续保持一定的温度，模型就会因为温度下降过快，指向模型中心的收缩力变大，使模型边缘处翘起变形，最终导致打印出残次品或者打印失败。

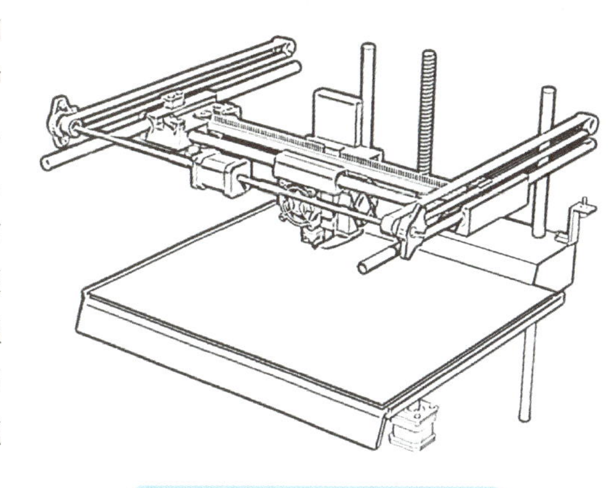

图 1-30 XYZ 型 3D 打印机

XYZ 型 3D 打印机外形虽然更符合人们对现代家电的外观要求，但其存在的问题也是不可忽视的。例如，主控板、电源盒等电子元器件虽然可以隐藏在设备外壳结构内，但这也导致了其结构必然复杂，装配、维修时都会比较困难。又如，特殊材料的打印要求都比较高，为了保证特殊材料的打印质量，往往需要增加更多的硬件、结构，甚至可能需要优化设备设计方案，这些附加条件就会导致设备的整体造价变高。

### 2. 认识并联臂型 3D 打印机

并联臂型 3D 打印机（见图 1-31）是使用并联式运动结构的 3D 打印机，也是市面上常见的 3D 打印机类型之一，又称为 Delta 型、三角洲型 3D 打印机。这种结构最初是为机械爪设计的，它能快速准确地抓取小而轻的物体，使用这种结构的机器人被称为并联机器人。这种结构产生于 20 世纪 90 年代，由于具有速度快、精度高、灵活性强等优点，并联机器人已成为现代工业机器人的重要组成部分。

并联臂型 3D 打印机具有很多优势，如以 XYZ 型 3D 打印机 2 ~ 3 倍的打印速度进行打印，还能保证打印质量；因为其本身是纵向的机械臂结构，所以占地面积小；整体结构非常简单，各部件可以拆分成模块，非常利于拆装和维修。

但是这种结构的设备也存在一些问题，如纵向的机械臂结构虽然非常节省占地面积，但是其对于竖直方向的空间要求也是非常高的。设备顶部要提前为三组并联臂预留空间，也就是说如果要增加并联臂型 3D 打印机的打印高度，无法像 XYZ 型 3D 打印机一样单独增加 Z 轴硬件的尺寸、配合修改对应的固件就能完成，而是需要抬升并联臂型 3D 打印机双倍的高度，并且更换更长的三组并联臂。即便是增加了打印空间，也会牺牲设备内部大量的整体空间。

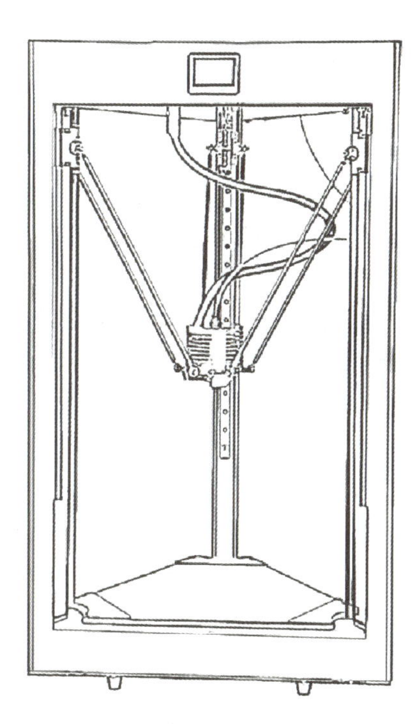

图 1-31 并联臂型 3D 打印机

并联臂型 3D 打印机使用的是圆形平台，相对于传统的长方形平台，在打印立方体类模型时会出现摆放不下来的情况。再者，并联臂型 3D 打印机的平台固定在成形空间的最底部，不会有单独的 Z 轴电动机控制平台升降，这就导致平台调平时，一方面需要调整平台整体的平整度，另一方面还需要调整复位时每组并联臂的高度，确保打印过程中即使是三组并联臂进行控制，打印头仍然可以保证与打印平台保持水平。

## 任务评价

装配打印头组件任务学习评价表见表 1-1。

表 1-1 装配打印头组件任务学习评价表

| 序号 | 评价目标 | 评价标准 | 配分 | 自我评价 | 小组评价 | 教师评价 | 备注 |
|---|---|---|---|---|---|---|---|
| 1 | 掌握打印头组件中各零部件基础知识 | 各零部件名称的掌握情况 | 15 | | | | |
| 2 | 了解各部件的作用 | 各部件作用的了解情况 | 20 | | | | |
| 3 | 了解所需零件的规格 | 是否了解所需零件的规格 | 15 | | | | |
| 4 | 掌握打印头组件的装配方法 | 能否完成打印头组件的装配 | 35 | | | | |
| 5 | 了解装配打印头组件的操作规范 | 装配过程中是否存在损坏零部件的情况 | 10 | | | | |
| 6 | 掌握工、量具的使用规范 | 工、量具使用完后规范放置 | 5 | | | | |
| 合计 | | | 100 | | | | |

# 任务 2 装配 X 轴运动组件

## 任务目标

1. 掌握 X 轴运动组件各零部件的名称。
2. 了解各部件的作用。
3. 了解所需零件的规格。
4. 掌握 X 轴运动组件的装配方法。

## 任务引入

FDM 3D 打印机的运动组件主要包括：X 轴运动组件、Y 轴运动组件和 Z 轴运动组件。这些组件分别对应了打印头左右方向的移动、前后方向的移动和打印平台竖直方向的移动。通过三者之间的互相配合，使得 FDM 3D 打印机的打印头可以在一个立体空间内移动。

那么 X 轴运动组件都是由哪些零件构成的？各零件在 X 轴运动组件中主要起什么作用？

## 知识与技巧

### 1. 认识 X 轴运动组件

X 轴运动组件是整个打印头平面移动模块的一部分，主要作为搭载打印头的框架使用，与光轴配合，在电动机的带动下，可以保证打印头在 X 轴方向的移动。它是由 12mm 直线轴承、光轴固定座（Y）、X 轴固定架、Y 轴限位开关固定架、限位开关、导向轮，以及若干内六角螺钉组装而成的。

X 轴运动组件有两个，一个装有限位开关，另一个则无限位开关（见图 1-32 和图 1-33）。它们通过中间两根光轴的连接，组成一套完整的 X 轴运动组件。

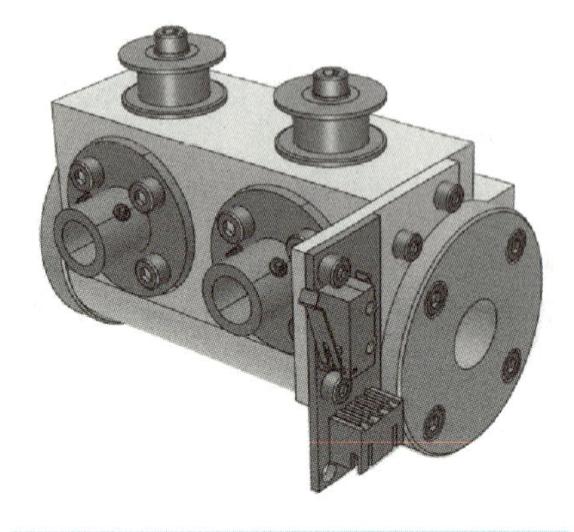

图 1-32 X 轴运动组件（有限位开关）

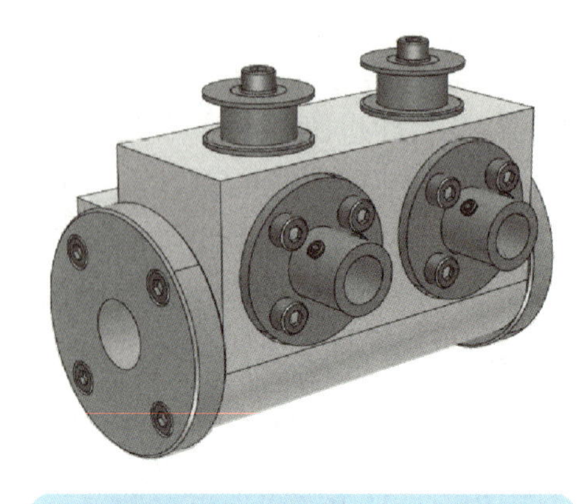

图 1-33 X 轴运动组件（无限位开关）

这里的常见问题集中在限位开关和导向轮。

1）限位开关（见图1-34）作为限制打印头移动的关键零件，由于长时间的使用容易导致金属压片变形，由此会出现两个问题：第一，压片向内变形，使得触点处于长时间触发状态，运动机构还未触碰限位开关，限位开关就提前被触发，此时打印头不论怎样都会停止，导致模型打印失败；第二，压片向外变形，使得触点无法及时被触发，甚至是无法触发，导致打印头无法及时触碰限位开关，需要限位的运动结构未接收到限位的反馈，会反复撞击设备框架结构，造成零部件、元器件的损坏。只有详细了解运动部件的结构，掌握基本的运动原理，才能在设备出现问题时，第一时间找到故障点。

2）导向轮（见图1-35）零件本身并不容易出问题，主要是作为导向轮中轴的螺母容易出现问题。在传动带绕过导向轮后，如果传动带过紧，电动机带动传动带的幅度又大，就会导致导向轮中轴的螺母变形。导向轮的性能好坏对整个由传动带连接起来的平面运动系统都有很重要的影响。

图1-34 限位开关

图1-35 导向轮

### 2. 各部件的规格与作用

1）12mm直线轴承（见图1-36）。X轴方向的光轴从12mm直线轴承中穿过，做无限直线运动。12mm直线轴承内部的负荷滚珠和光轴采用点接触，可保证在直线运动时，摩擦阻力最小、精度高、运动速度快。

2）光轴固定座（Y）（见图1-37）。它的形状与12mm直线轴承类似，不同的是，12mm直线轴承需要在光轴上移动，内部有负荷滚珠；而光轴固定座位于光轴的两端，内部没有滚珠，只是为了固定光轴。

图1-36 12mm直线轴承

图1-37 光轴固定座（Y）

3）X轴固定架（见图1-38）。它是整个X轴运动组件的主体，X轴运动组件的其他零部件都需要安装在X轴固定架上。X轴固定架上预先设计了槽孔，用于零件和固定螺母的安装。它使用铝合金材料切削加工而成，以尽可能地减轻重量。

4）Y 轴限位开关固定架（见图 1-39）。在两个 X 轴运动组件中，只有一个需要安装 Y 轴限位开关固定架和限位开关。因为限位开关无法直接安装至 X 轴固定架上，所以需要在两者之间安装一个 Y 轴限位开关固定架作为转接，保证限位开关可以触碰到打印头上的限位触发结构。

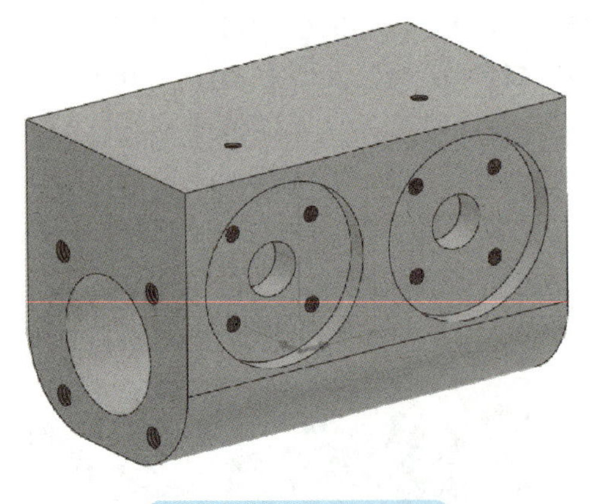

图 1-38　X 轴固定架

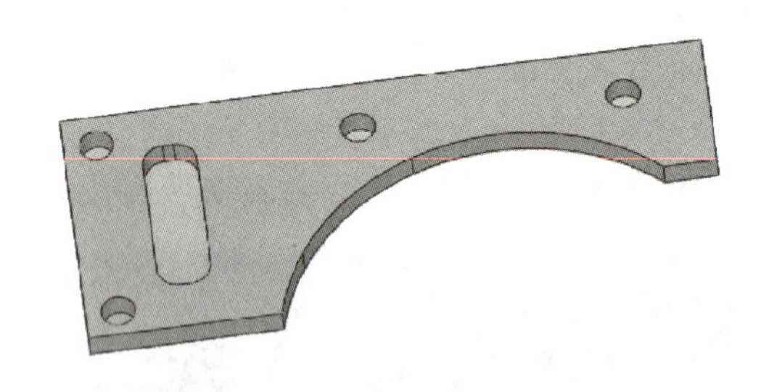

图 1-39　Y 轴限位开关固定架

5）限位开关（见图 1-40）。它是用来限定机械设备运动极限位置的电气开关。限位开关是一种常用的小电流主令电器，是用于控制机械设备的行程和限位保护的一种机械式开关，机械触发部件和限位开关执行部件会产生机械接触，其导通或断开要取决于和行程开关组合使用的其他电器元件，并不是一成不变的。

6）导向轮（见图 1-41）。它用于对传动带、软体管道、钢丝、尼龙绳等软体线性物体移动过程中的方向引导。导向轮带有滑轮结构，在某些项目或产品中，导向轮会起到省力的作用。在 X 轴运动组件中，导向轮主要有两个作用：一是在传动带安装时，引导传动带的走向；二是在传动带带动整个 X 轴组件进行左右运动时，分担一部分施加在打印头上的力。

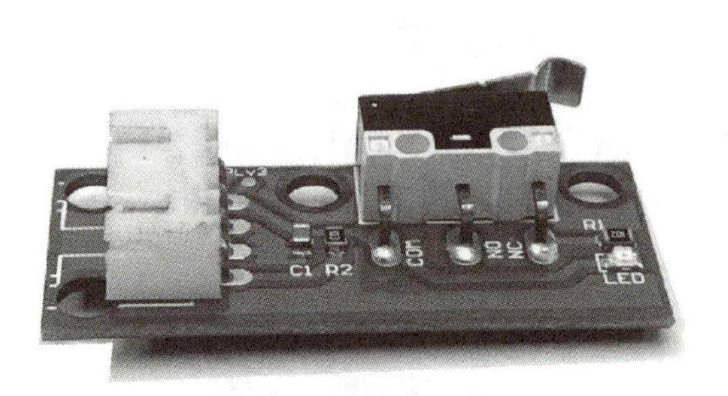


图 1-40　限位开关

图 1-41　导向轮

## 任务实施

X 轴运动组件的装配动画

X 轴运动组件的装配步骤如下：

1）将两个 12mm 直线轴承安装在 X 轴固定架的左右两侧，并使用 M4 ×8内六角螺钉固定（见图 1-42 和图 1-43）。

图 1-42　安装 12mm 直线轴承（1）

图 1-43　安装 12mm 直线轴承（2）

2）随后取出光轴固定座（Y），安装至 X 轴固定架上，使用 M3×10 内六角螺钉固定（见图 1-44）。

图 1-44　安装光轴固定座（Y）

3）取出两个 M3×12 内六角螺钉，按照垫片—导向轮—垫片的顺序逐个安装（见图 1-45）。

图 1-45　安装导向轮

4）将组装好的导向轮，安装至 X 轴固定架顶部的螺纹孔处（见图 1-46）。

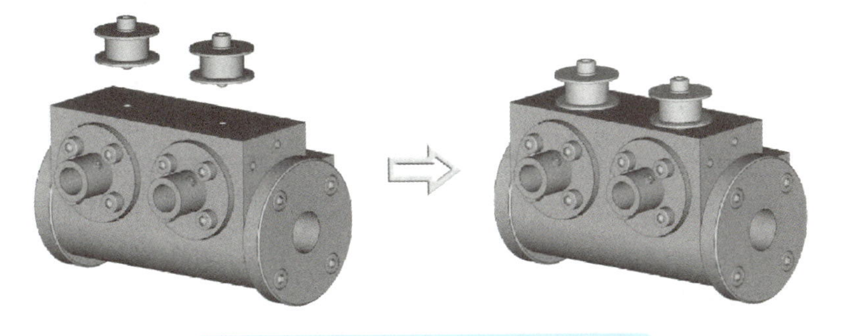

图 1-46　安装导向轮至 X 轴固定架顶部

5）将 Y 轴限位开关固定架与限位开关安装在一起，使用 M3×6 内六角螺钉固定（见图 1-47）。

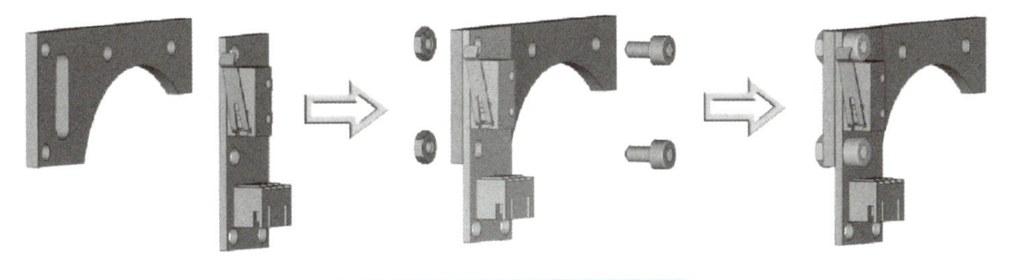

图 1-47　组装限位开关固定架

6）将组装好的限位开关固定架安装至 X 轴固定架上，使用 M3 ×6 内六角螺钉固定（见图 1-48）。

图 1-48　安装限位开关固定架

## 知识拓展

### 1. I3 型 3D 打印机

I3 型 3D 打印机（见图 1-49）是由最早的开源项目 RepRap 诞生出的 FDM 3D 打印机结构。RepRap 是 replicating rapid prototyper 的缩写，意思是快速复制原型，是由英国巴斯大学（the University of Bath）机械学院的 Adrian Bowyer 博士创立的一个项目。I3 型 3D 打印机的小部分零件是由 3D 打印机制造出来的，因为其设计初衷是为了能够开发一个能够复制出另一个“自己”的 3D 打印机。由于 RepRap 项目的创建，从 2005 年起，增材制造技术，特别是 FDM 增材制造技术，在全世界范围内都得到了快速发展。

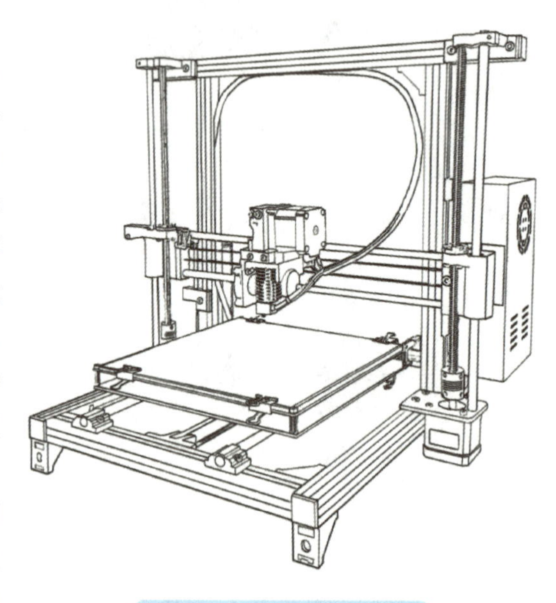

图 1-49　I3 型 3D 打印机

I3 型 3D 打印机的主要特征是整体造型比较粗犷，可以使用标准的型材作为支撑整体的框架，Z 轴和 Y 轴的运动组件被安装在一个门框形状的结构上，传动带、电动机等结构都是裸露在外的。相对于市面上“产品级”的其他类型 3D 打印机，I3 型 3D 打印机看起来更像是一个“半成品”。I3 型 3D 打印机采用这种设计方式，一方面是因为其本身的定位就是使用开源的图样数据，是一种自己动手就能够组装成的 3D 打印机；另一方面，不论是用来学习 FDM 3D 打印机的基本运动原理，还是对设备进行调试、维修，这种开放式的结构在操作时都会更方便一些。

但 I3 型 3D 打印机这种结构存在的问题也很多。第一，I3 型 3D 打印机不能进行高速打印，因为它的平台是做 Y 轴方向的前后运动，一个 Y 轴的步进电动机要承载整个平台和所打印模型的重量，过重的重量与过高的速度叠加在一起就会让步进电动机丢步，其结果就是模型在 Y 轴方向出现错位的情况。第二，I3 型 3D 打印机因为没有过多的结构支撑，其打印稳定性会稍差一些，在组装过程中，如果某些结构没有装配妥当，打印过程中就容易出现晃动的情况，会直接影响模型的打印效果。第三，I3 型 3D 打印机无法制作出较大的零部件，如果想将成形尺寸增大，必须将打印平台制作得更大一些；而其他类型的打印机，Y 轴不论是由打印头移动还是由整个 X 轴组件移动，距离电动机所能承受的重量上限还有一定的空间；I3 型 3D 打印机的这种打印平台前后移动的方式，如果平台过大，整体的重量会超出电动机上限，设备就无法完成打印工作，因此限制了设备成形尺寸。

### 2. UM 型 3D 打印机

UM 型 3D 打印机是 Ultimaker 品牌的 3D 打印机特有的结构，其结构的显著特点是 X 轴和 Y 轴是十字形结构，又称为十字轴结构 3D 打印机（见图 1-50）。

十字轴结构可以由两根单独的光轴组成（见图1-51），也可以由两组平行的四根光轴组成（见图1-52）。UM型3D打印机大多采用远程供料，送料电动机被安装在设备的箱体式框架上，打印头的重量轻，移动时不易受惯性影响，打印速度较快，精度高。

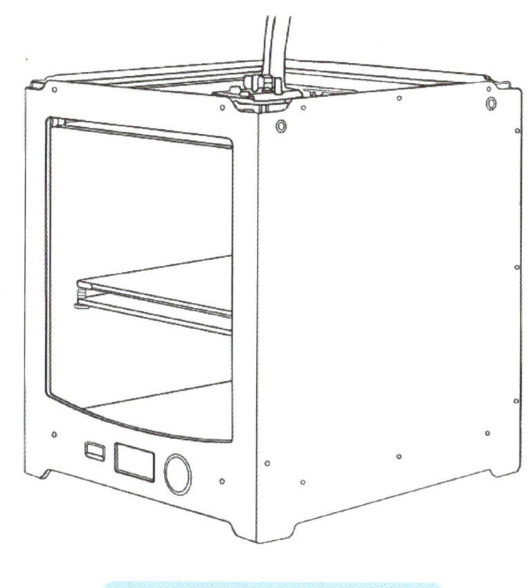

图1-50　UM型3D打印机

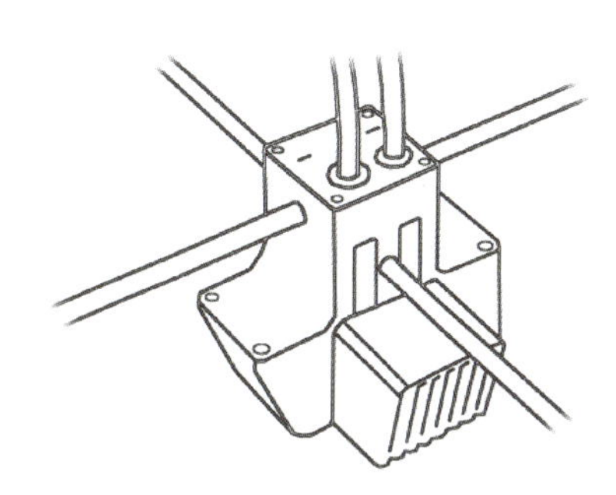

图1-51　两根单独的光轴

（1）优点　UM型3D打印机主要优点：

1）设备内部的空间利用率相对较高，与I3型、并联臂型的3D打印机相比，UM型3D打印机的空间利用率高。

2）X轴和Y轴运动组件如果采用两根光轴固定的模式，结构会更稳定，移动过程中振动小，即使在高速打印时，也能够保证打印质量。

3）打印头两侧采用双散热风扇设计（见图1-53），可以更快地为喷嘴所挤出的耗材散热，从而保证快速打印时模型的每一层都可以在下一层开始打印前快速冷却，为良好的外观效果奠定了基础。

4）UM型3D打印机一般采用半封闭结构，可以阻挡一部分外在环境对打印结果的影响，减少模型出现收缩和翘边的情况。

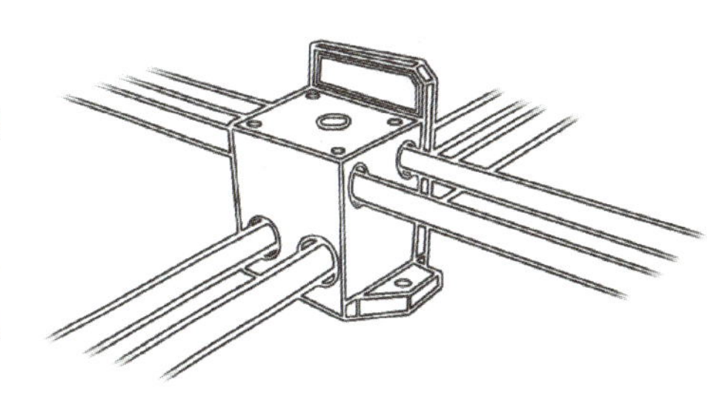

图1-52　两组平行的四根光轴

（2）缺点　UM型3D打印机的缺点：

1）十字结构的X轴和Y轴运动组件拆装维修难度高，需要对UM型3D打印机结构有很深的理解才能完成操作。

2）整体结构过于复杂，一部分同步带的更换也需要拆掉相关的光轴才能实现。

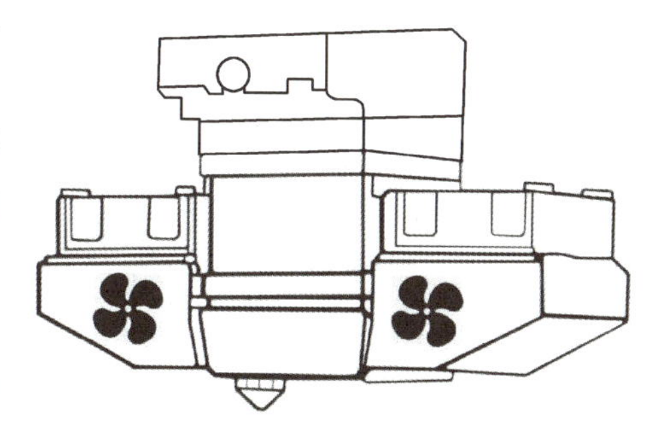

图1-53　双散热风扇设计

整体来看，UM型3D打印机结构稳定，如果只是单纯地操作设备完成打印，无疑是一个很好的选择。但是，如果在设备使用过程中出现问题，其复杂的结构设计方式会让拆装和调修过程都变得非常复杂，并不适用于无经验使用者。

## 任务评价

装配X轴运动组件任务学习评价表见表1-2。

表 1-2　装配 X 轴运动组件任务学习评价表

| 序号 | 评价目标 | 评价标准 | 配分 | 自我评价 | 小组评价 | 教师评价 | 备注 |
|---|---|---|---|---|---|---|---|
| 1 | 掌握 X 轴运动组件中各零部件基础知识 | 各零部件名称的掌握情况 | 15 | | | | |
| 2 | 了解各部件的作用 | 各部件作用的了解情况 | 20 | | | | |
| 3 | 了解所需零件的规格 | 是否了解所需零件的规格 | 15 | | | | |
| 4 | 掌握 X 轴运动组件的装配方法 | 能否完成 X 轴运动组件的装配 | 35 | | | | |
| 5 | 了解装配 X 轴运动组件的操作规范 | 装配过程中是否存在损坏零部件的情况 | 10 | | | | |
| 6 | 掌握工、量具的使用规范 | 工、量具使用完后是否规范放置 | 5 | | | | |
| 合计 | | | 100 | | | | |

# 任务 3　装配平台组件

## 任务目标

1. 掌握平台组件各零部件的名称。
2. 了解各部件的作用。
3. 了解所需零件的规格。
4. 掌握平台组件的装配方法。

## 任务引入

在日常使用 FDM 3D 打印机打印模型时，模型边缘处翘起或者模型无法粘在打印平台（以下简称平台）上，除了材料本身和参数设置的问题，还需要检查的是平台组件。从硬件上来看，平台组件直接影响模型翘边的情况。那么平台是如何对模型翘边产生影响的？哪些地方没有调试好会对模型打印产生影响？

以下通过对平台组件各零部件的解析来寻找上面问题的答案。

## 知识与技巧

### 1. 认识平台组件

FDM 3D 打印机的平台组件（见图 1-54）主要作用是承载模型，打印头通过前后、左右移动可以在平台上打印出其中一层的切片结果，再通过与 Z 轴上下移动的配合，逐层完成整个模型的打印。平台是否平整会直接影响模型表面的打印质量，所以在使用 FDM 3D 打印机前必须检查平台是否水平，防止在打印过程中出现翘边等情况。

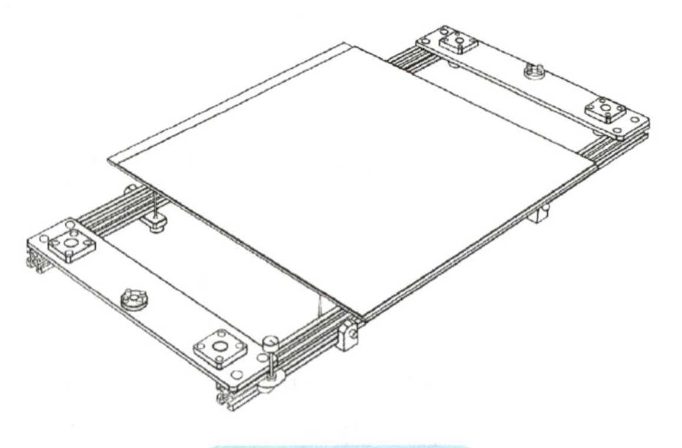

图 1-54　平台组件

平台组件上装有限位触碰开关，可以用于控制平台和打印头之间的距离。在平台组件的底部有平台调平旋钮，数量一般为 3 ~ 5 个。通过对平台不同点位旋钮的上下调整，可以实现某一个点的抬高或降低。这样，在通过手动调平或自动调平后，可以避免因某一个位置不平而导致模型打印失败。平台组件上还安装有热床，可以根据不同材料的温度需求对平台进行加温。

从结构上来看，平台组件主要由 A3 铝型材、平台固定架、12mm 直线轴承、丝杠螺母、调平组件固定架、调平组件、热床、平台，以及若干内六角螺钉、十字平头螺母和 T 形螺母组成。

### 2. 各部件的规格和作用

1）A3 铝型材（见图 1-55）。它是采用 20mm×20mm×517mm 规格的铝型材，用于搭建打印平台组件的主体框架部分，同时起到连接平台固定架、调平组件固定架等零部件的作用。

2）平台固定架（见图 1-56）。它采用 CAM 加工制作，作为将整个打印平台组件固定在 Z 轴传动组件上的支架。平台固定架上面开有槽孔，用于后续安装 12mm 直线轴承和丝杠螺母。

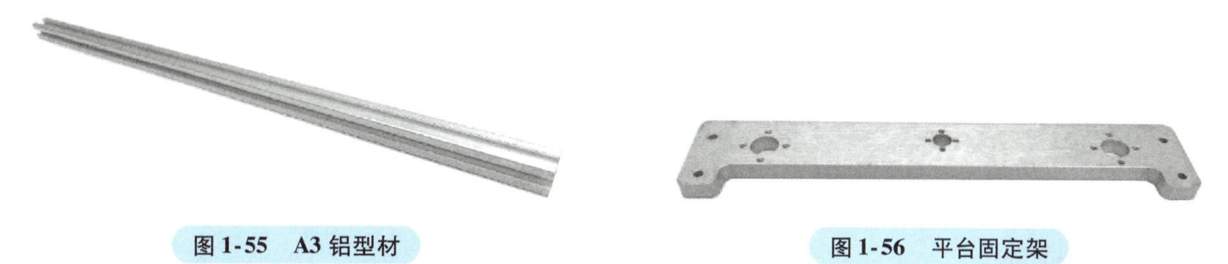

图 1-55 A3 铝型材

图 1-56 平台固定架

3）12mm 直线轴承（见图 1-57）。平台的上下移动主要是通过丝杠和丝杠螺母的配合来实现的，为了保证其稳定性，需要加装光轴进行辅助加固，而光轴与固定架之间的连接使用的就是 12mm 直线轴承。12mm 直线轴承内部有钢珠，钢珠能以最小的摩擦阻力滚动，因此在与光轴配合上下移动时，摩擦小且比较稳定，可以平稳地进行直线运动。

图 1-57 12mm 直线轴承

4）丝杠螺母（见图 1-58）。它主要与丝杠配合使用，将旋转运动转换成线性运动。它安装在平台固定架上，与丝杠、Z 轴电动机配合，带动整个打印平台组件上下移动。

5）调平组件固定架（见图 1-59）。它是采用 CAM 加工的 L 形零件，用于将调平组件和热床固定在 A3 铝型材框架上。

6）调平组件（见图 1-60）。它是由调平螺钉及螺母、调平弹簧和调平旋钮组成的，用于热床和调平组件固定架之间的连接，同时还可以通过转动调平旋钮控制平台与喷头之间的距离。

图 1-58 丝杠螺母

图 1-59 调平组件固定架

a) 调平螺钉及螺母　b) 调平弹簧　c) 调平旋钮

图 1-60 调平组件

7）热床。它是加热平台中负责提供热源的部件。加热平台由热床和平台两部分组成，在开始打印时，打印头将加热到半流体状的线状耗材挤至打印平台上，因此平台的温度和材质会直接影响打印质量和打印成功率。热床安装在平台的下方，应尽可能保证两者贴合在一起，这样热床产生的热量才能及时传导至平台上。常见的热床种类为印制电路板热床和铝基热床。

图 1-61 印制电路板热床

① 印制电路板热床（见图 1-61）。印制电路板是在绝缘基材上按预定设计形成从点到点的连接导线并印制元件的印制板，是电子元器件电气连接的载体。而以加工成热床为目的设计的印制电路板，是将其中的导线更改为加热电阻丝，使其通电后成为一个热源。这种类型的热床加热较为均匀，但厚度比较薄，整体的刚性较差，因此需要在其底部设计框架支撑结构。

② 铝基热床（见图 1-62）。它是使用导热性优良的铝基板制作的热床。通过在铝板上附着加热电阻丝使整个铝基热床的温度升高。与传统的印刷电路板热床相比，它有着升温快、耐温高、测温更准确等优点。

8）平台。它是用于承载模型打印的平面。市面上的平台所使用的材质有很多种类，比较常见的有玻璃材料、磁吸材料等。

图 1-62 铝基热床

① 玻璃材料平台。钢化玻璃平台是最常见的平台之一，钢化玻璃具有平整度相对较高、耐高温、经济实惠等优点；其缺点也较为明显，钢化玻璃表面非常光滑，在打印第一层时很难与耗材粘在一起，容易导致模型第一层的翘曲变形，需要在上面涂胶水或使用美纹纸来防止模型翘边，但带来的后果是，在拆取模型时，胶水和美纹纸容易粘在模型底部，很难清理。

晶格玻璃平台是在玻璃上涂一层高分子纳米复合材料涂层制作的，这层涂层带有均匀小孔，可以使模型的第一层很好地粘在打印平台上，拆取模型会比较容易，但是涂层表面也会因为多次的使用堵塞小孔，不利于重复使用。

② 磁吸材料平台。使用磁吸材料制作的平台称为磁吸板，磁吸板由顶、底两面构成，底面使用胶粘在热床上，顶面与底面利用磁力吸附在一起。根据顶面所使用的材料不同，磁吸板分为柔性磁吸板和金属磁吸板。

柔性磁吸板（见图 1-63）本身质地柔软，磁力大、耐磨，能够承受较大角度的弯折，因为没有使用美纹纸和胶水，所以在拆卸模型时不需要使用辅助的模型铲等工具，将顶面柔性磁吸板取下弯折后模型会自动翘起。这种材料的平台无法承受过高的温度，因此比较适合中低温平台的打印。

金属磁吸板（见图 1-64）与柔性磁吸板类似，区别在于顶面的材料由柔性材料更换为金属材料。金属磁吸板的强度大、耐温高、升温快，底部粘接效果更好，即使打印底面积较大的模型，也不会发生翘边的情况。其缺点是弯折幅度较小，拆取模型时不如柔性磁吸板轻松。

图 1-63　柔性磁吸板

图 1-64　金属磁吸板

## 任务实施

平台组件的装配动画

平台组件的装配步骤如下：

1）将 12mm 直线轴承安装到平台固定架上，使用 M3 ×8 的内六角螺钉固定。安装时要注意，将 12mm 直线轴承的小头朝向固定件下方（见图 1-65）。

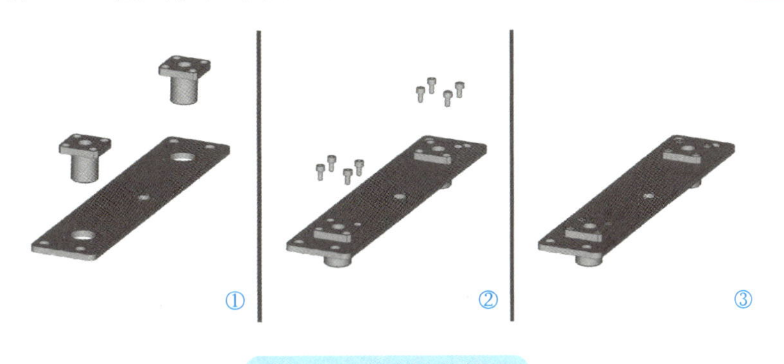


图 1-65　安装直线轴承

2）将丝杠螺母安装到平台固定架上，同样使用 M3 ×8 的内六角螺钉固定（见图 1-66）。

图 1-66　安装丝杠螺母

3）取出 T 形螺母，放入 A3 铝型材的凹槽内，将调平组件固定架对准 T 形螺母的孔位，使用 M4 ×8 内六角螺钉拧入 T 形螺母固定。内六角螺钉不要拧太紧，后续还需要调整位置（见图 1-67）。

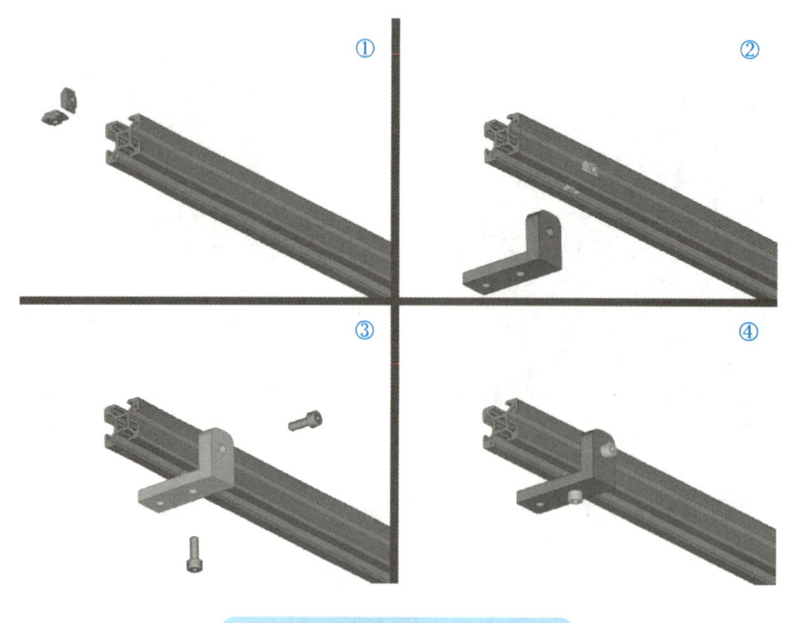


图 1-67　安装调平组件固定架

4）将安装好的调平组件固定架向中间移动，方便后续平台部分的组装。按照同样的方法将另一个调平组件固定架组装至 A3 铝型材上（见图 1-68）。

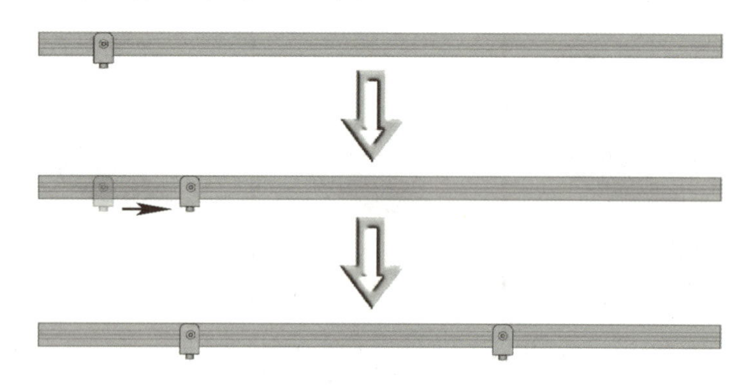

图 1-68　调平组件固定架调整（1）

5）按照上面的方法组装另一根 A3 铝型材及调平组件固定架。将 T 形螺母放入型材，取出前面组装好的平台固定架，放置在与 T 形螺母对应的位置（见图 1-69）。

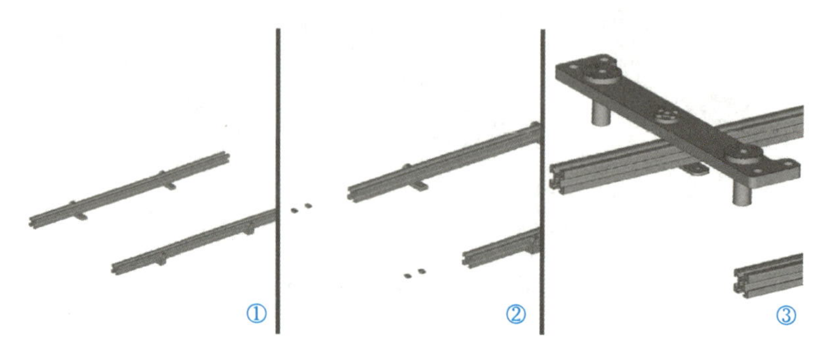


图 1-69　调平组件固定架调整（2）

6）使用 M4×10 内六角螺钉将平台固定架与 T 形螺母固定在一起，确保平台固定架与 A3 铝型材的一头齐平。随后，按照同样的方法安装另一个平台固定架，平台框架部分安装完成（见图 1-70）。

7）取出热床，将调平螺钉穿过热床上预留的孔位，使用调平螺母将其固定，随后安装调平弹簧（见图 1-71）。

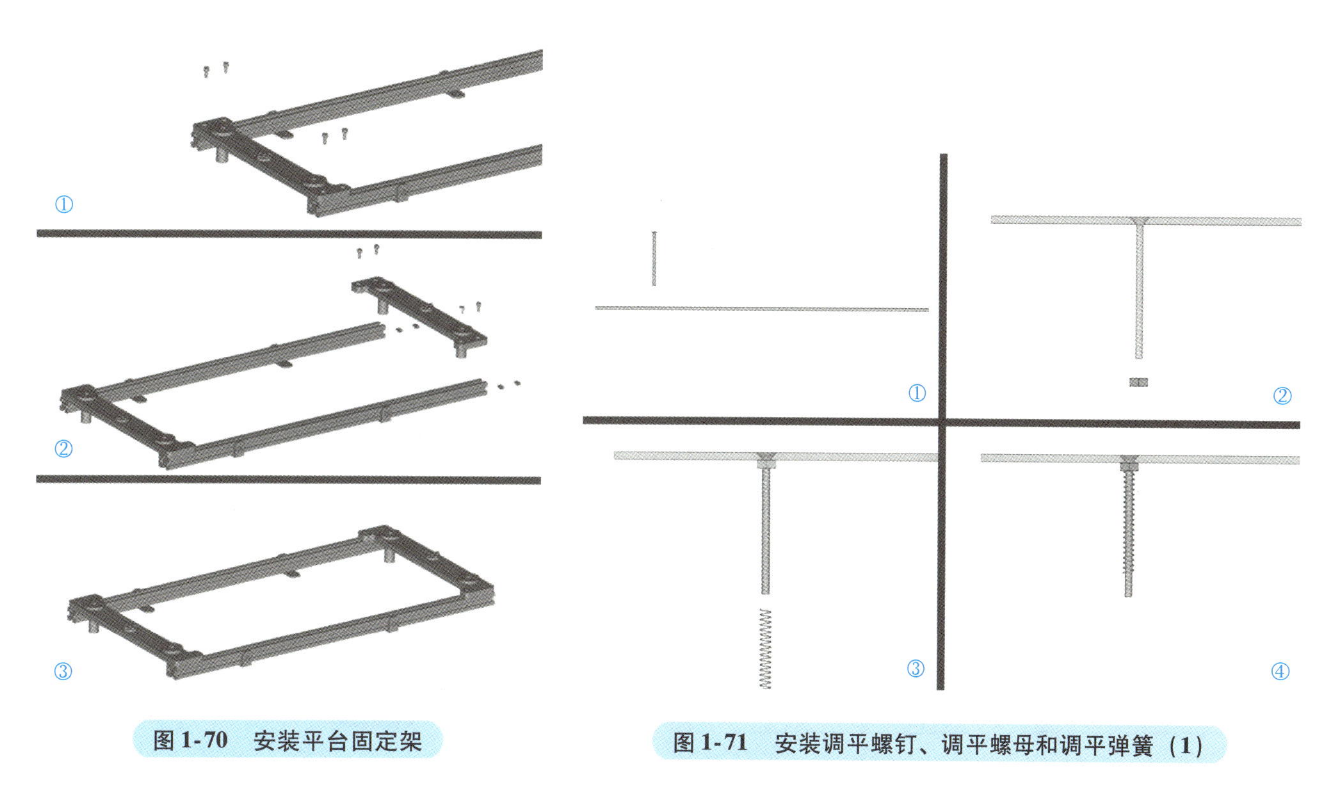


图 1-70 安装平台固定架

图 1-71 安装调平螺钉、调平螺母和调平弹簧（1）

8）按照同样的方法，安装剩余的 3 个调平螺钉、调平螺母、调平弹簧（见图 1-72）。

9）将安装好的平台翻转 180°（见图 1-73）。

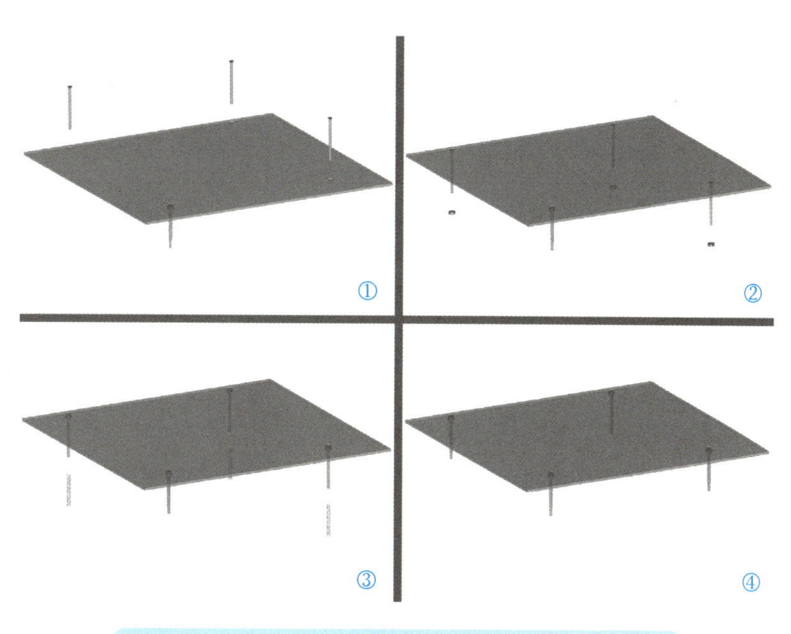


图 1-72 安装调平螺钉、调平螺母和调平弹簧（2）

10）取出之前组装好的平台框架部分，同样翻转后，与平台安装在一起，确保调平弹簧穿过调平组件固定架。此时调平组件固定架的螺母还未锁紧，可以左右调整。随后，在调平螺钉的末端安装调平螺母，固定整个调平组件。最后，使用六角扳手拧紧调平组件固定架上的螺母，确保平台完全固定在型材框架上（见图1-74）。

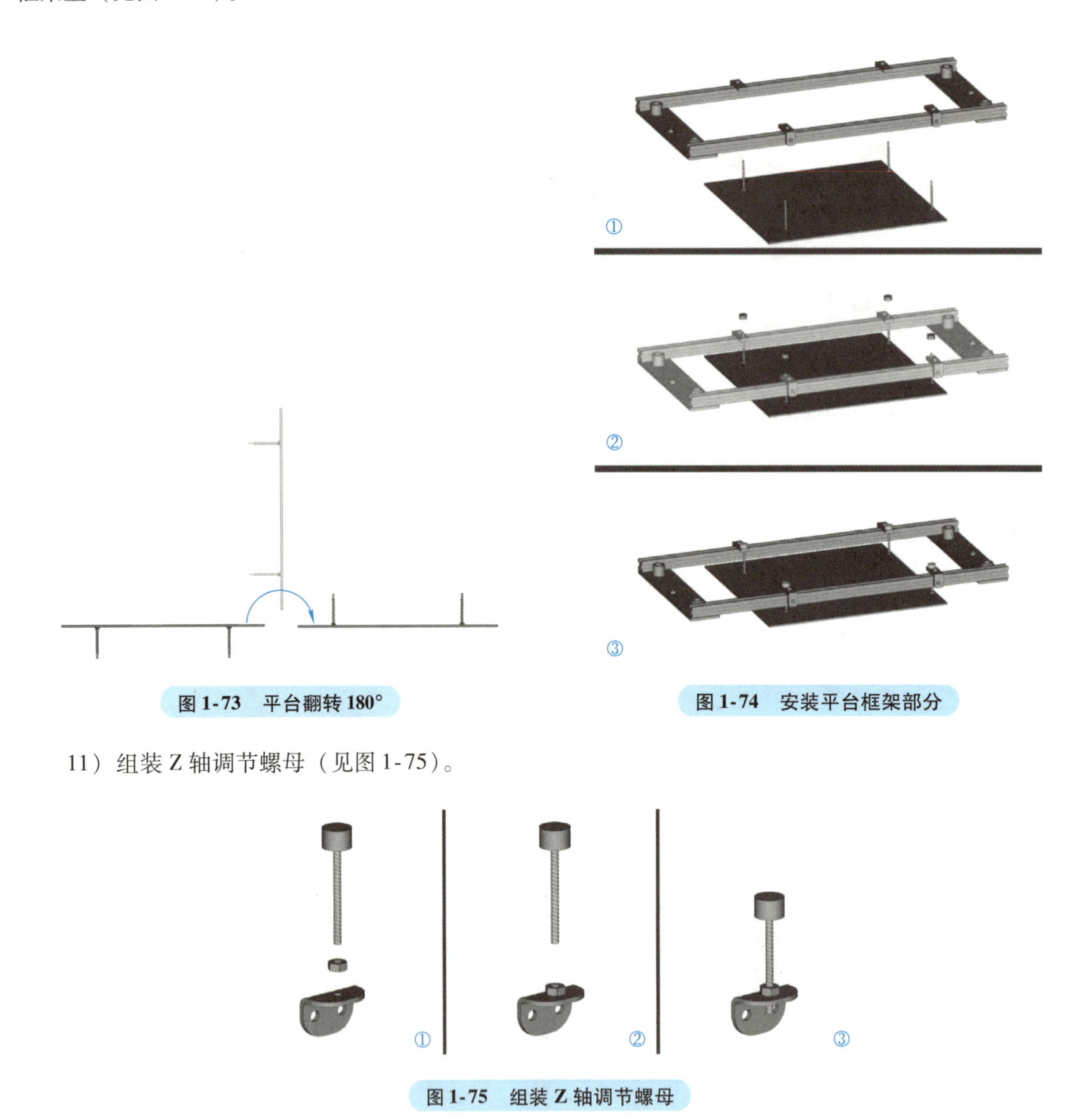


图1-73　平台翻转180°

图1-74　安装平台框架部分

11）组装Z轴调节螺母（见图1-75）。

图1-75　组装Z轴调节螺母

12）将打印平台组件翻转回来，确保热床朝上。取出两个T形螺母，放入靠近操作者一侧的左边A3铝型材侧面的凹槽内，使用M4×8内六角螺钉将组装好的Z轴调节螺母安装至A3铝型材内的T形螺母上（见图1-76）。

13）磁吸板由A、B面组成，A面是承载打印耗材的，B面贴合在热床上。将磁吸板的B面背胶撕下，粘贴在热床上，确保盖住螺母的孔位即可（见图1-77）。在放置热床时尽量将热床线路安置在后方，一是为了整体美观，二是方便线路布置。

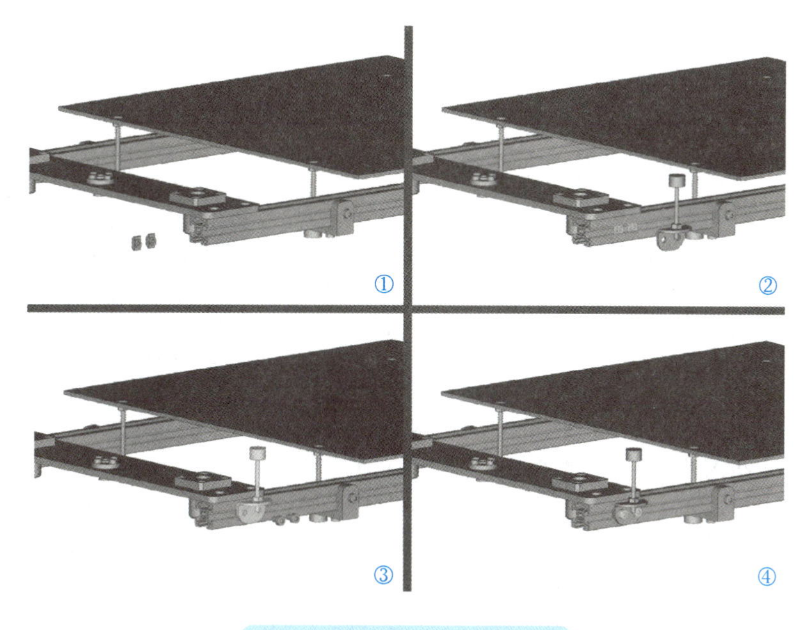


图 1-76　安装 Z 轴调节螺母

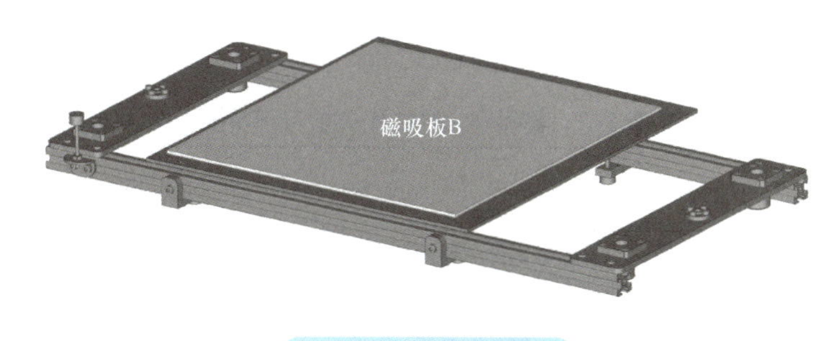


图 1-77　安装磁吸板

## 知识拓展

调平是使用 FDM 3D 打印机之前必须进行的调平操作，FDM 3D 打印机经过长时间使用，打印头在 X、Y 轴方向的成形面与打印平台不平行，打印时就会导致耗材无法粘接或部分粘接在打印平台上，这时就需要将打印平台进行重新调平校准。FDM 3D 打印机的调平方式主要有两种，分别是手动调平和自动调平。

### 1. 手动调平

在 3D 打印机平台的底部会设置 3 ~ 5 个调平旋钮，调平旋钮由调平弹簧和调平螺母组成。手动调平是通过 A4 纸对喷头和平台之间的距离进行测量，通过手动旋转调平旋钮来调整平台的高度，从而限定两者之间的距离。喷头和平台之间距离过近，有可能导致喷头剐蹭平台或者喷头堵塞；喷头与平台之间的距离过远，则会导致模型无法完全粘接在平台上或者悬空出料。通常间距为一张 A4 纸的厚度比较合适。

### 2. 自动调平

除了手动调平之外，还有一种自动调平方式。自动调平是利用传感器对平台的平整度进行测量。自动调平开始后，打印头下降，当打印头与平台接触时，主板接收到触发信号，进入下一个点的探测。反复几次，打印机依据采集到的数据对高度和水平度进行调节。自动调平的实现方式大致分为以下几种。

（1）接触式探测　接触式探测使用机械微动开关作为探测硬件，需要将微动开关设置在打印头上，通过打印头与平台接触，实现不同位置的水平数据测量（见图 1-78）。

微动开关的安装位置有多种选择：①将微动开关配合支架安装在送料电动机上，在操作面板中选择自动调平后，微动开关被放下，待测量完成调平结束后，再将其收起；②将微动开关设计成可在特定位置弹出的结构，调平开始后打印头移动到平台特定位置，通过撞击工作台边上设置的立柱将微动开关打开，结束后采用同样方法将其收起；③将一种压敏传感器安装到打印头的内部，通过打印头喷嘴对打印平台的施压，触发压敏传感器，可以直接实现对点位水平度的测量。

图 1-78 微动开关

（2）非接触式探测 非接触式探测方式使用接近开关来作为探测器。接近开关是一种无须与运动部件进行机械直接接触就可以操作的位置开关，当物体靠近接近开关的感应面时，不需要机械接触或施加任何压力即可使开关动作，从而驱动直流电器或给可编程逻辑控制器（PLC）装置提供控制指令。接近开关是一种开关型传感器（即无触点开关），它既有行程开关、微动开关的特性，又有传感性能，且动作可靠、性能稳定、频率响应快、使用寿命长、抗干扰能力强、防水、防振、耐腐蚀。在使用接近开关作为探测器时，可以将接近开关安装在打印头的一侧，通过接近平台，探测其水平度。

## 任务评价

装配平台组件任务学习评价表见表 1-3。

表 1-3 装配平台组件任务学习评价表

| 序号 | 评价目标 | 评价标准 | 配分 | 自我评价 | 小组评价 | 教师评价 | 备注 |
|---|---|---|---|---|---|---|---|
| 1 | 掌握平台组件中各零部件的基础知识 | 各零部件名称的掌握情况 | 15 | | | | |
| 2 | 了解各部件的作用 | 各部件作用的了解情况 | 20 | | | | |
| 3 | 了解所需零件的规格 | 是否了解所需零件的规格 | 15 | | | | |
| 4 | 掌握平台组件的装配方法 | 能否完成平台组件的装配 | 35 | | | | |
| 5 | 了解装配平台组件的操作规范 | 装配过程中是否存在损坏零部件的情况 | 10 | | | | |
| 6 | 掌握工、量具的使用规范 | 工、量具使用完后是否规范放置 | 5 | | | | |
| 合计 | | | 100 | | | | |

# 任务 4 装配框架及平面运动组件

## 任务目标

1. 掌握框架及平面运动组件各零部件的名称。
2. 了解各部件的作用。
3. 了解所需零件的规格。
4. 掌握框架及平面运动组件的装配方法。

## 任务引入

房子能否屹立不倒完全取决于地基是否夯实、框架是否稳定，FDM 3D 打印机也一样。在打印过程中，X、Y 轴的运动频率高、强度大，在这种情况下能否依然保证高精度的打印效果完全取决于打印机框架结构的稳定性。传统的 FDM 3D 打印机包含了多种运动结构，如果要了解运动结构及部件的运动状态，往往需要拆卸钣金外壳，操作复杂、费时且不便拆装观察。

利用铝型材拼装的框架能更直观地观察各部件的运动情况，当设备部件出现问题时，可以在第一时间检测出问题所在，便于后期的检修与维护。同时，也能更好地观察整个打印成形过程，了解成形原理。此外，在其他部件的选择上也具有很多优点，如铝型材安装方便，部件互换性高等。

以下通过框架及平面运动组件的安装流程来了解各部件的优点及作用。

## 知识与技巧

### 1. 认识框架及平面运动组件

铝型材框架是整个打印机关键打印部件重量的主要承担者，是打印机运动系统的主要依托。设备整体的框架结构主要由 4 种不同规格的铝型材构成，铝型材材质密度小、重量轻、耐腐蚀、延展性好、化学性能稳定，非常适用于框架结构。铝型材之间通过角铝进行连接，再加上与底部地脚的配合，可以轻松地将设备整体框架结构固定在平台上。同时，还需要在铝型材上安装 Z 轴的步进电动机，为后续任务的组装工作提前做好准备。

平面运动组件主要是由前面任务组装的打印头组件和 X 轴运动组件组成，是负责打印头在 X、Y 轴方向移动的，因为 X、Y 轴的移动范围是一个平面，故又称为平面运动组件。平面运动组件整体是依托在框架结构上的，如果框架结构组装时不能保证其整体的稳定性，打印头在进行平面运动时就会出现抖动的情况，直接反映在 3D 打印模型上的结果就是抖动纹和振纹的出现。因此在组装时，需要重点注意框架结构的稳定性，确保每一根铝型材及辅助连接的角铝处于稳定状态。

在组装平面运动组件时，首先将光轴（X）从任务 2 的两个 X 轴运动组件中穿过，光轴（X）两端使用光轴固定座（X）固定。然后将组装好的部分安装至框架结构上。最后将两根光轴（Y）穿过任务 1 中组装完成的打印头组件，并将光轴（Y）的两端固定在 X 轴运动组件中的光轴固定座（X）上。

### 2. 各部件的规格与作用

框架部分由铝型材、地脚、角码、光轴固定座（Z）、步进电动机、电动机支架（Z）、联轴器组成。平面运动组件由光轴、光轴固定座（X），以及前面任务中组装好的打印头组件组成。

1）铝型材。不同型号的铝型材安装时所处的位置、安装顺序都不一样，所以在安装前应该先了解各型号的铝型材。铝型材（见图 1-79）的选取很大程度上决定着打印平台的稳定性，稳定性越高，打印效果越好。这里所使用的铝型材主要有以下 5 种规格：20mm × 20mm × 485mm（A1 铝型材）、20mm × 20mm × 456mm（A2 铝型材）、20mm × 20mm × 571mm（A3 铝型材）和 20mm × 20mm × 496mm（A4 铝型材）、20mm × 20mm × 611mm（A5 铝型材）。

2）地脚（见图 1-80）。它的主要作用是将铝型材底部固定在打印平台上，提高铝型材在打印平台上的稳定性。如果直接安装铝型材，会因其底部接触面积小、不稳定导致晃动。晃动对 3D 打印机的运行有很大的影响，所以要尽可能地避免晃动的发生。

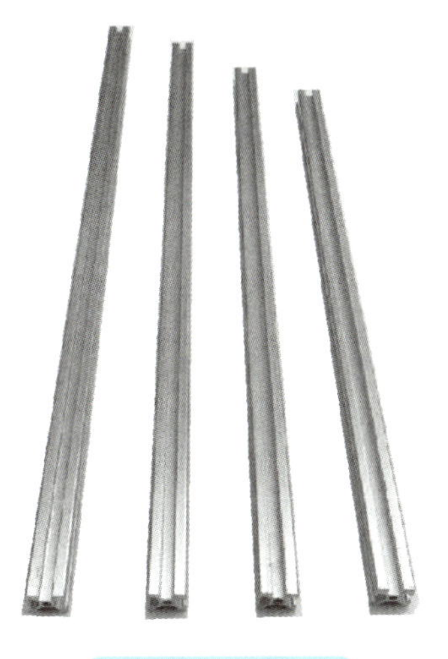

图 1-79　铝型材

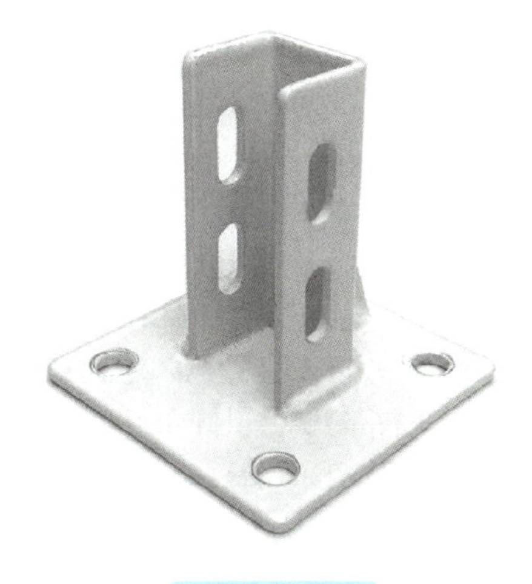

图 1-80　地脚

3）角码（见图1-81）。所使用的角码规格为20mm×28mm。角码是连接铝型材的重要部件，按照安装方式大致可分为隐藏式和外露式。隐藏式角码能节省安装空间，但是连接强度没有外露式高，因此可根据不同的安装需求选用不同的角码。这里选择的是外露式角码，一方面对于3D打印机，型材框架的连接强度是当下需要重点关注的问题；另一方面外露式角码更直观，有利于学习和了解其组装过程。

4）光轴固定座（Z）（见图1-82）。在安装Z轴的光轴时，因为重力原因，光轴会向下移动，需要使用光轴固定座（Z）锁紧光轴上下两端。

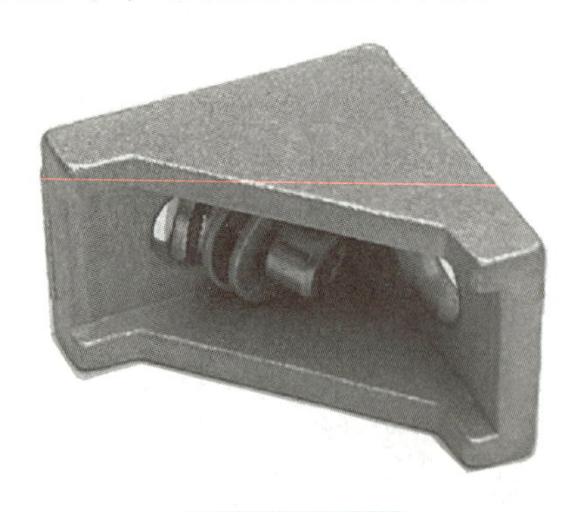

图1-81 角码

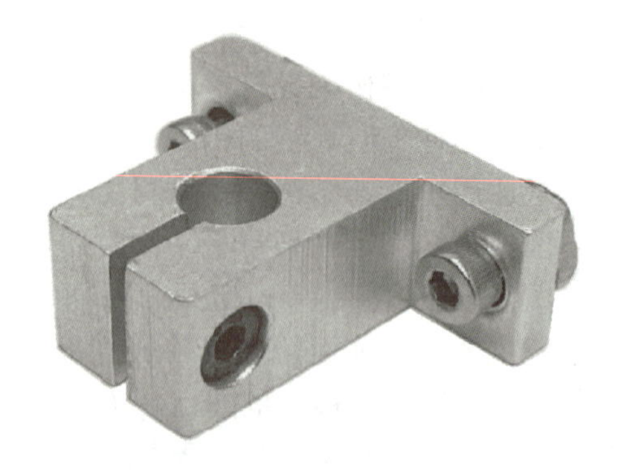

图1-82 光轴固定座（Z）

5）步进电动机（见图1-83）。使用步进电动机是为了给Z轴方向提供动力，从而带动打印平台上下移动。对于小型的FDM 3D打印机，一个步进电动机即可提供竖直运动力，而中型的FDM 3D打印机往往需要两个步进电动机在设备的左右两侧同时运作，才能保证有充足的动力。

6）电动机支架（Z）（见图1-84）。电动机支架（Z）的作用是将步进电动机固定在型材框架上。

图1-83 步进电动机

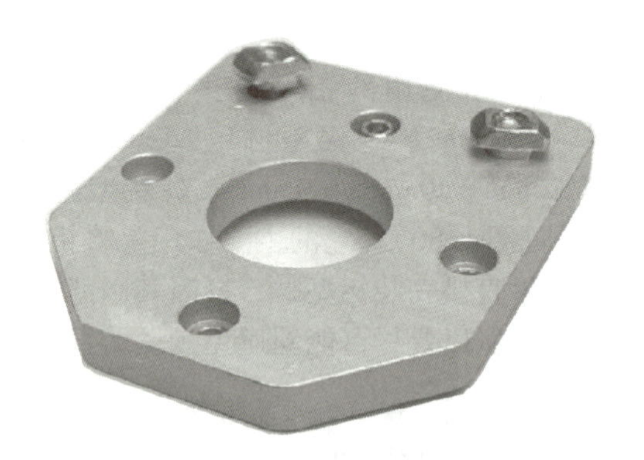

图1-84 电动机支架（Z）

7）联轴器（见图1-85）。它主要是用于将不同机构中的主动轴和从动轴牢固地连接起来一同旋转，并传递运动和转矩的机械部件。在组装FDM 3D打印机时，联轴器的一端固定在步进电动机的电动机轴上，另一端连接丝杠，把电动机的转矩传递给丝杠。联轴器还具有补偿两轴之间由于制造安装不精确、工作时因变形或热膨胀等原因所发生的偏移（包括轴向偏移、径向偏移、角偏移或综合偏移），以及缓和冲击、吸振的功能。

图1-85 联轴器

8）光轴（见图1-86）。它是打印头组件、X轴运动组件运动的轨道。光轴的精度决定平面运动组件滑动的流畅度，从而影响打印的精度。光轴除了承担一部分组件的重量外，更重要的是实现平面运动组件的平稳移动。

9）光轴固定座（X）（见图1-87）。它既承担着Y轴方向光轴的重量，又承担着打印头组件及固定块的重量，同时光轴固定座（X）连接着运动件中的滑块，打印系统通过它来实现X轴方向的平稳移动。

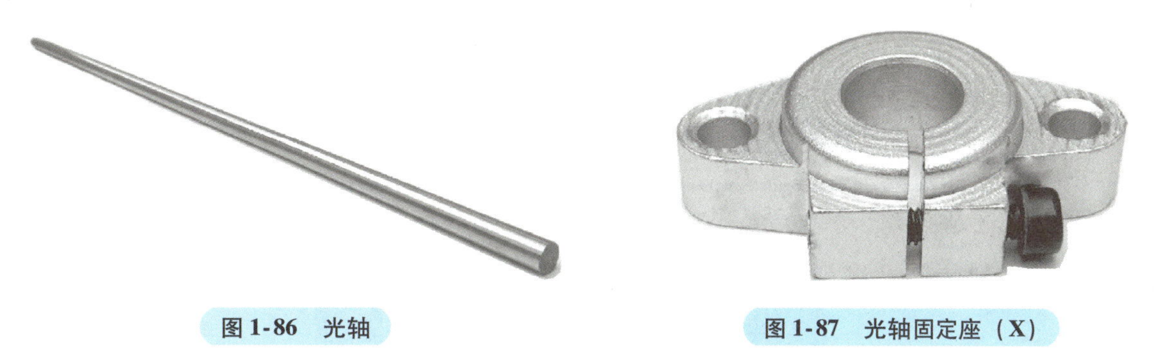

图1-86　光轴　　图1-87　光轴固定座（X）

## 任务实施

框架及平面运动组件的装配步骤如下：

1）取出A1铝型材和地脚并将两者组装在一起，将T形螺母通过地脚侧面的孔位放入A1铝型材的凹槽内（见图1-88）。

框架及平面运动组件的组装动画

2）将M4×8内六角螺钉、垫片与之前放入的T形螺母连接并拧紧螺母，将另一侧的T形螺母、内六角螺钉、垫片按照同样的方式连接，确保A1铝型材和地脚紧密装配在一起（见图1-89）。

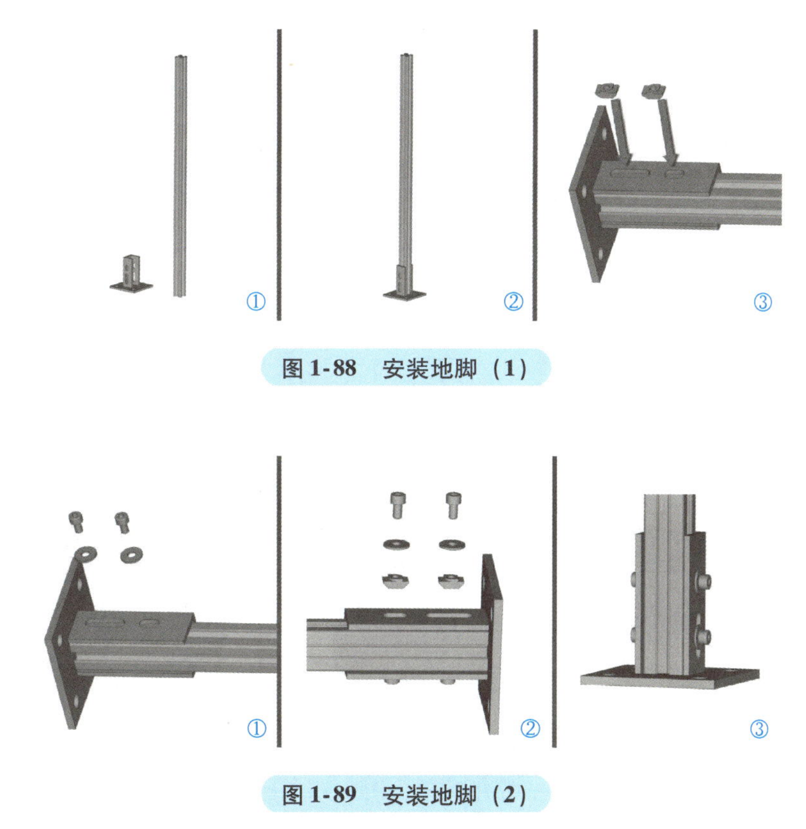


图1-88　安装地脚（1）

图1-89　安装地脚（2）

3）将剩余的三组A1铝型材和地脚按照同样的方法固定。注意在进行整体组装时，需要确保地脚开口朝向内侧，左右两侧的地脚开口是相对的（见图1-90）。

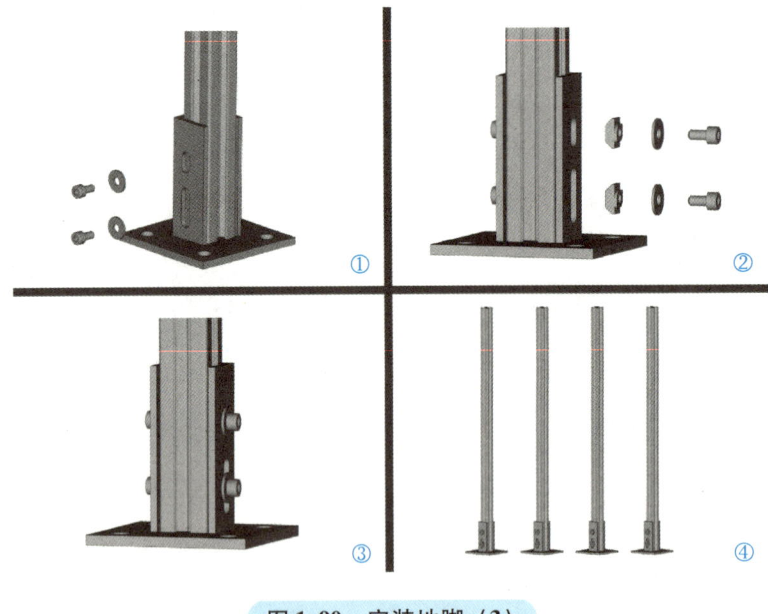

图 1-90　安装地脚（3）

4）用 M3×8 内六角螺钉将电动机支架（Z）与电动机固定在一起（见图 1-91）。

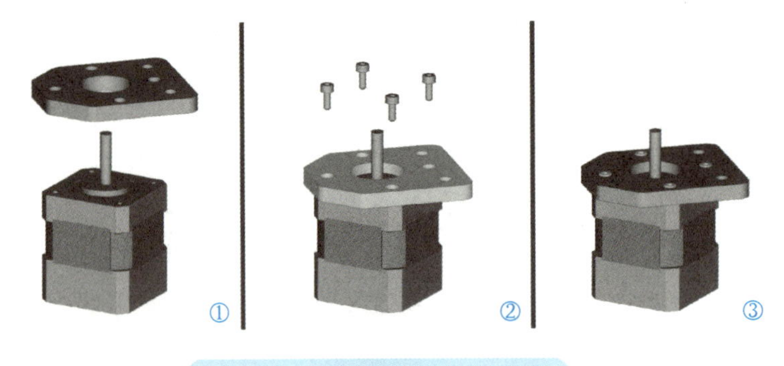

图 1-91　安装电动机支架（Z）

5）使用联轴器自带的锁紧螺母将联轴器与步进电动机轴固定在一起，此步骤只需锁紧联轴器下方的螺母（见图 1-92）。

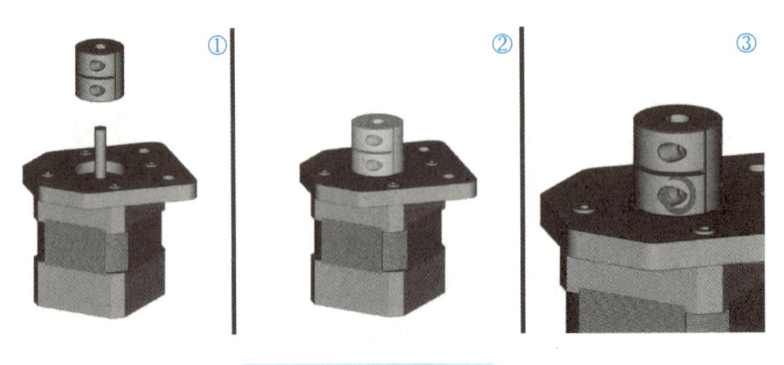

图 1-92　安装联轴器

6）将两个 T 形螺母放入 A2 铝型材凹槽内，把前面步骤中组装好的电动机倒置在 A2 铝型材上，电动机支架（Z）上的两个孔位对准提前放好的 T 形螺母，使用 M4×8 内六角螺钉从孔位中穿过并与 T 形螺母固定在一起。电动机需安装在 A2 铝型材的中间位置（见图 1-93）。

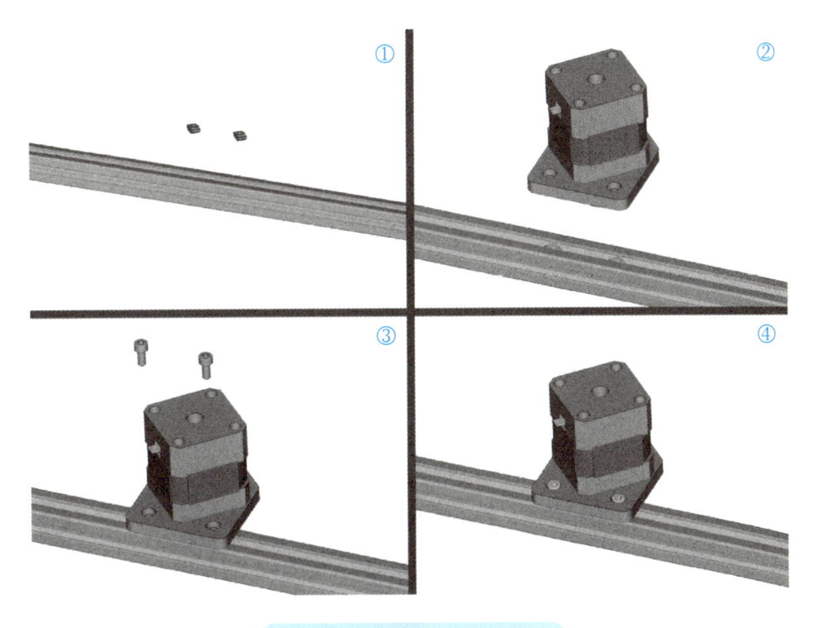


图 1-93　安装电动机组件

7）将两个角码通过 M4 ×8 内六角螺钉和 T 形螺母安装在 A2 铝型材的两端（见图 1-94）。

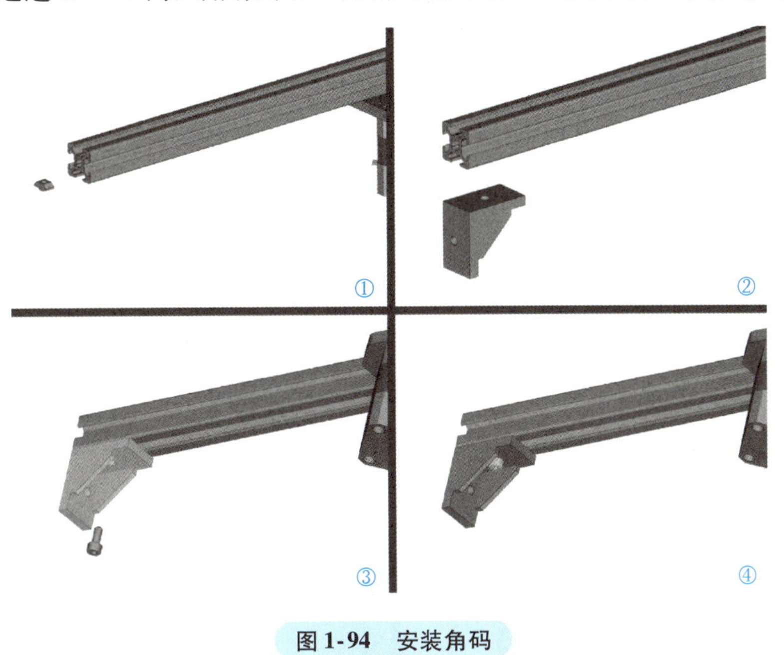


图 1-94　安装角码

8）按照同样的方法，安装好另一组 A2 铝型材和电动机（见图 1-95）。

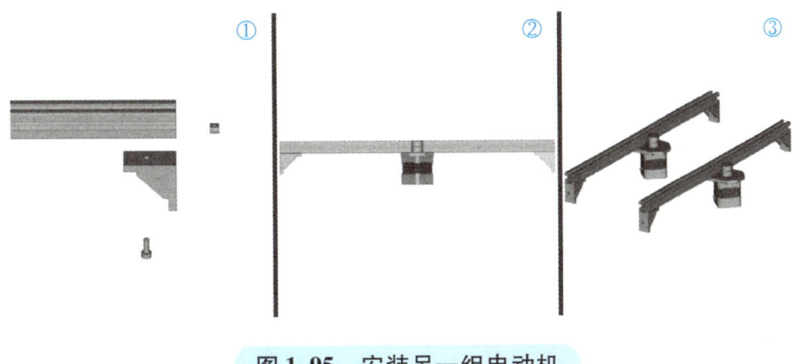


图 1-95　安装另一组电动机

9）将组装好的 A2 铝型材与两根 A1 铝型材组装在一起，同样使用 M4 ×8 内六角螺钉和 T 形螺母固定（见图 1-96）。

图 1-96　安装铝型材

10）安装两个顶部角码，安装时确保角码与 A1 铝型材的顶部齐平。之后将 A4 铝型材放置在角码上方，使用 M4 ×8 内六角螺钉和 T 形螺母固定（见图 1-97）。

图 1-97　安装顶部角码与铝型材

11）按照同样方法安装好另一组框架结构，两组框架结构分别位于设备的左右两侧。安装时注意，地脚开口的一边与电动机安装朝向要一致，否则会影响后续部分的安装。将两组框架结构电动机朝向相对摆放，紧贴地脚的上沿安装角码。将 A3 铝型材放置在安装好的角码上（见图 1-98）。

12）放置好的 A3 铝型材使用 M4 ×8 内六角螺钉和 T 形螺母固定。随后将安装好的框架结构使用 M4 ×10 内六角螺钉安装在底板上（见图 1-99）。

13）将光轴（X）穿过任务 2 中的 X 轴运动组件，并在光轴的两端安装光轴固定座（X），然后将

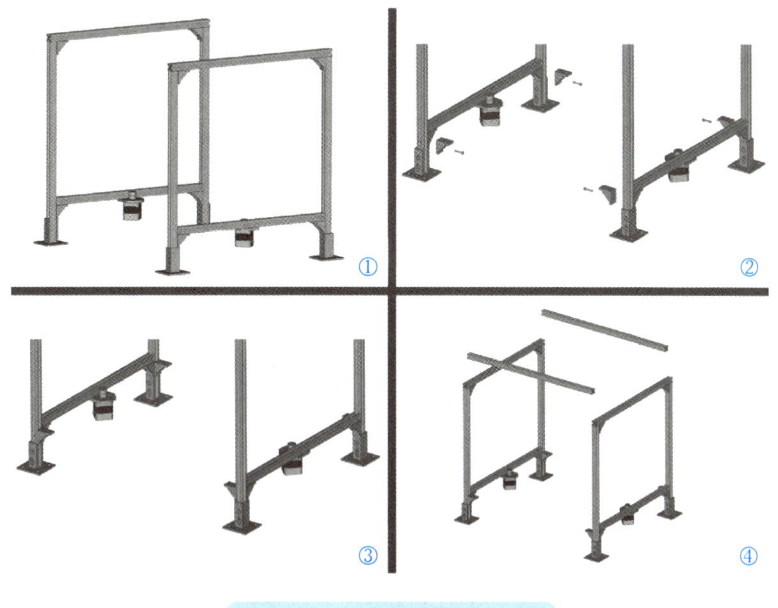

图 1-98　安装框架结构（1）

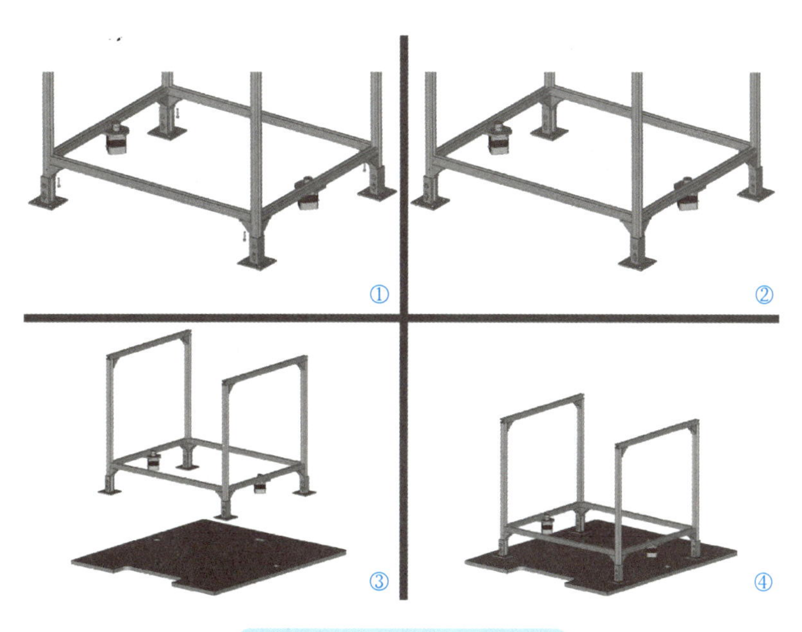

图 1-99　安装框架结构（2）

光轴固定座（X）上的锁紧螺母拧紧（见图 1-100）。

14）提前将 M4×8 内六角螺钉和 T 形螺母安装在有限位开关的光轴固定座（X）上，但不要将螺母拧紧，方便后续调整（见图 1-101）。

15）按照上面的方法安装好另一组 X 轴运动组件，然后找到其中带有限位开关的一组，将光轴固定座（X）两端的 T 形螺母调整为横向（见图 1-102）。

16）将带有限位开关的一组 X 轴运动组件从靠近操作者的框架处装入，将横向的 T 形螺母滑进 A4 铝型材的凹槽处并将螺母拧紧。务必确保光轴固定座（X）与 A4 铝型材齐平，否则后续的型材框架会安装不上（见图 1-103）。

17）将两根光轴（Y）穿过任务 1 中安装好的打印头组件，随后将光轴（Y）安装在没有限位开关 X 轴运动组件的光轴固定座（X）上，并将 4 颗顶丝拧紧（见图 1-104）。

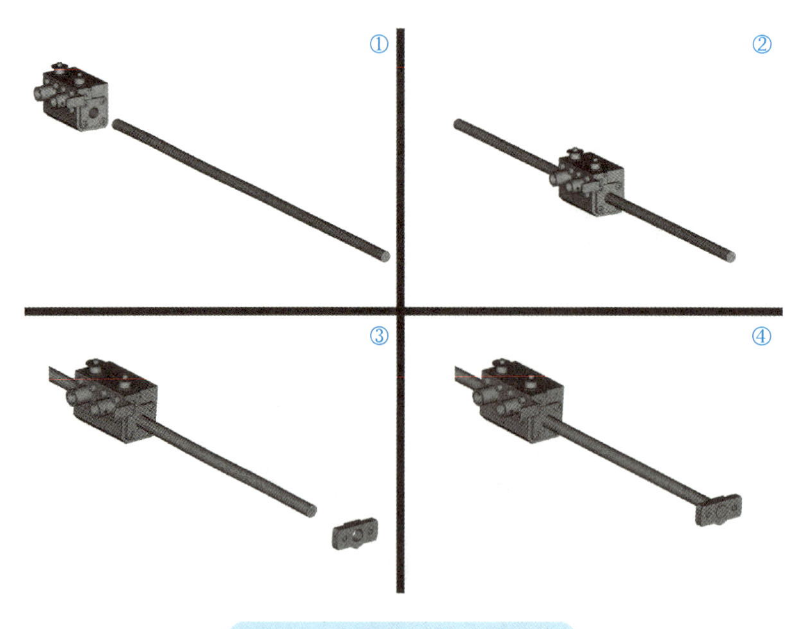


图 1-100　安装 X 轴运动组件

图 1-101　安装光轴固定座（X）

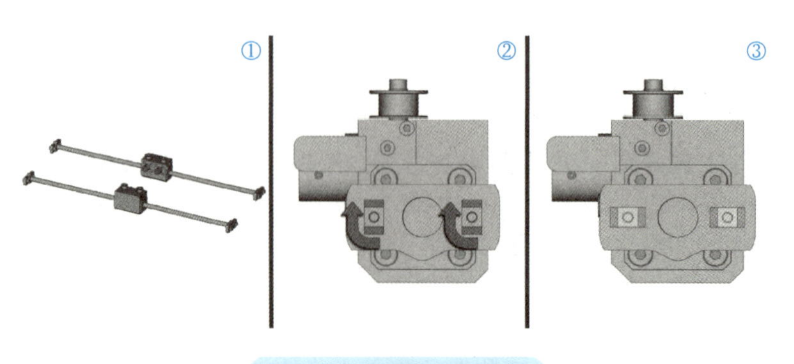


图 1-102　调整 T 形螺母

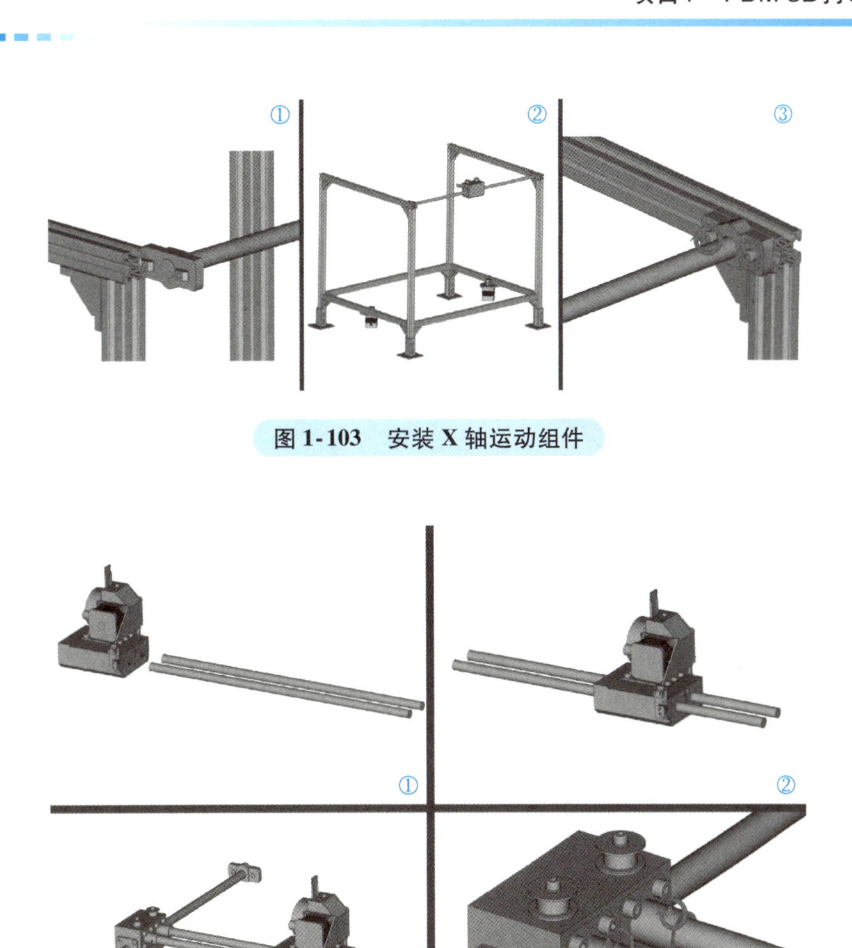


图 1-103 安装 X 轴运动组件

图 1-104 安装光轴（Y）

18）将安装好的部分与有限位开关 X 轴运动组件的光轴固定座（X）连接在一起，并将顶丝拧紧。随后将左右两侧的光轴固定座（X）通过内六角螺钉和 T 形螺母固定在框架上（见图 1-105）。

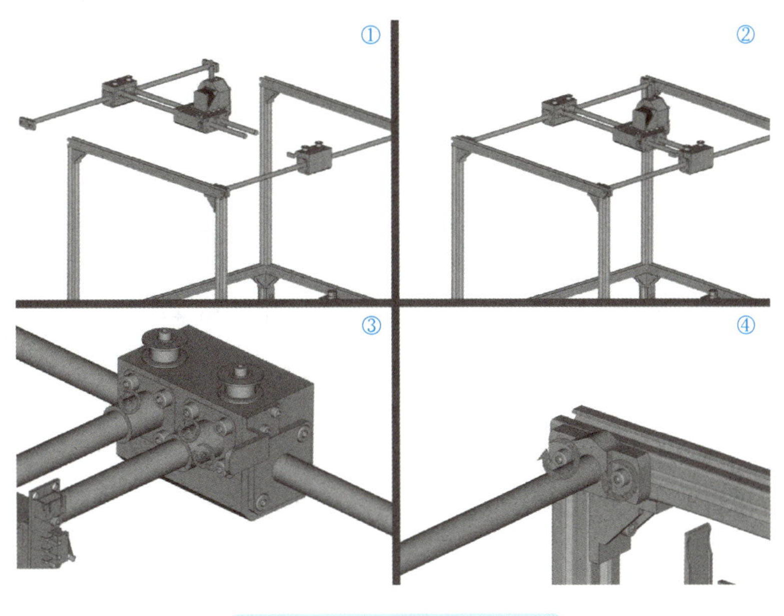


图 1-105 安装平面运动组件

19）安装光轴固定座（Z）。将内六角螺钉和T形螺母安装在光轴固定座（Z）上，随后将T形螺母调整为横向，确保能够穿过A4铝型材的凹槽（见图1-106）。

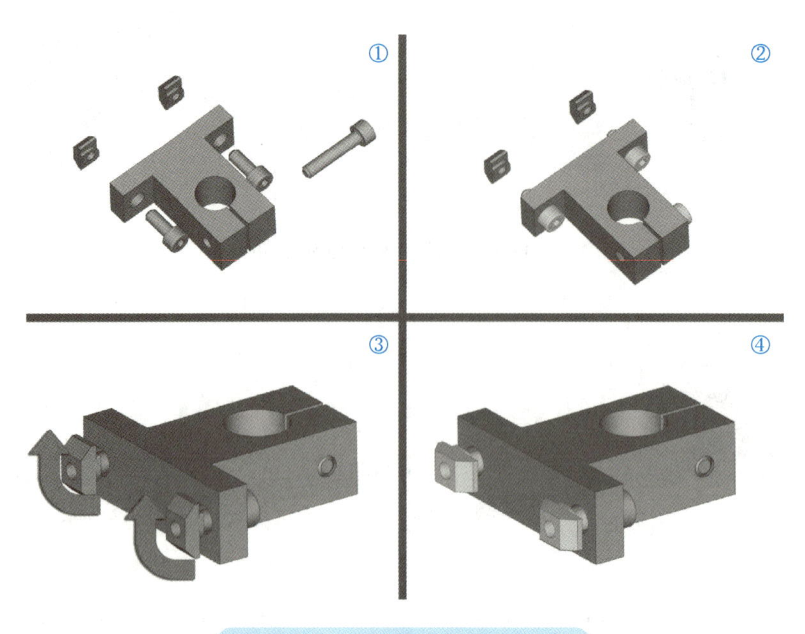


图1-106　安装光轴固定座（Z）

20）将安装好的光轴固定座（Z）安装在左右两侧的A4铝型材框架上，此时螺母不要拧紧。将上下8个光轴固定座（Z）安装好后分别安装在框架型材的凹槽内（见图1-107）。

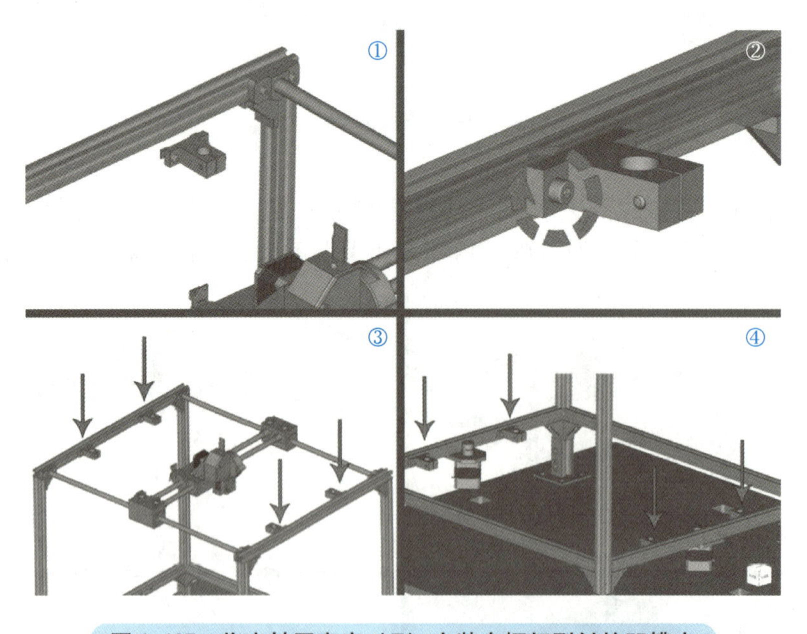


图1-107　将光轴固定座（Z）安装在框架型材的凹槽内

21）最后，将A5铝型材安装至设备框架上。A5铝型材侧面有两个螺纹孔，将螺纹孔对准左右两侧的A4铝型材的顶部，使用M6×20内六角螺钉拧紧，另一边使用同样方法固定（见图1-108）。

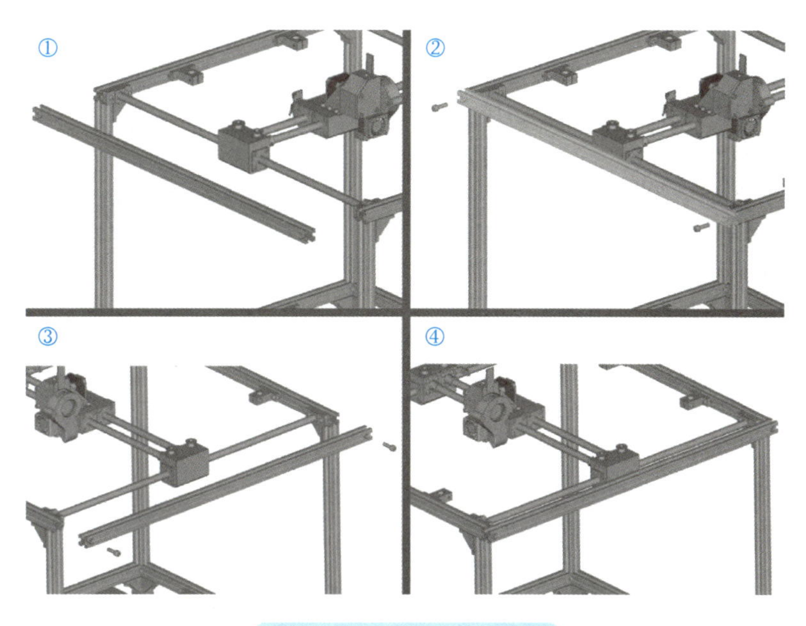


图 1-108 安装 A5 铝型材

## 知识拓展

### 多轴增材制造技术

模型支撑一直是限制 FDM 增材制造模型表面质量优化的关键因素之一，如果可以在不加支撑的前提下，完成模型悬空部分的打印，模型整体尤其是底部的表面质量将得到极大的提升。为了解决这个问题，早在2014 年，英国一家3D 打印机制造商就推出一款名为5AxisMaker 的五轴加工平台。用户只需要更换加工喷头，便可以获得集合喷涂、切割、3D 扫描、3D 打印等多种功能于一身的五轴加工平台。这台机器虽然还不算是真正意义上的五轴 3D 打印机，但是标志着五轴增材制造技术的出现。

2015 年 2 月，德国的一家制造企业将五轴增材制造技术进一步发展，将 3D 打印机“嫁接”到五轴数控机床上，即在立式铣床主轴上安装了一个 3D 打印机的喷头，在第四、第五轴转台上增加了加热平台。至此，将五轴加工机床与 3D 打印机相结合的设计理念得到验证加强。2015 年 7 月，一台五轴 3D 打印机在挪威奥斯陆大学诞生，与之前的研究有所不同，它并不是工业级 3D 打印机，也不是由企业研发制造的，而是由该校两名研究生设计研发的一台桌面型设备。但其原型机已经展现了此后五轴 3D 打印机的主要特色，即通过多出的两轴使打印头可在更多平面上打印，减少 3D 打印过程中支撑结构的使用，提高设备制造凹陷、悬垂等特殊结构的能力。2016 年 5 月，日本制造出该国首台五轴混合制造 3D 打印机，这款机器将五轴加工机床与基于 FDM 工艺的增材制造技术结合起来，并用计算机进行精确控制，可谓相当超前。此后不久，日本三菱也宣布着手研发五轴增材制造技术。2017 年 2 月，法国斯特拉斯堡的工业金属 3D 打印机制造商 BeAM Machines，已经向北美解决方案中心交付了五轴打印设备 Magic 2.0。它使用了激光熔化沉积成形（LMD）增材制造技术，是一款多功能的机器，拥有修改和修复技术组件的功能，可修复燃气轮机轴封、静子叶片、涡轮叶片，以及一些以往无法修复的高价值零件。

2017 年 6 月，瑞士苏黎世应用科技大学的两名学生开发了一台基于普通 FDM 三角洲 3D 打印机的六轴 3D 打印机，增加了可以自动倾斜的打印平台，打印平台由 3 个电动机带动 3 根连杆，可以实现打印平台的自由倾斜。它配合普通的三轴三角洲打印机可以减少打印过程中支撑结构的使用，让打印更加高效，后处理更加轻松，而且能提高打印的灵活性。

2018 年 6 月，来自代尔夫特理工大学的研究团队与清华大学、法国国家信息与自动化研究所（INRIA）合作完成了一项关于增材制造技术的最新研究，该研究使用机器人 3D 打印无支撑结构的零部件，其算法为世界首个能够通过使用弯曲刀具轨迹控制机器人系统完成打印的算法。该机器人3D打印系统内置多轴打印平台，打印过程中，材料沿弯曲路径进行沉积，能够大大减少对于支撑结构的需求，甚至完全免除支撑结构。这项技术将增材制造技术与工业机器人相结合，展现了多轴增材制造技术的另一个发展方向。

2022年年底，国外的3D打印社区中有一款基于Prusa 3D打印机改装的五轴3D打印机吸引了大家的关注。该套设计方案由伦敦帝国理工学院的研究团队开发，命名为Open5x，并在软件项目托管平台Github上进行了开源。该套方案改造出的五轴FDM 3D打印机可以在不需要支撑结构的前提下完成模型的打印。在切片软件方面，传统的FDM切片软件只能在Z轴的垂直方向对模型进行切片，并不适用于多轴打印的3D打印机。研究团队借助了Rhino CAD软件中的可视化编程语言开发立体切片算法来解决这一问题（见图1-109、图1-110）。

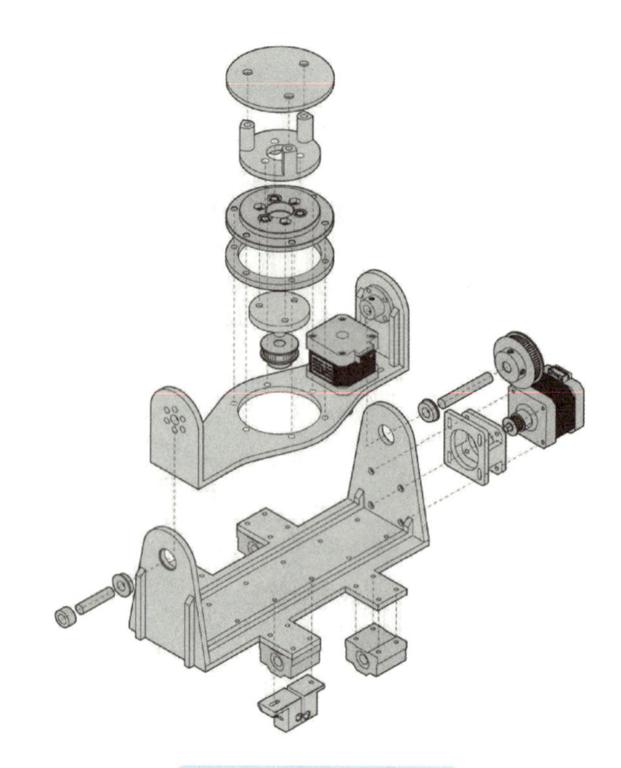

图1-109　改装件爆炸图

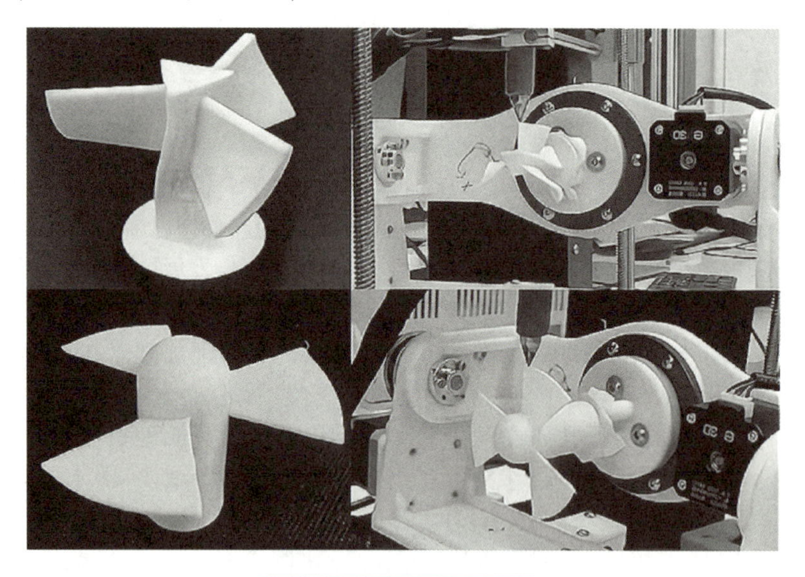

图1-110　打印效果展示

## 任务评价

装配框架及平面运动组件任务学习评价表见表1-4。

表1-4　装配框架及平面运动组件任务学习评价表

| 序号 | 评价目标 | 评价标准 | 配分 | 自我评价 | 小组评价 | 教师评价 | 备注 |
|---|---|---|---|---|---|---|---|
| 1 | 掌握框架及平面运动组件各零部件的基础知识 | 各零部件名称的掌握情况 | 15 | | | | |

（续）

| 序号 | 评价目标 | 评价标准 | 配分 | 自我评价 | 小组评价 | 教师评价 | 备注 |
|---|---|---|---|---|---|---|---|
| 2 | 了解各部件的作用 | 各部件作用的了解情况 | 20 | | | | |
| 3 | 了解所需零件的规格 | 是否了解所需零件的规格 | 15 | | | | |
| 4 | 掌握框架及平面运动组件的装配方法 | 能否完成框架及平面运动组件的装配 | 35 | | | | |
| 5 | 了解装配框架及平面运动组件的操作规范 | 装配过程中是否存在损坏零部件的情况 | 10 | | | | |
| 6 | 掌握工、量具的使用规范 | 工、量具使用完后是否规范放置 | 5 | | | | |
| 合计 | | | 100 | | | | |

# 任务5　装配Z轴运动组件

## 任务目标

1. 掌握Z轴运动组件各零部件的名称。
2. 了解各部件的作用。
3. 了解所需零件的规格。
4. 掌握Z轴运动组件的装配方法。

## 任务引入

3D打印的模型是否精细主要是由所能打印的单层高度决定的，而Z轴运动组件的调试情况又直接决定了打印平台能否实现切片设置的层高高度。打印头在X、Y轴运动组件上需要保证与打印平台平行，一旦有很小的倾斜存在，就会导致模型在打印第一层时出现喷嘴与打印平台相撞或喷嘴吐出的料丝无法粘在打印平台上的情况。

Z轴运动组件在组装的过程中需要与两组光轴、电动机、丝杠进行装配，光轴与固定架之间、丝杠与电动机之间，以及左右两组的丝杠高度都需要进行调试，否则打印平台就有可能会出现与X、Y轴运动组件不平行的情况。

那么Z轴运动组件应该如何组装？光轴与固定架之间、丝杠与电动机之间，以及左右两组的丝杠在装配完成后，应该怎样调试？以下通过Z轴运动件的装配来寻找问题的答案。

## 知识与技巧

### 1. 认识Z轴运动组件

Z轴运动组件是H-bot型FDM 3D打印机运动系统中最重要的模块之一，是用来控制打印平台升降的。Z轴运动组件包含打印平台组件、光轴（Z）、光轴固定座（Z）、8mm直线轴承、丝杠。其中，光轴固定座（Z）是在该步骤中需要频繁用到的零件，当它固定到框架结构上时，不需要拧得过紧，以便后续调试时移动其位置（见图1-111）。

Z轴运动组件通过左右两侧的两个步进电动机带动电动机上方的丝杠转动（见图1-112），为打印平台的上下移动提供动力。丝杠的左右两侧装有两根光轴，用于对打印平台进行导向，确保打印平台在上下移动时更稳定，防止发生形变。

### 2. 各部件的规格与作用

1）打印平台组件（见图1-113）。它是在前面步骤中预组装好的组件，是用来承载模型的，以完成模型打印任务的重要组件之一。其内部包含了打印平台、热床、限位螺母等重要零部件。

图 1-111 光轴固定座（Z）与框架的连接

图 1-112 丝杠与电动机（Z）的连接

2）光轴（Z）（见图 1-114）。光轴对滑动轴承有引导作用，是可实现直线运动的圆柱形实心轴，主要应用于各种工业机械及配套设备。

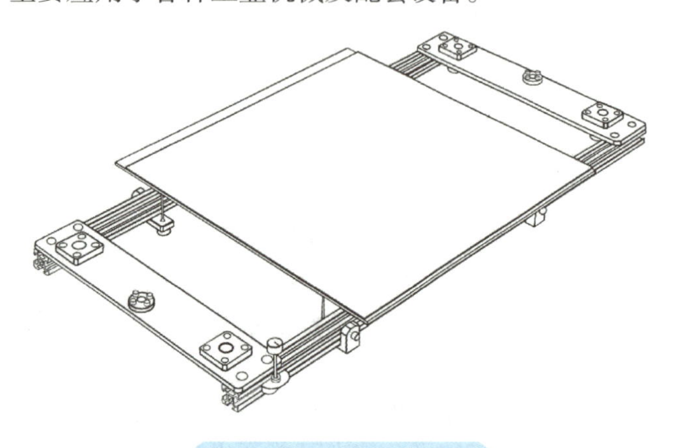

图 1-113 打印平台组件

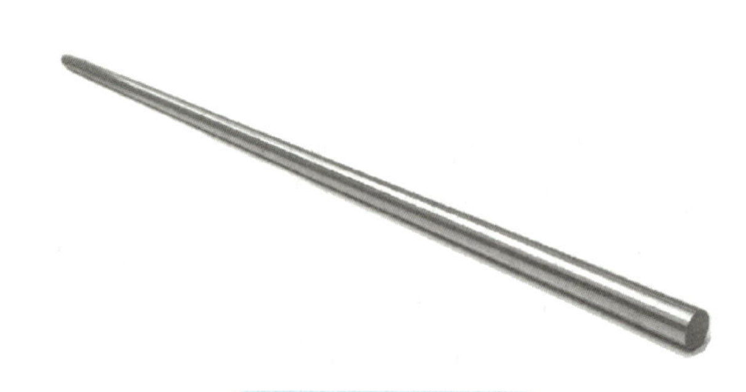

图 1-114 光轴（Z）

3）光轴固定座（Z）（见图 1-115）。它是用来固定光轴（Z）的底座，在 Z 轴运动组件中有 8 个光轴固定座（Z），分别用来将光轴固定在设备的框架结构上。组装过程中的调试工作有一部分是围绕着该零件进行的，固定该零件的螺母也需要根据不同的步骤进行不同松紧度的调整。

4）8mm 直线轴承（见图 1-116）。它是之前安装在打印平台组件上的零件，总共有 4 个。它在此步骤中主要是为了将光轴从其中穿过，起到固定、导向打印平台组件的作用。

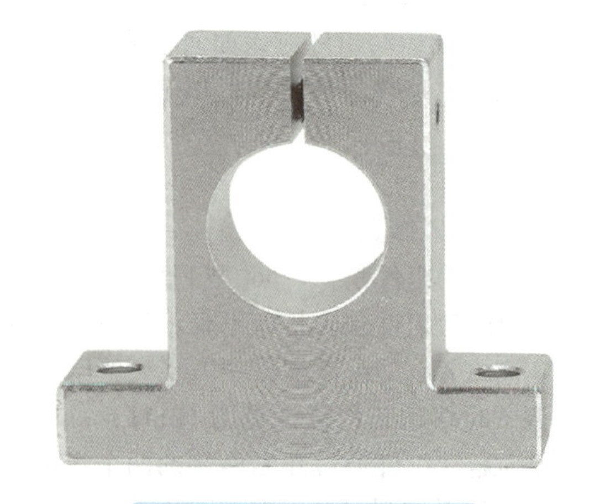

图 1-115 光轴固定座（Z）

5）丝杠（见图 1-117）。它与螺母、钢球、预压片、反向器、防尘器一同组成滚珠丝杠，是工具机械和精密机械上最常使用的传动元件，其主要功能是将旋转运动转换成线性运动，或者将转矩转换成轴向反复作用力，同时兼具高精度、可逆性和高效率的特点。由于具有很小的摩擦阻力，滚珠丝杠被广泛应用于各种工业设备和精密仪器。

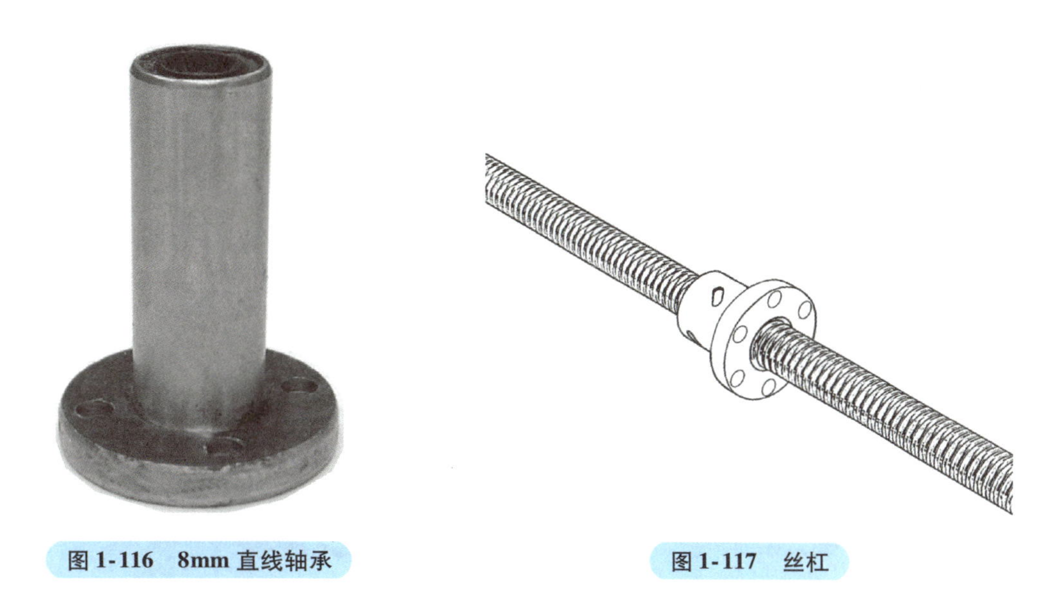

图 1-116 8mm 直线轴承　　图 1-117 丝杠

## 任务实施

Z 轴运动组件的装配动画

Z 轴运动组件的装配步骤如下：

1）将打印平台组件放置在设备框架中间，将中间的丝杠螺母与联轴器对齐，方便后续安装丝杠（见图 1-118）。

2）调整光轴固定座（Z）的位置，使打印平台组件上的 8mm 直线轴承和下方的光轴固定座（Z）中间圆孔对齐（见图 1-119 和图 1-120）。

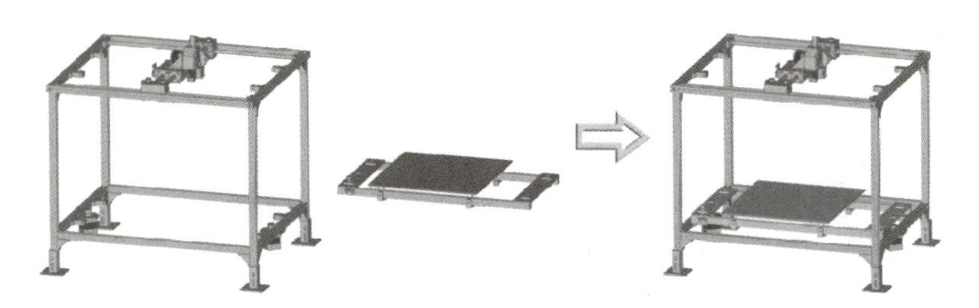

图 1-118 安装打印平台组件

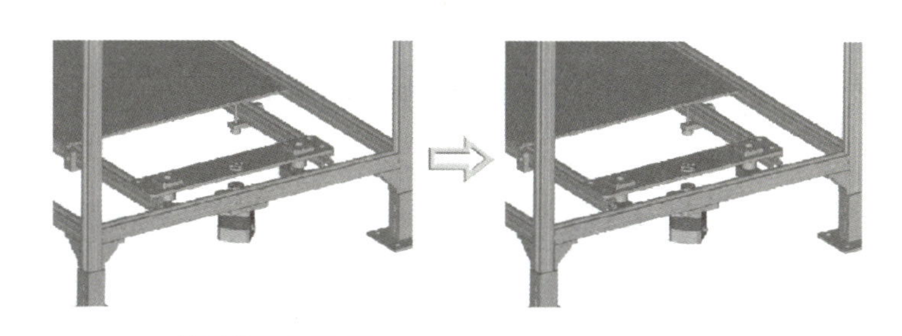

图 1-119 调整光轴固定座（Z）位置（1）

3）将丝杠旋转穿过打印平台组件上的丝杠螺母，继续向下拧动，直至将丝杠安装至联轴器的孔内（见图 1-121）。

4）使用六角扳手将联轴器上的锁紧螺母拧紧（见图 1-122）。

5）使用同样的方法，将另一侧的丝杠安装至联轴器，并使用六角扳手拧紧螺母（见图 1-123）。

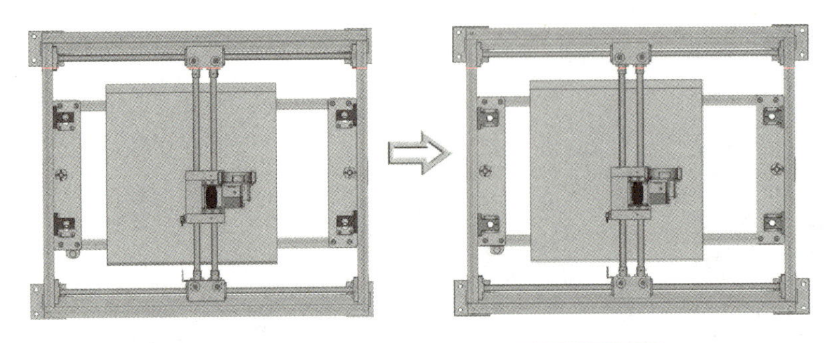

图 1-120 调整光轴固定座（Z）位置（2）

图 1-121 安装右侧丝杠

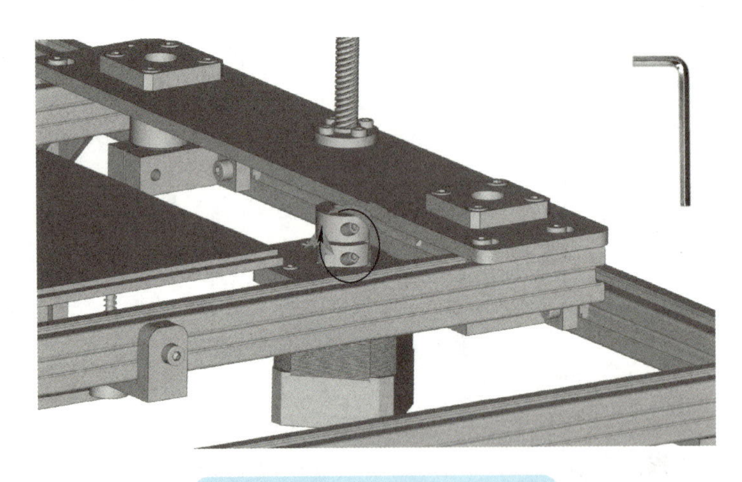

图 1-122 拧紧联轴器锁紧螺母

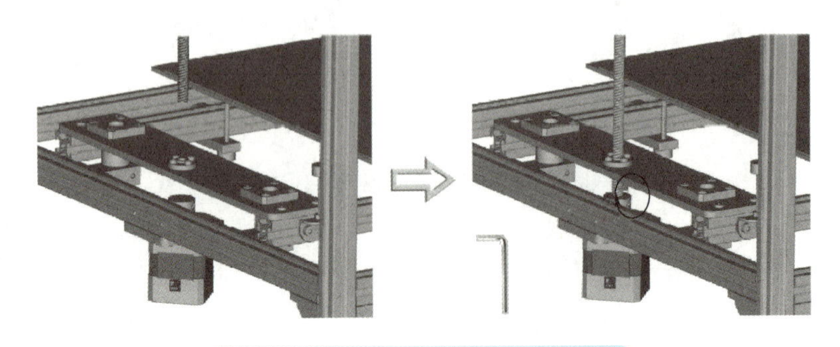

图 1-123 安装左侧丝杠及拧紧螺母

6）将框架上下、左右的 8 个光轴固定座（Z）的固定螺母旋松，确保可以左右滑动即可（见图 1-124）。

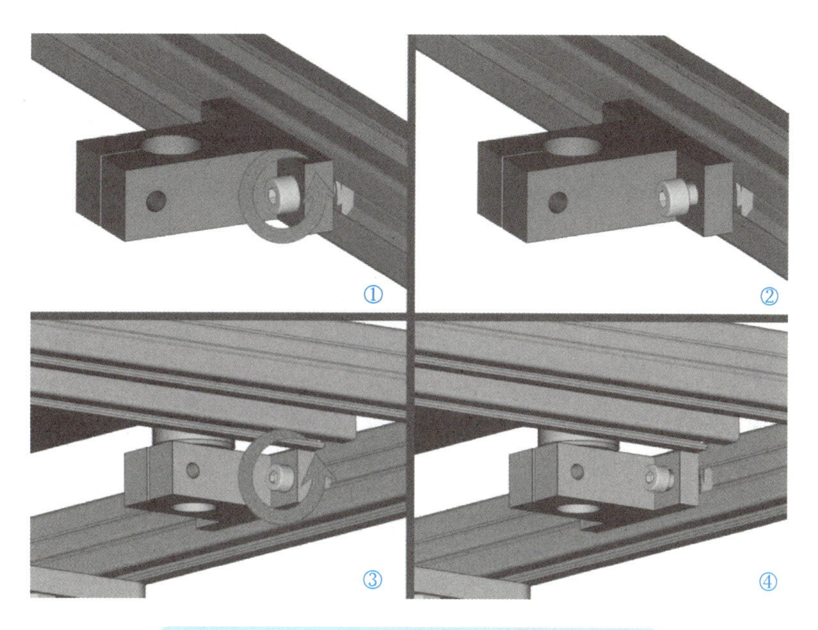


图 1-124　旋松光轴固定座（Z）的固定螺母

7）将光轴从顶部的光轴固定座（Z）穿过，随后调整位于框架底部的光轴固定座（Z），使得光轴（Z）可以顺利穿过。安装时，光轴（Z）底面尽量与光轴固定座（Z）底面齐平（见图 1-125）。

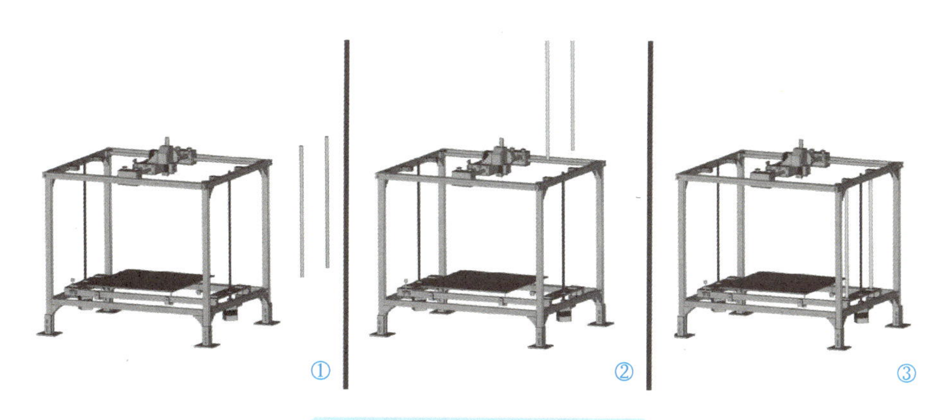


图 1-125　安装右侧光轴（Z）

8）经过上面的步骤，上下两个光轴固定座（Z）已经处于一条直线上，使用六角扳手将光轴固定座（Z）的 2 个固定螺母拧紧，确保光轴固定座（Z）被固定在框架上。随后将光轴固定座（Z）的锁紧螺母拧紧，将光轴（Z）与光轴固定座（Z）固定在一起（见图 1-126）。

9）安装另一边的 2 根光轴（Z）（见图 1-127），方法同上。

10）将固定螺母和锁紧螺母拧紧（见图 1-128）。

11）底部的光轴固定座（Z）使用螺母固定好后，固定顶部的 4 个光轴固定座（Z）（见图 1-129 和图 1-130）。

12）安装完成后，如果发现打印平台组件是左右倾斜的，可以在打印平台上放置水平仪测试，通过转动左右两侧的丝杠对打印平台组件进行调整（见图 1-131 和图 1-132）。

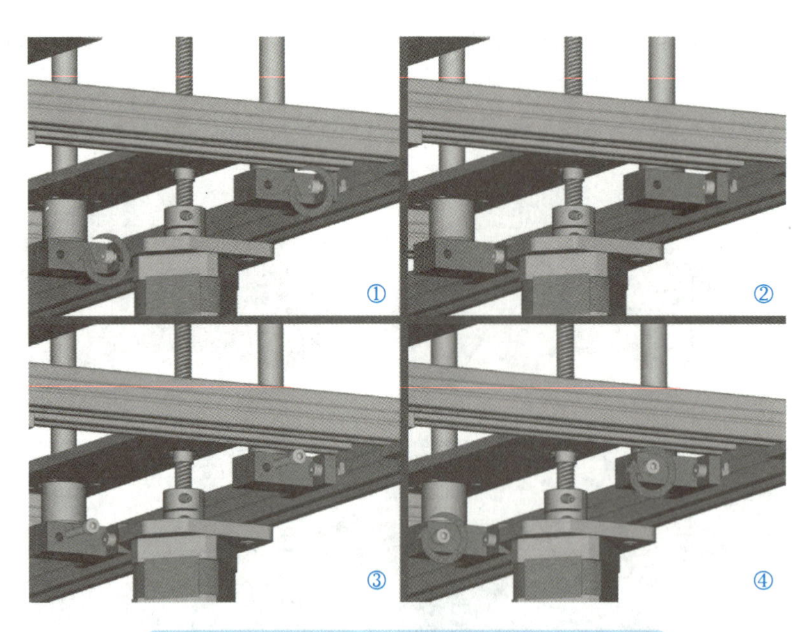


图 1-126 拧紧右侧光轴固定座（Z）固定螺母

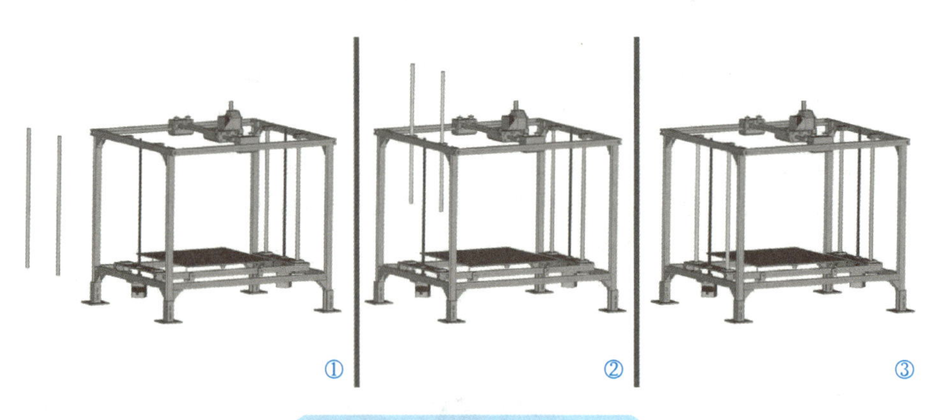


图 1-127 安装左侧光轴（Z）

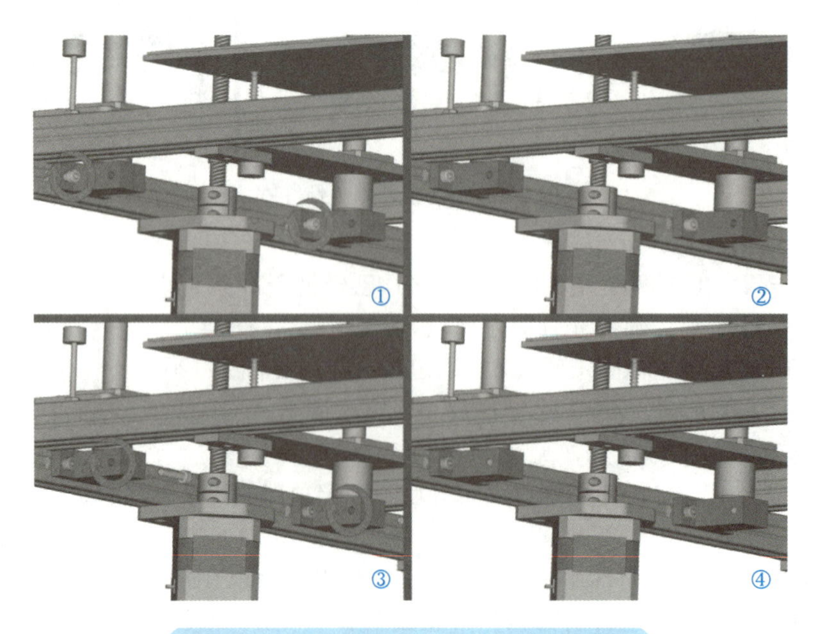


图 1-128 拧紧左下方固定螺母和锁紧螺母

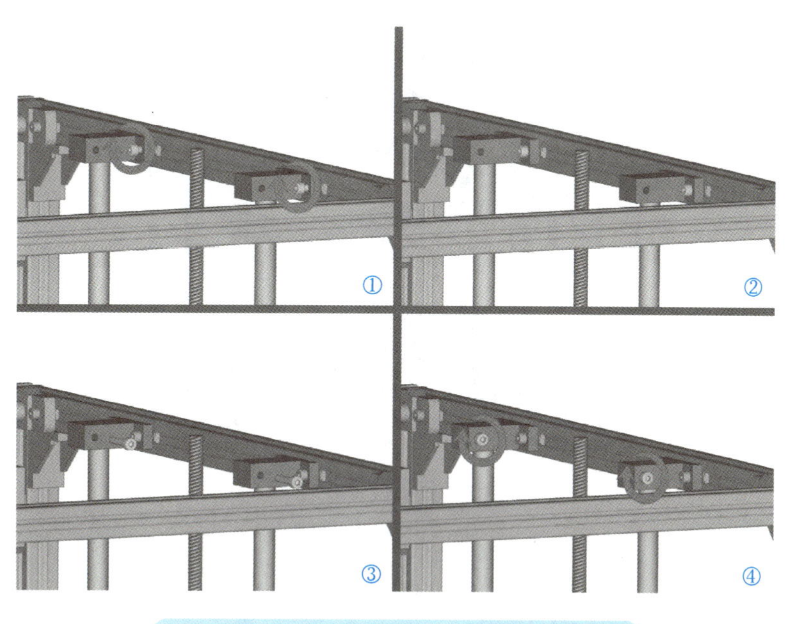


图 1-129 拧紧右上方锁紧螺母和固定螺母

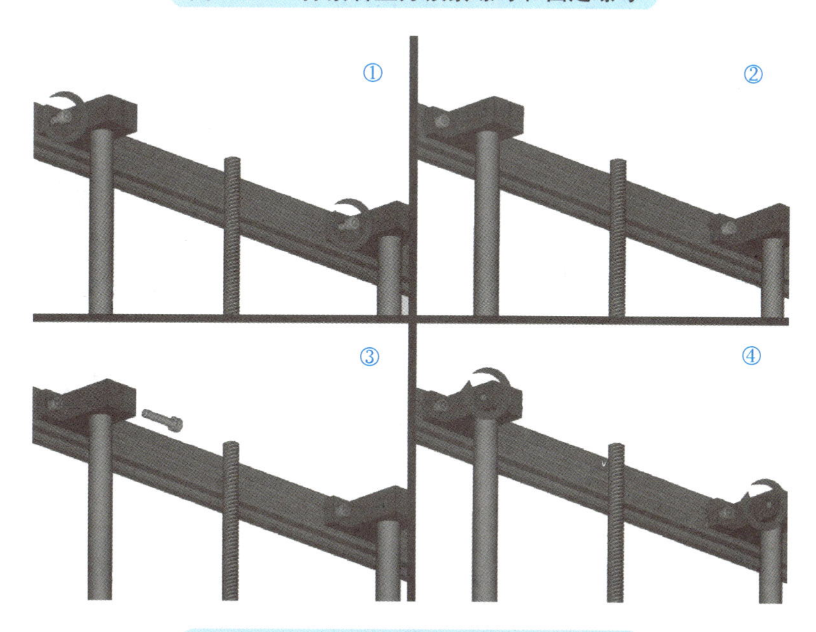


图 1-130 拧紧上方锁紧螺母和固定螺母

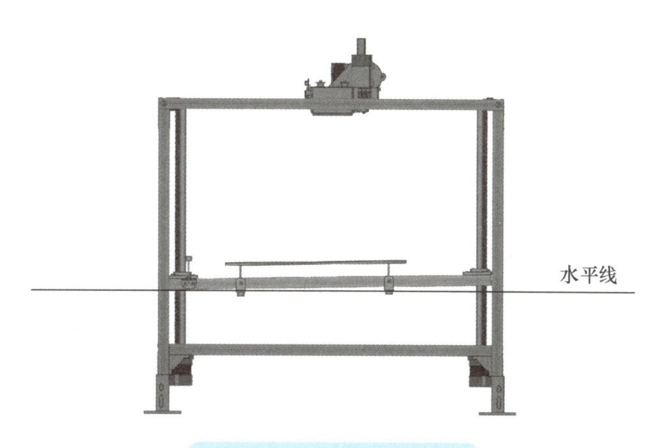


图 1-131 打印平台倾斜

图 1-132　调整丝杠

## 知识拓展

FDM 3D 打印机的送料系统工作原理：在送料电动机轴上装有送料齿轮，送料齿轮旁装有辅助齿轮或者 U 形槽轴承，两者通过互相配合来夹紧耗材，当送料电动机转动时，耗材被推动、挤压至下一个部件。在技术演化的过程中，根据设计思路的不同，送料系统可分为近端送料系统和远端送料系统。

### 1. 近端送料系统

近端送料系统（见图 1-133）也称为直接送料系统，是一种直接安装在热端顶部的送料系统，其送料齿轮由标准的步进电动机驱动，是 XYZ 型 3D 打印机、H－Bot 型 3D 打印机常用的送料系统。

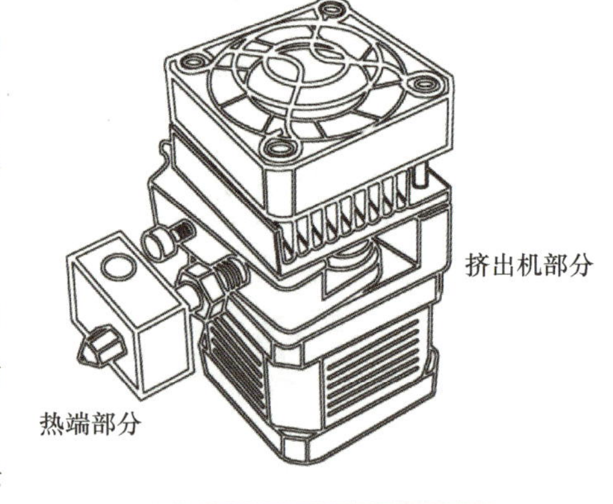


图 1-133　近端送料系统

（1）优点

1）近端送料系统与热端之间的距离非常近，送料齿轮的摩擦力可以直接向下传递，使得耗材在供给时效率更高，实现精确控制耗材回抽的目的。

2）因为不需要在较长的导料管中逐渐将耗材送入，所以拆装、更换耗材的速度会更快，可用于打印软性耗材，如 TPU（热塑性聚氨酯）、TPE（热塑性弹性体）。

3）对步进电动机的力矩要求相对低。

（2）缺点

1）拆装、维护操作复杂。喷嘴、热端、挤出机、步进电动机、散热风扇等零件集成出一个近端送料系统的打印头，整个打印头的零部件较多，在进行拆装、维护的操作时会比较复杂。

2）打印速度不能过快。打印头上过多的零件会使得打印头非常重，在打印过程中进行的移动会产生很大的惯性，高速打印时容易导致减速困难，有可能出现停不住的情况，反馈在模型上的结果就是会造成模型错位。因此，采用近端送料系统的设备打印速度不能过快。

### 2. 远端送料系统

采用远端送料系统的打印机，一般挤出机和步进电动机会倒置安装在设备的外壳、框架结构上，挤出机通过特氟龙管远程将耗材送至打印头处，是 UM 型 3D 打印机、并联臂型 3D 打印机常用的送料系统（见图 1-134）。

（1）优点

1）挤出机和步进电动机被分散安装在设备外壳、框架上，打印头重量轻，运动惯性小，移动时定位更精准。

2）因为减轻了打印头的重量，打印速度快，打印头移动速度可达200mm/s。

3）喷头和挤出机分离，避免了多个部件组合在一起走线困难、拆装工序复杂的情况，方便打印头的维护。

（2）缺点

1）送料距离远、阻力较大，需要负责挤出的步进电动机输出更大的转矩。

2）挤出机与喷头需要用导料管和气动接头连接，受潮的耗材在打印过程中很容易断裂，使用了导料管送料的远端送料系统会让耗材断裂情况加剧，同时导料管内的耗材最终会因为没有推动力而浪费。

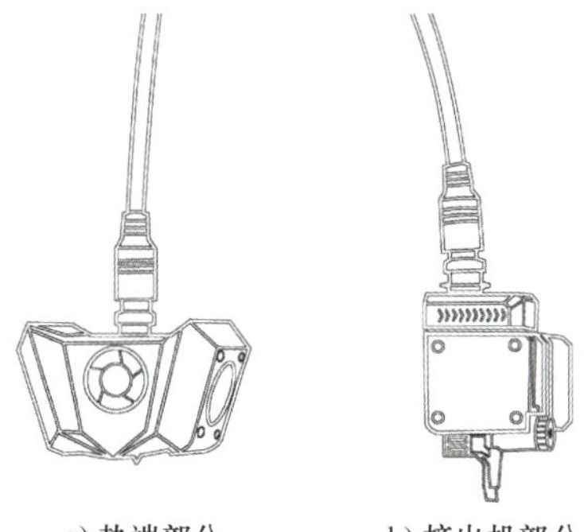

a) 热端部分　　b) 挤出机部分

图1-134　远端送料系统

3）由于耗材和特氟龙管有一定弹性，再加上一般气动接头也有一定活动空间，所以需要的回抽距离和速度更大，不如近端送料系统挤出、回抽精准。

4）更换耗材会比较麻烦，需要预判耗材的余量，提前将需要更换的耗材退出，再放入新的耗材，无法使用近端送料系统中的“新料顶老料”的方式换料。

5）由于送料距离过远，一旦使用弹性耗材就会导致无法正常输送材质的情况出现，因此，远程挤出方式的3D打印机都不支持弹性材料的打印。

## 任务评价

装配Z轴运动组件任务学习评价表见表1-5。

表1-5　装配Z轴运动组件任务学习评价表

| 序号 | 评价目标 | 评价标准 | 配分 | 自我评价 | 小组评价 | 教师评价 | 备注 |
|---|---|---|---|---|---|---|---|
| 1 | 掌握Z轴运动组件中各零部件的基础知识 | 各零部件名称的掌握情况 | 15 | | | | |
| 2 | 了解各部件的作用 | 各部件作用的了解情况 | 20 | | | | |
| 3 | 了解所需零件的规格 | 是否了解所需零件的规格 | 15 | | | | |
| 4 | 掌握Z轴运动组件的装配方法 | 能否完成Z轴运动组件的装配 | 35 | | | | |
| 5 | 了解装配Z轴运动组件的操作规范 | 装配过程中是否存在损坏零部件的情况 | 10 | | | | |
| 6 | 掌握工、量具的使用规范 | 工、量具使用完后是否规范放置 | 5 | | | | |
| 合计 | | | 100 | | | | |

# 任务6　总装整机

## 任务目标

1. 掌握总装整机各零部件的名称。
2. 了解各部件的作用。
3. 了解所需零件的规格。
4. 掌握总装整机的组装方法。

## 任务引入

在机械领域中，机械传动是指利用机械方式传递动力和运动的传动，它分为两类：一是靠机件间的摩擦力传递动力的摩擦传动，二是靠主动件与从动件啮合或借助中间件啮合传递动力或运动的啮合传动。FDM 3D 打印机的传动系统属于第二类，电动机上的主动轮与远端的从动轮互相配合，通过中间件传动带将力传递到需要做机械运动的部分。

从 3D 打印的结果来看，模型的外壁打印效果是由 X 轴运动组件和 Y 轴运动组件互相配合运动完成的，当其中某一个组件或者零件出现问题时，就有可能导致打印件的表面质量变差。但是由于该部分的零部件较多，不同零部件故障所呈现在模型上的结果也不一样，所以为了明确模型表面质量出问题的原因，就需要清晰地了解总装整机的结构和组装方法。

以下通过本任务的学习来了解总装整机的结构和组装方法。

## 知识与技巧

### 1. 认识总装整机

前面的步骤已经基本完成了整体框架的装配，而本任务内容的总装，相当于是将整个框架结构串联起来。通过从动轮、传动带等传动部件，将电动机的力传递到设备的每一个运动部件，从而保证了打印头的前、后、左、右移动。同时，装配各个限位开关使其通过与触碰结构的配合来完成打印头和打印平台移动位置的限定，是整个设备中最后一组需要装配的结构（见图 1-135）。

常用的机械传动类型有齿轮传动、蜗杆传动、带传动、链传动、轮系。

1）齿轮传动（见图 1-136）。它的应用范围很广，传动功率可达数万千瓦，单级传动比可达 8 以上，因此在机械上得到广泛应用。与其他机械传动相比，齿轮传动的优点为运行可靠、使用寿命长、瞬时传动比恒定、传输效率高、结构紧凑、功率和应用范围广等。其缺点为齿轮制造需要专用的机床和设备，成本高；当制造精度低时，振动和噪声大；不适用于轴距较大的传动。齿轮传动有很多种，根据两齿轮的相对运动方式，可分为平面齿轮传动和空间齿轮传动两大类。

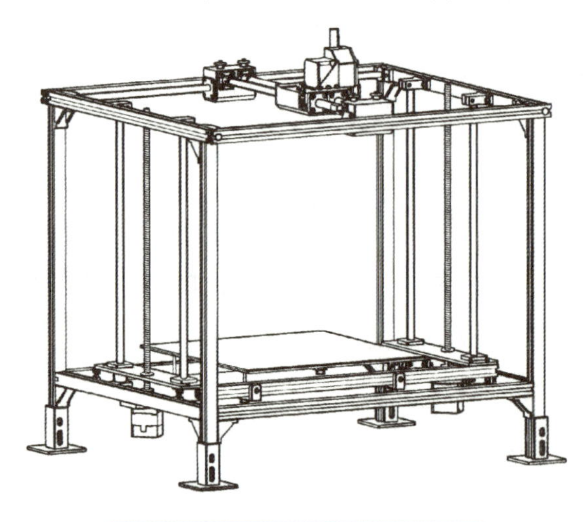

图 1-135　整机结构（无传动带）

图 1-136　齿轮传动

2）蜗杆传动（见图 1-137）。蜗杆传动装置用于传递交错轴之间的旋转运动。在大多数情况下，两个轴在空间上彼此垂直。蜗杆传动的主要优点是结构紧凑、运转平稳、无噪声、冲击和振动小、单级传动比大。其缺点是在制造精度和传动比相同的条件下，蜗杆传动的效率低于齿轮传动；蜗轮一般需要用昂贵的减摩材料（如青铜）制成。蜗杆传动广泛应用于机械及相关行业，如轧钢机械、矿山机械、起重运输机械。

3）带传动（见图 1-138）。根据带的截面形状的不同，将传动带分为平带、V 带和特殊带（多楔带、圆带等）等。带传动结构简单、传动平稳，能缓冲吸振，可在大轴间距和多轴间传递动力，且其造价低、无须润滑、容易维护，但不能保证精确的传动比，传动效率较低。带传动主要用于传动平稳、传动比要求不严格的中、小功率的较远距离传动场合。

图 1-137　蜗杆传动

图 1-138　带传动

4）链传动（见图 1-139）。它是在两个或两个以上的链轮之间用链作为挠性拉拽元件的一种啮合传动。和带传动比较，链传动的主要优点为没有滑动、效率较高，不需要很大的张紧力，作用在轴上的载荷较小，能在温度较高、湿度较大的环境中使用等。其主要缺点为只能用于平行轴之间的传动，瞬时速度不均匀，高速运转时不如带传动平稳，不宜在载荷变化很大和急促反向的传动中应用，工作时有噪声等。与齿轮传动相比，链传动的主要特点为制造和安装精度要求较低，中心距较大时，其传动结构简单，瞬时链速和瞬时传动比不是常数，传动平稳性较差。链传动除广泛用作定传动比的传动外，也能用于有级链式变速器和无级链式变速器。

5）轮系（见图 1-140）。由一系列齿轮组成的传动系统称为轮系，它广泛应用于各种机械设备中。轮系分为定轴轮系和周转轮系两种类型。轮系的主要特点为适用于相距较远的两轴之间的传动，可作为变速器实现变速传动，可获得较大的传动比，实现运动的合成与分解。

图 1-139　链传动

图 1-140　轮系

本书介绍的 FDM 3D 打印机的平面运动系统使用的是带传动，传动系统主要是由步进电动机、电动机支架（X、Y）主动轮、限位开关、从动轮、从动轮固定架（X）、Z 轴限位开关固定架、传动带、料架组成。装配过程涉及结构件、传动件之间的配合，在装配时需要充分预留调试余量，以避免在组装到后续步骤时返工。

该部分的工作方式为，通过框架结构上安装的 Y 轴电动机带动打印头做前后方向的运动，侧面框架结构上安装的 X 轴电动机带动整个 Y 轴运动模块做左右方向的运动。同时在框架结构上装有 X、Y、Z 三轴的限位开关，以保证对打印头移动范围的控制。

### 2. 各部件的规格与作用

1）步进电动机（见图 1-141）。在总装中，主要用到的是驱动 X 轴运动组件和 Y 轴运动组件的电动机，为各轴提供动力。

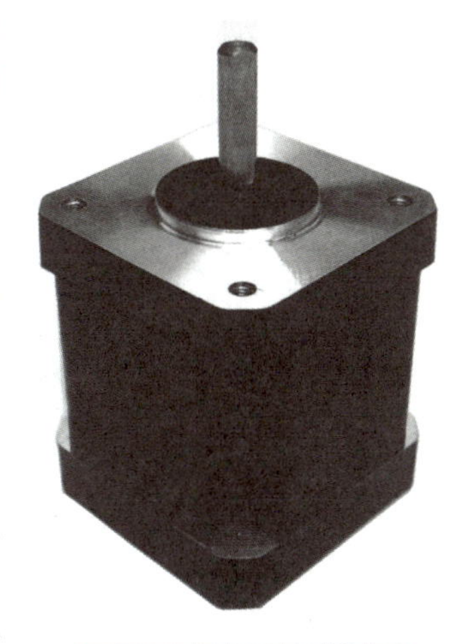

图 1-141　步进电动机

2）电动机支架（X、Y）（见图 1-142、图 1-143）。它是用于将步进电动机固定在设备框架结构上的辅助连接支架。

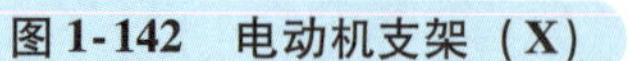

图 1-142　电动机支架（X）

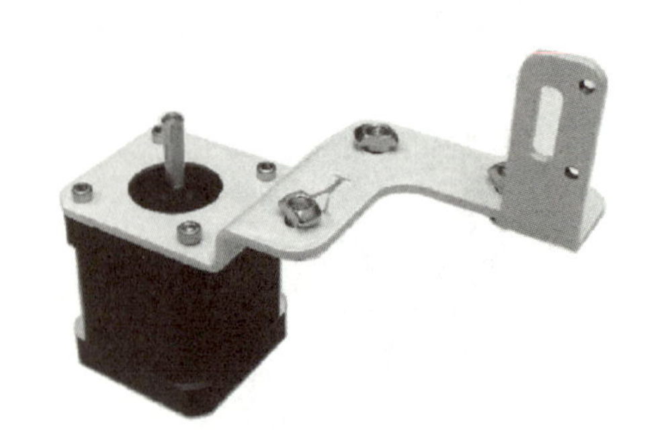


图 1-143　电动机支架（Y）

3）主动轮（见图 1-144）。它是带传动系统中的一部分，一方面负责将电动机轴的力传递到传动带上，另一方面限定传动带的上下位置，防止传动带从电动机轴上脱离。主动轮有齿圈式和滚轮式，采用齿圈式的较多。齿圈的齿形有凸面、平面和凹面三种类型。

4）限位开关（见图 1-145）。它又称行程开关和位置开关，是一种常用的小电流主令电器。它利用机械运动部件的碰撞使其触头动作来实现接通或分断控制电路，达到一定的控制目的。通常，这类开关被用来限制机械运动的位置或行程，使运动机械按一定位置或行程自动停止、反向运动、变速运动或自动往返运动等。在 FDM 3D 打印机中，限位开关主要用来限制 X、Y、Z 三轴的移动行程。

图 1-144　主动轮

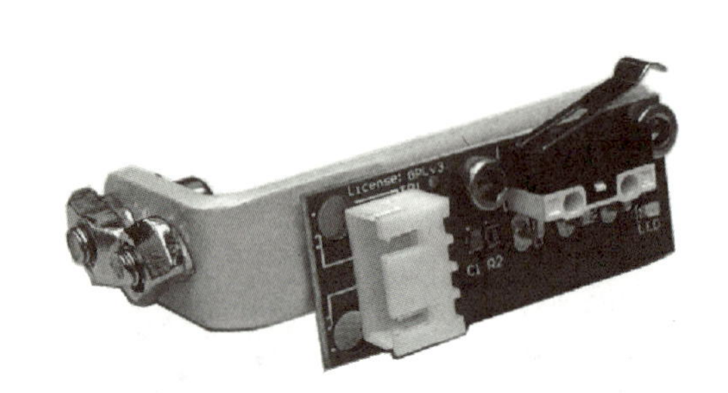

图 1-145　限位开关

5）从动轮（见图 1-146）。如果说主动轮是带传动系统中辅助电动机提供动力的零件，那么从动轮就是不提供动力，不输出功率和转矩的零件。其主要用途有三：第一，作为带传动系统中的另一端，对传动带有支撑作用；第二，限制传动带的上下位置，防止因长时间移动导致传动带脱离或者位置出现偏差；第三，从动轮接收主动轮传递过来的力并继续向下传递。

6）从动轮固定架（见图 1-147）。它是用于支撑、固定从动轮的支架。

图 1-146　从动轮

图 1-147　从动轮固定架

7）Z 轴限位开关固定架（见图 1-148）。它是用于固定 Z 轴限位开关的支架。

8）传动带（见图 1-149）。它的主要作用是将电动机提供的旋转运动转换成 X、Y 轴运动组件的直线运动。

9）料架（见图1-150）。它是用于安装耗材的支架，打印时，耗材会在料架上旋转释放出料丝。

图1-148　Z轴限位开关固定架　　图1-149　传动带　　图1-150　料架

## 任务实施

总装整机动画

总装整机步骤如下：

1）取出一个步进电动机，将其与电动机支架（X）进行组装，使用M3×8内六角螺钉进行固定；随后将主动轮安装至电动机轴上，并拧紧主动轮侧面的顶丝（见图1-151）。

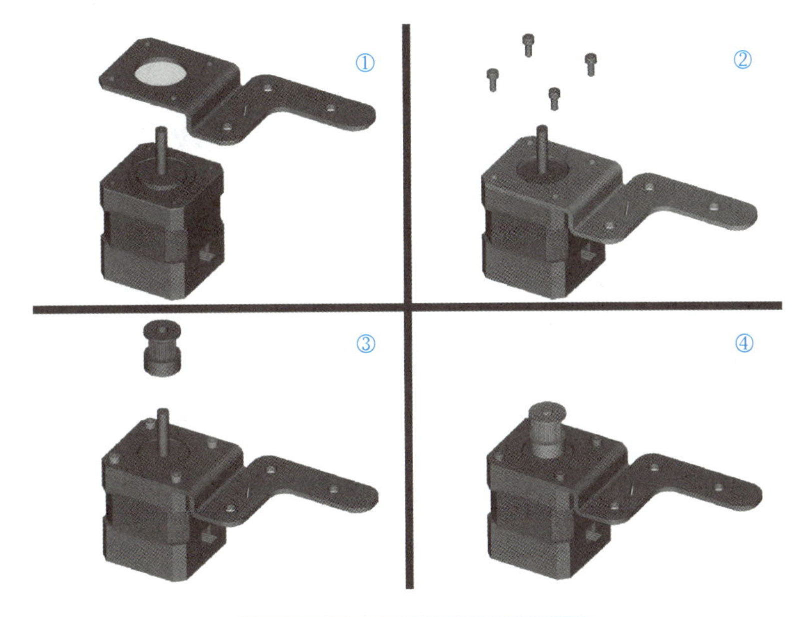


图1-151　安装电动机支架（X）

2）再取出一个步进电动机与电动机支架（Y）组装在一起，同样使用M3×8内六角螺钉进行固定；随后将主动轮安装至电动机轴上，并拧紧主动轮侧面的顶丝（见图1-152）。

3）将限位开关安装至电动机支架（Y）上，并使用M3×8内六角螺钉配合螺母进行固定（见图1-153）。

4）将上面组装好的X轴电动机组件和Y轴电动机组件分别安装至箭头位置（见图1-154）。

5）安装X轴电动机组件。首先，在型材的凹槽内放入3个T形螺母；随后，将电动机支架（X）上的3个孔位与T形螺母位置对应；最后，使用M4×8内六角螺钉固定（见图1-155）。

6）使用同样方法安装Y轴电动机组件（见图1-156）。

7）将从动轮组件安装至图中箭头标记的位置（见图1-157）。

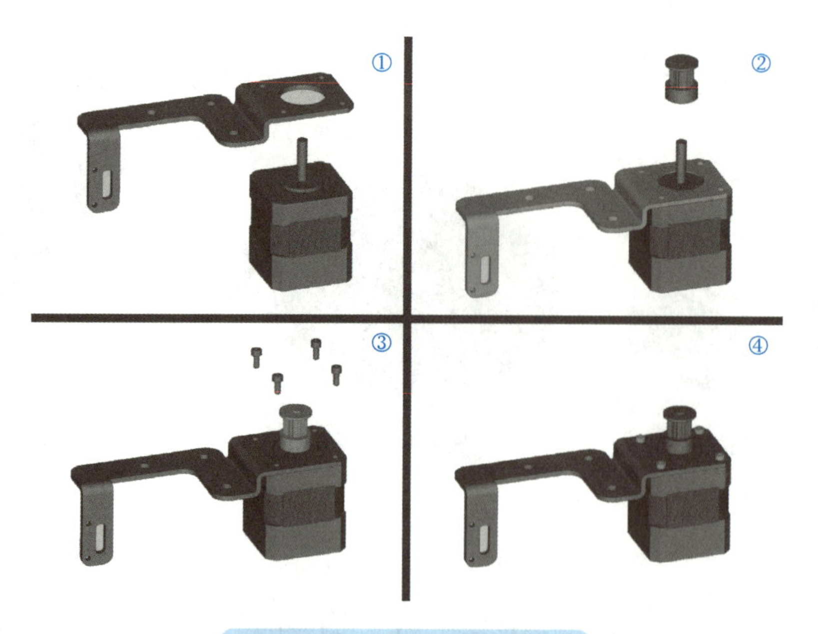


图 1-152　安装电动机支架（Y）

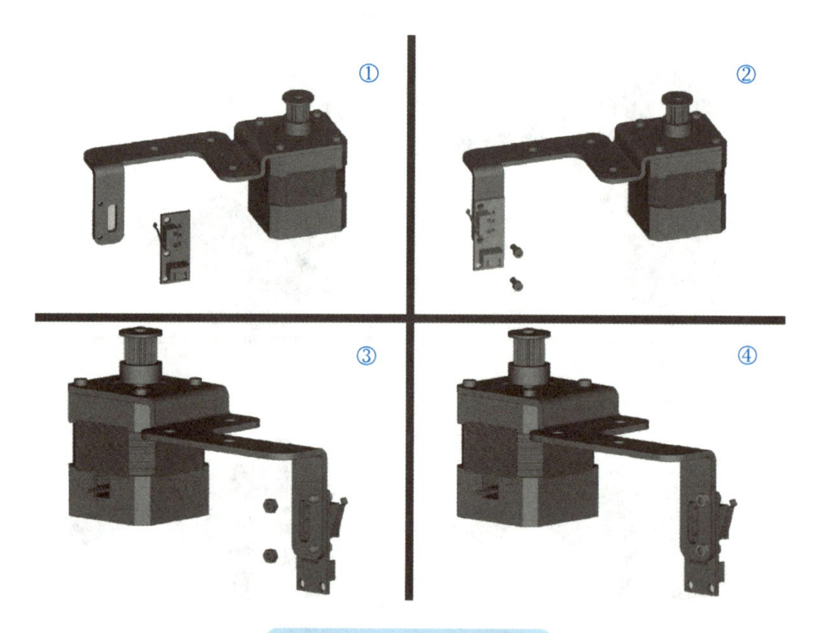


图 1-153　安装限位开关

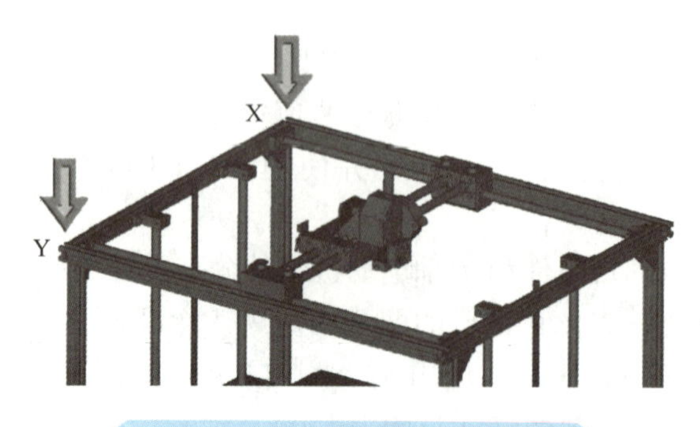


图 1-154　电动机组件的安装位置

图1-155　安装X轴电动机组件

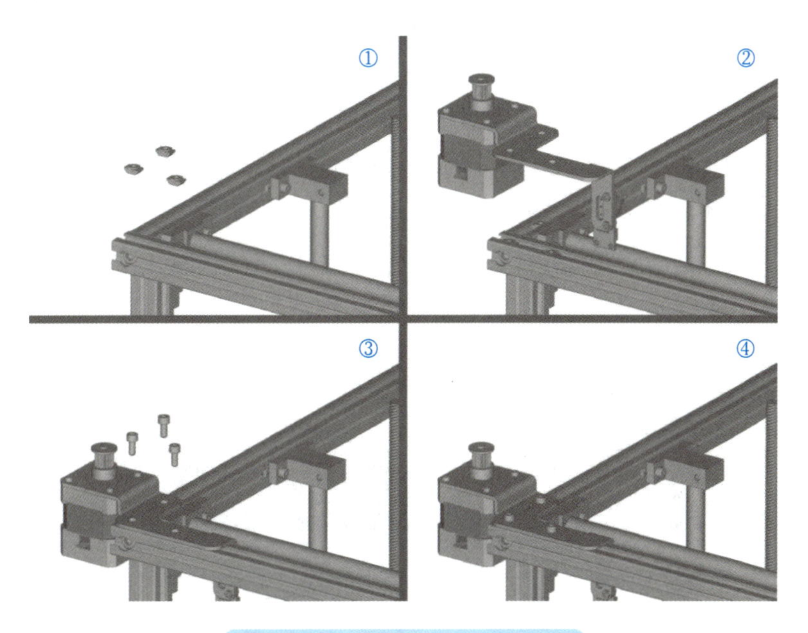


图1-156　安装Y轴电动机组件

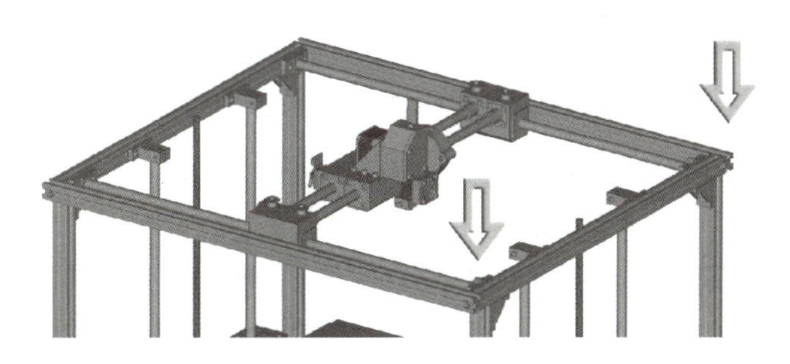

图1-157　从动轮组件的安装位置

8）将T形螺母预先放置在型材框架内，将从动轮固定架、垫片、从动轮组装在一起（见图1-158）。

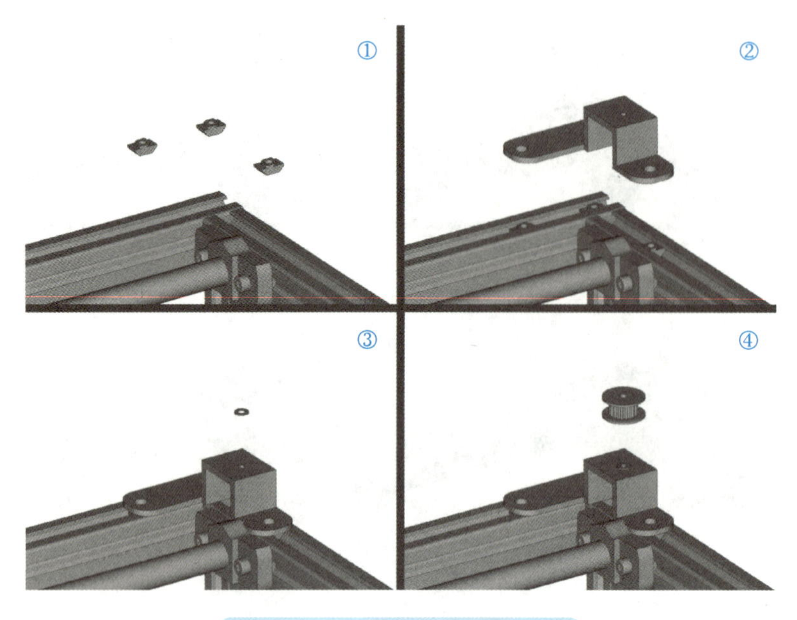


图1-158 安装从动轮组件（1）

9）使用M3×25内六角螺钉从垫片、从动轮顶部穿过，与底部的螺母一起将从动轮固定在从动轮固定架上（安装从动轮时不宜拧得过紧，需要确保从动轮可以随意转动）。随后使用M4×8内六角螺钉将从动轮固定架固定在框架结构上（见图1-159）。

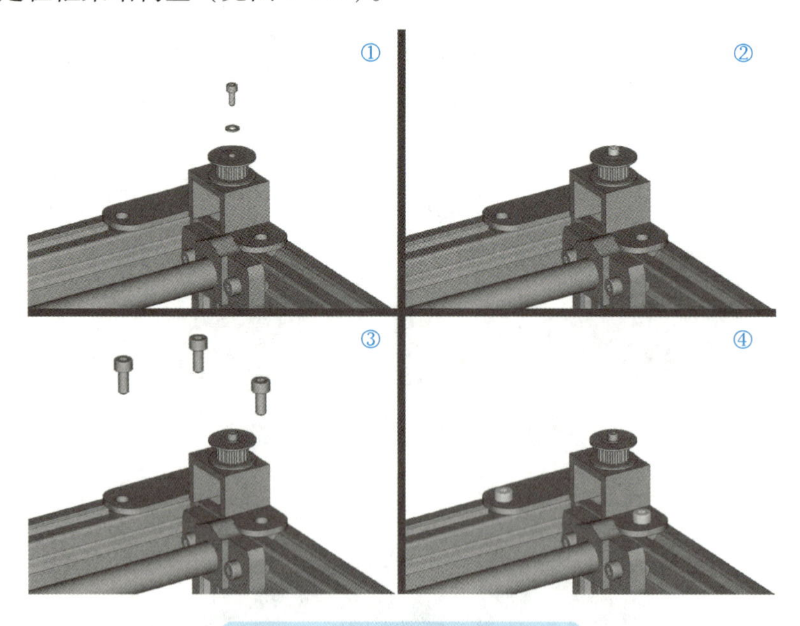


图1-159 安装从动轮组件（2）

10）使用同样的方法安装另一侧的从动轮组件（见图1-160）。

11）组装Z轴限位开关。使用M3×8内六角螺钉配合螺母将限位开关安装在Z轴限位开关固定架上（见图1-161）。

12）将组装好的Z轴限位开关组件安装至框架结构上，并使用2颗M4×8内六角螺钉配合T形螺母进行固定（见图1-162）。

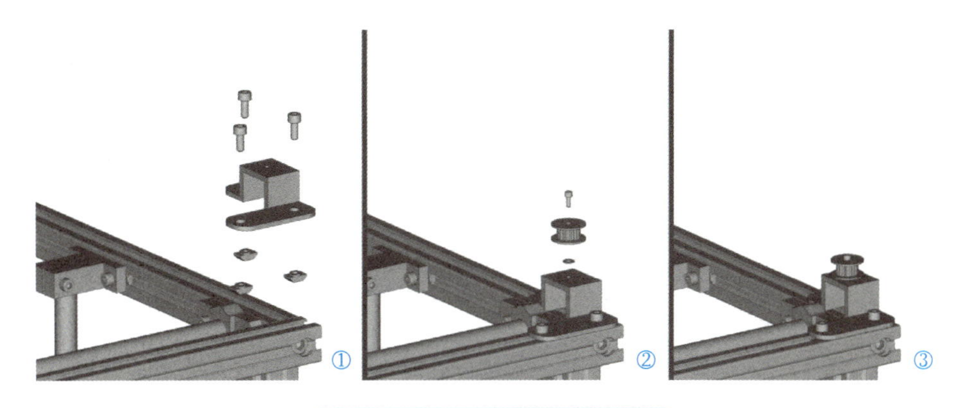


图 1-160　安装从动轮组件（3）

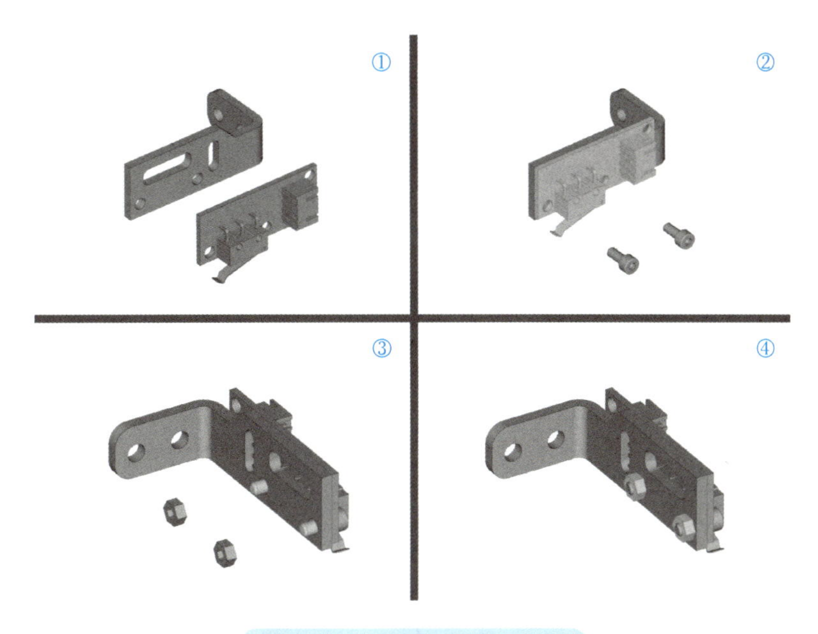


图 1-161　组装 Z 轴限位开关

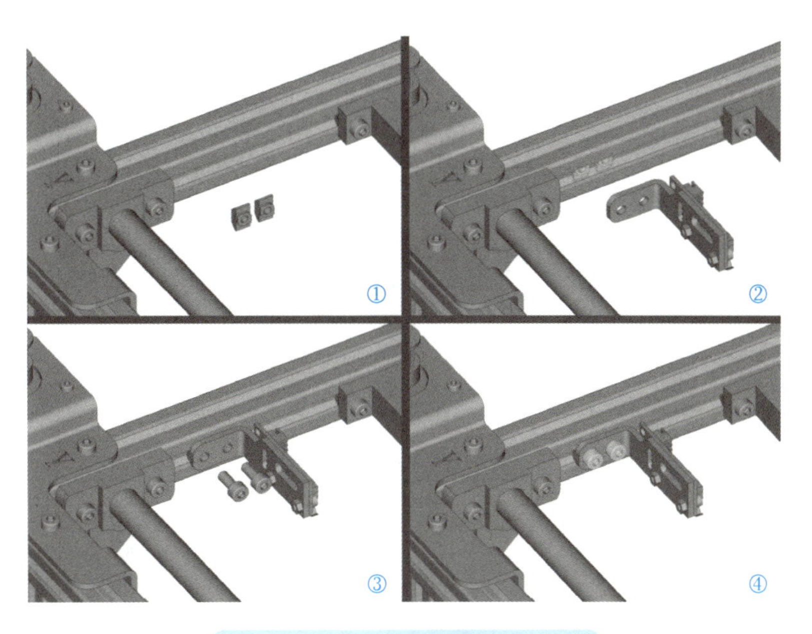


图 1-162　安装 Z 轴限位开关组件

13）在打印头的左右两侧安装固定螺母（见图 1-163），并以此为传动带安装的开始点和结束点，将传动带按照图 1-164 中的顺序进行缠绕。安装传动带时需尽可能地将其绷紧，防止后续打印测试时对打印效果造成影响。

图 1-163　安装传动带固定螺母

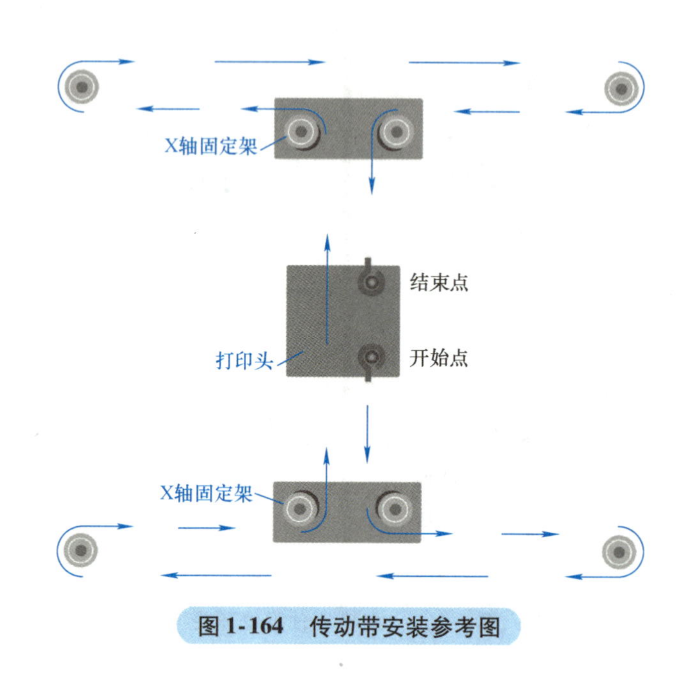


图 1-164　传动带安装参考图

14）将料架安装至框架结构的后方，使用 M4 ×8 内六角螺钉配合螺母进行固定（见图 1-165）。

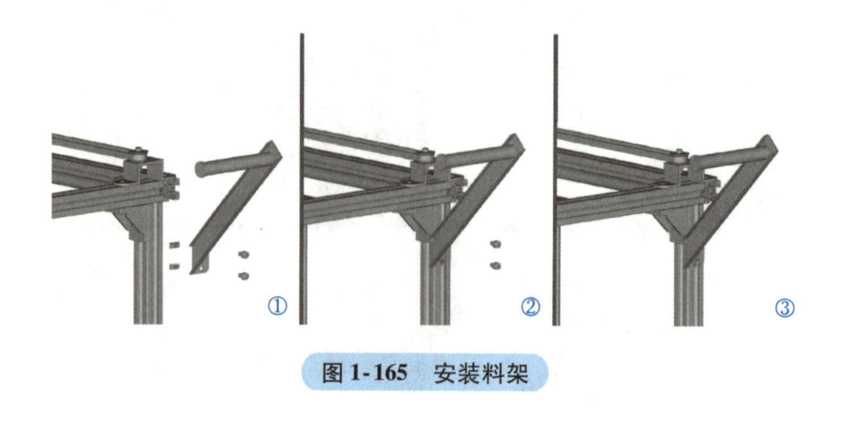


图 1-165　安装料架

15）总装整机完毕（见图 1-166）。

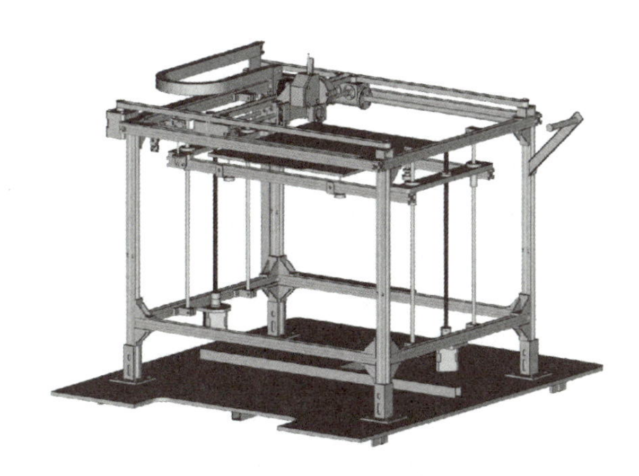

图 1-166　总装整机完毕

## 知识拓展

### 双打印头 FDM 3D 打印机

FDM 3D 打印机凭借着操作门槛低、系统稳定、体积小、价格便宜等优点在普通民用市场占有很大的比重。随着这些年的发展，耗材的种类和颜色也有了很多的选择，使得其在工业领域也有了一定的发挥空间。不过，作为受众面最广的增材制造技术类型，打印速度慢、生成支撑的位置打印质量差、打印件的色彩不够丰富等问题也一直困扰着 FDM 3D 打印机的使用者们。

为了解决这个问题，国内外都在尝试将打印头增加到两个（见图 1-167），这样在原本耗材的基础上就又多了一种耗材选择的可能。现阶段，主要有以下几种可行性应用方式。

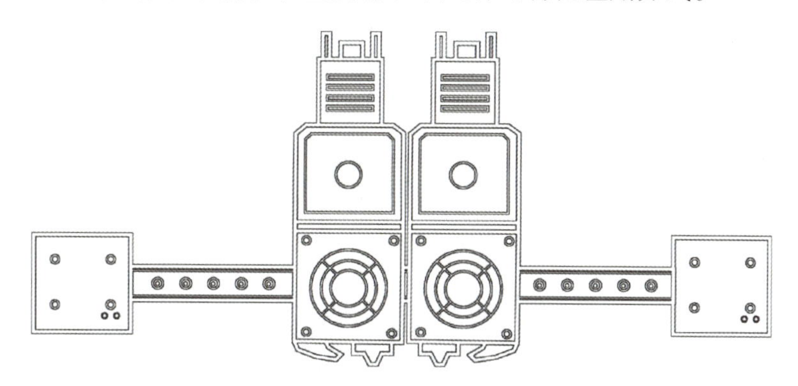

图 1-167　双打印头 FDM 3D 打印机

#### 1. 双色打印

将另一个喷嘴的耗材更换为其他颜色，可以实现双色打印。双色打印需要提前对模型的不同颜色部分进行区分。在模型制作的阶段就需要将两个不同颜色的部分拆分为两个不同的模型，同时，还需要保持两个模型的坐标是统一的，之后将这种用特殊方法制作的模型导入切片软件，再通过切片软件对模型进行两个打印头的数据规划，将规划好的 Gcode 文件导入到 3D 打印机中，就可以控制两个打印头分别打印模型不同颜色的部分。

不过，双头打印设备造价昂贵，双头平台校准比单头平台校准难度高很多，再加上这种打印方式对前期模型制作的要求过高，导致很少能见到其实际使用案例，多见于 3D 打印设备厂家对双头打印设备的产品宣传展示模型。

#### 2. 双耗材打印

将两个不同的打印头分别换上两种特性不同的耗材，用以实现两种耗材在同一模型物理层面上结合。该方式有很多种测试方向，如硬质材料 PLA（聚乳酸）、ABS（丙烯腈－丁二烯－苯乙烯共聚物）与软质材料 TPU、TPE 之间的结合，实现“软硬相兼”。不过就目前来看，同一模型上的两种材料结合的效果并不好，因为两种不同的材料断面收缩率不同，打印完成后，断面收缩率高的材料会使得熔合相接的位置连接不紧密，连接处很容易断开。相对于在同一模型进行两种不同材质的拆分，直接制作一组装配件，再使用单头的 FDM 3D 打印机更换不同的材料进行打印，最后将模型组装在一起的操作，不论是模型制作，还是打印机的调试，后者都会更简单，成本更低。

一种比较成功的应用方向是 ABS 耗材与可溶性材料 HIPS（高抗冲聚苯乙烯）在模型与支撑间的“合作”。FDM 3D 打印机制作的模型底部质量差的主要原因是支撑与模型存在一定的间隙，间隙过大，模型主体的悬空部分垂丝严重，表面质量就会很差；如果间隙过小，又会导致支撑与模型完全熔融在一起，使支撑无法拆除。为了解决这一问题，双打印头中的一个打印头使用 ABS 耗材打印模型，另一个打印头使用 HIPS 耗材打印模型的支撑，这样的话，就可以让模型悬空的底部与支撑完全贴合在一起，打印完成后将模型放置在柠檬烯中，将模型的支撑去除掉，即可得到一个外观良好的打印件。不过这种方式也存在着一些问题，首先，HIPS 材料打印完成后，根据模型大小不同需要在柠檬烯中浸泡 6～24h，额外增加了加工的时间成本；其次，如果想保证打印模型的支撑效果，则要尽可能地保证支撑的密度，这导致支撑打印时间与模型打印时间一样长，对于悬空结构非常多的模型，支撑打印时间甚至会超过模型打印时间。这些时间成本的叠加，再加上双头 3D 打印机的高昂价格、设备调试难度、模型制作难度，使得用这种模型加工方式的性价比非常低。考虑到这些附加条件，有类似加工需求的用户，往往会根据其他的需求点选择光固化增材制造技术、SLS 增材制造技术、3DP 增材制造技术等打印件表面质量更好的增材制造工艺进行打印件制造。

### 任务评价

整机总装任务学习评价表见表 1-6。

表 1-6　整机总装任务学习评价表

| 序号 | 评价目标 | 评价标准 | 配分 | 自我评价 | 小组评价 | 教师评价 | 备注 |
| --- | --- | --- | --- | --- | --- | --- | --- |
| 1 | 掌握整机总装模块中各零部件基础知识 | 各零部件名称的掌握情况 | 15 | | | | |
| 2 | 了解各部件的作用 | 各部件作用的了解情况 | 20 | | | | |
| 3 | 了解所需零件的规格 | 是否了解所需零件的规格 | 15 | | | | |
| 4 | 掌握整机总装的组装方法 | 能否完成整机的组装 | 35 | | | | |
| 5 | 了解整机总装时的操作规范 | 组装过程中是否存在损坏零部件的情况 | 10 | | | | |
| 6 | 掌握工、量具的使用规范 | 工、量具使用完后是否规范放置 | 5 | | | | |
| 合计 | | | 100 | | | | |

## 任务 7　规划线路与常见问题分析

### 任务目标

1. 认识 FDM 3D 打印机主板。
2. 掌握基本的接线方法。
3. 了解 FDM 3D 打印机的常见问题和解决方法。
4. 掌握 FDM 3D 打印机组装技巧。

### 任务引入

随着机械设备使用者对操纵舒适性、节能性、安全性要求的提高，以及越来越多的电气元器件和复杂的控制系统，提高了电气系统的设计及装配要求，线束作为电气系统的“血管”对电气系统功能的实现具有重要的作用。电气系统线束布置及装配是否合理对整机的操纵性、稳定性和安全性都有重要的影响。

在整机电气系统线束设计阶段要充分考虑线束的布置，整机电气元器件选定后结合机身结构的具体情况对电气元器件布置进行综合全面地考虑，电气元器件布置完成后进行布线设计，因考虑到电气元器件及线束装配过程中可能存在的问题，产品试制后电气元器件的安装位置需要相应进行调整，以保证整机电气系统布局合理。

线束应沿机架内侧面、梁等结构固定位置（结构件上设计的穿线管或走线槽）走线，避免线束承受挤压力或活动部件摩擦干涉。主线布置走向在投射方向上应横平竖直，采用H形的布线结构可减小线束长度。线束布置应与管路及周围零部件的间隙均匀、合理，做到外观整齐。

以下通过本任务的学习来了解FDM 3D打印机主板的接线方法，以及该打印机的常见问题和解决方法。

## 知识与技巧

### FDM 3D打印机主板与接线方法

FDM 3D打印机主板（见图1-168）的主要作用是控制和调节打印机的各种操作，确保打印过程的稳定性和准确性。它是整个打印机的核心控制单元，负责与各个组件和传感器进行通信，并通过指令发出控制动作，精准控制打印机的温度、速度、位置等参数，从而实现精确、高效的3D打印。主板的设计及功能决定了打印机的性能和稳定性，因此，选择合适的主板对打印效果和操作体验都有着非常重要的影响。

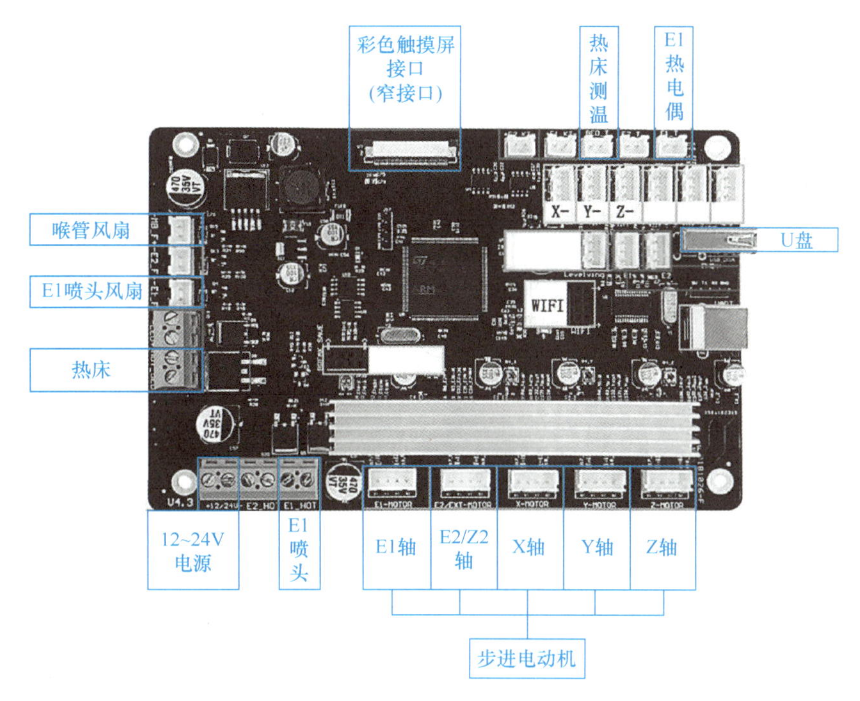


图1-168　FDM 3D打印机主板

1）步进电动机的接线方法。步进电动机一共有5个：X轴步进电动机、Y轴步进电动机、Z轴（平台升降）步进电动机、Z2轴（平台升降）步进电动机、E1轴（上料）步进电动机，如图1-169所示。其中，X轴步进电动机是负责控制打印头做左右运动的电动机；Y轴步进电动机是负责控制打印头做前后方向运动的电动机；Z轴和Z2轴步进电动机均是负责控制打印平台在垂直方向升降的电动机；E1轴步进电动机是负责控制打印头上料、下料的电动机。它们分别与主板上的“X－MOTOR”“Y－MOTOR”“Z－MOTOR”“E2/EXT－MOTOR”“E1－MOTOR”接口连接。

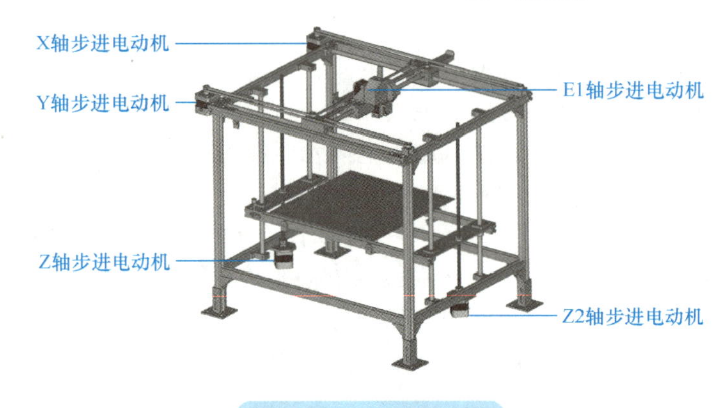


图 1-169　电动机位置

2）电源供应器、打印头、热床的接线方法。主板由一块 350W 单组输出电源供应器供电，电压为 24V；打印头喷嘴处的加热棒负责加热熔化耗材，由主板上的“E1_HOT”接线终端连接后供电；热床同样需要通过加热使得模型更好地粘接在打印平台上，由主板上的“HOT_BED”接线终端连接后供电（见图 1-170）。

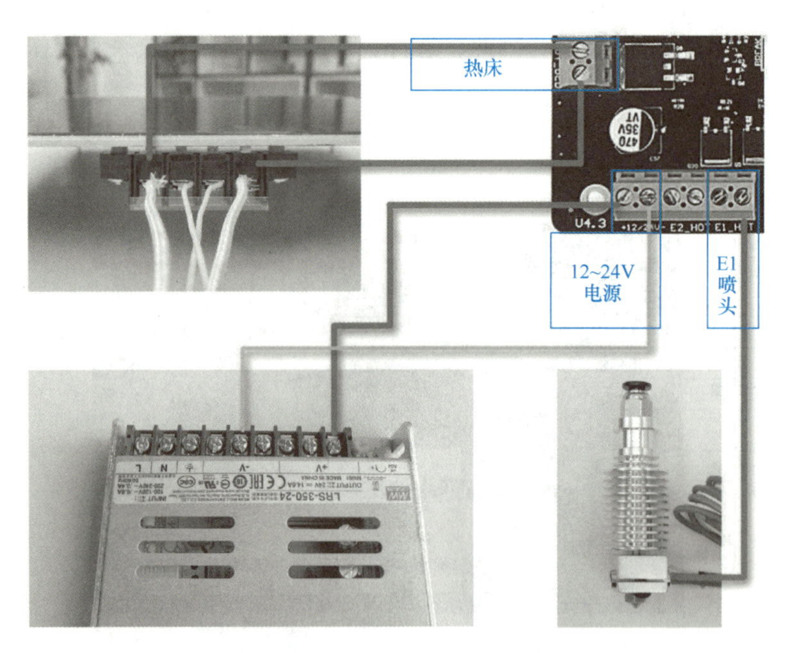


图 1-170　电源供应器、打印头、热床、供电接线图

3）喉管风扇、E1 喷头风扇、E1 热电偶、热床测温的接线方法。喉管风扇用于打印头喉管位置的散热，可有效防止因喉管过热导致的耗材提前熔化；E1 喷头风扇也称侧风扇或模型冷却风扇，用于喷嘴中挤出耗材的降温与冷却；E1 热电偶是用于打印头加热块测温的元件。它们分别通过相应的端口与主板连接（见图 1-171）。

4）限位开关、USB 接口的接线方法。限位开关是用于限定机械运动范围的元器件，需要与主板进行连接；主板上的 USB 转接口和 3D 打印机上的 USB 接口是由一根双公口的 USB 数据线进行连接（见图 1-172）。

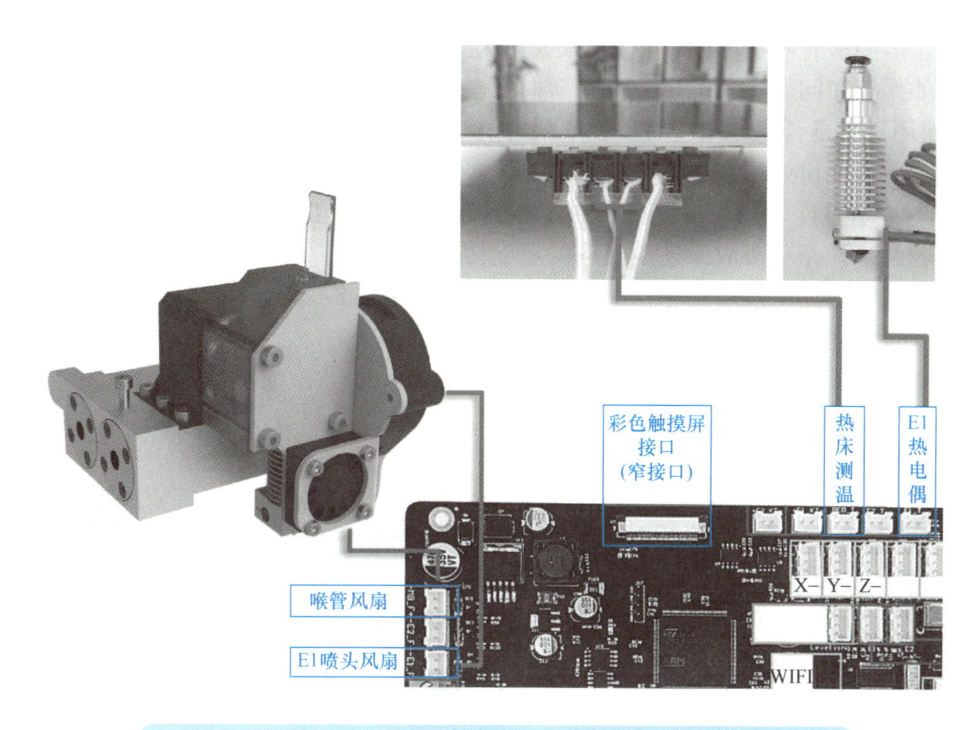


图 1-171　喉管风扇、E1 喷头风扇、E1 热电偶、热床测温接线图

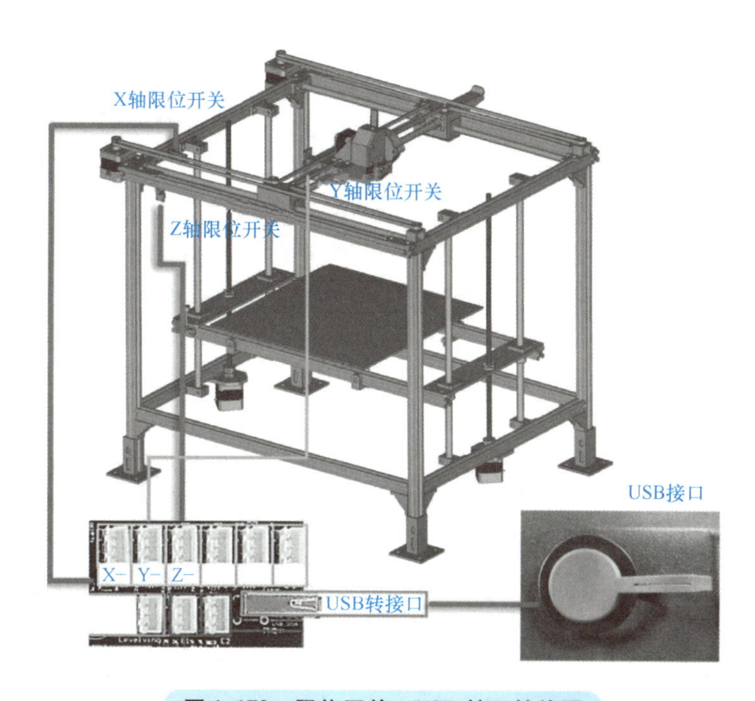


图 1-172　限位开关、USB 接口接线图

## 任务实施

**常见问题与解决办法如下：**

（1）在开始打印工作时喷头无法正常出料

1）将喷头加热至 220～230℃，使用喷头清理针穿进喷头再拔出，往复几次将喷头内残余的耗材清理干净。

2）如果还是无法正常出料，则需要将挤出机拆下，查看喷头进料口处有无残渣废料，如果有将其剔除即可。同时，需要检查喷头内的特氟龙管是否有烧焦、熔化的迹象，特氟龙管烧坏、变形也会导致无法正常出料，如果存在问题将其取出重新更换即可。

3）检查所使用耗材是否是原厂耗材。原厂耗材与设备的匹配度是最高的，自己购买的耗材无法保证其工艺一致性。由于耗材的配方不同，如果杂质偏多，也会导致喷头堵塞。

（2）在预热时或者打印时设备报警提示热传感器故障或者热功率不够　在提示该报警时需要返回到预热界面，查看并确认是喷头故障还是热床的温度传感器故障，如果故障显示为负温度，需要继续检查位于主板上喷头或者热床的热敏传感器的接头是否松动，或者检查喷头、热床的热敏传感器线路部分有无断开，如果存在上述情况，更换新的喷头或热敏传感器即可。

（3）在打印时或者打印完成之后发现模型有错位现象

1）首先检查传动带是否松动，如果松动，可以选择加装扭力弹簧使传动带更加紧绷，也可以选择将传动带其中一端裁短，重新打孔安装。

2）检查X、Y轴步进电动机上主动轮的顶丝是否松动，如果松动，重新固定即可。

3）检查Z轴电动机联轴器的紧固螺母是否松动，如果松动，将其锁紧后，重新将平台调至水平即可。

4）如果以上方法都无法解决，则有可能是切片软件的参数设置错误导致G代码错误，可将切片软件重新安装后，再次进行切片打印测试。

（4）在使用设备过程中屏幕突然花屏　出现这种情况，通常是由于主板上部分插头晃动导致电流波动，从而对屏幕造成的干扰。当出现这种情况时，只需要检查主板上的插头是否安装到位后，再次单击屏幕的其他功能按钮，刷新一下即可。

**设备组装技巧如下：**

1）使用内六角螺钉与T形螺母进行连接时，应尽可能地使用同种型号但稍短一点的螺钉。这是因为螺钉过长会顶住铝型材的凹槽，使T形螺母不能彻底被拧紧，影响零件的组装（见图1-67）。

2）安装热床时，建议打印平台固定块不用一次安装到位，可以稍微松动一些，保证能够左右移动即可，主要是为了保证在后续安装其他部件时有一定的调整空间。安装时可以将前两个螺母安装进平台固定块，然后移动至合适的位置后固定，再将剩下的两个平台固定块移动过去进行安装，最后将所有部件进行固定，确保不会松动即可（见图1-70）。

3）将光轴（X）穿过X轴运动组件时，X轴运动组件内有小钢珠，组装时要注意光轴的装入方向，尽量保证光轴与X轴运动组件处于平行状态，缓慢流畅地组装在一起，以免光轴将X轴运动组件内的小钢珠顶出（见图1-100）。

4）框架及平面运动组件组装时，A5铝型材与平面运动组件的安装顺序可以根据自己的组装习惯进行调整。如果先安装平面运动组件，有可能会因前后两侧没有铝型材的约束，导致安装的前后位置不合适。所以，优先将其中一根A5铝型材组装至框架结构上，也是一个很好的方法（见图1-108）。

5）将打印平台组件安装至打印机框架结构后，需要安装光轴对整个打印平台进行固定、导向。使用光轴固定座（Z）进行固定时，四个光轴固定座（Z）只需要拧紧上方的两个固定座螺母即可，保证光轴不会轻易掉下来。将打印平台沿着光轴的垂直方向向上缓慢推动，如果中间卡住，就左右调整光轴固定座（Z），直到打印平台抬升至最顶端后，使用螺母将光轴固定座（Z）固定在型材框架结构上。随后，将打印平台缓慢向下移动至最底端，将光轴固定座（Z）的固定螺母和锁紧光轴的螺母全部拧紧。最后，再次推动平台上下移动，如果移动被卡住或者无法匀速推动时，说明光轴固定座（Z）的位置还需要继续微调，将底部的两个光轴固定座（Z）螺母旋松，重新对上面的步骤进行调整（见图1-129）。

## 知识拓展

### FDM 3D打印机常见硬件问题

#### 1. 传动带

正常情况下，FDM 3D打印机在正常工作时除了电动机自身运动产生的声音，几乎没有太多的噪声产生。然而，如果传动带安装得过紧，就会导致噪声产生，还会因长时间的紧绷出现电动机轴歪斜的情况，从而导致所打印模型垂直方向出现形变、模型表面有严重的抖动纹等问题；如果传动带安装得过松，又会导致出现模型错位、表面纹理不均匀的情况。因此，在安装或调试传动带后，需要推动打印头，使用拇指和食指捏动两根相邻的传动带，感受其松紧度。测试时，如果感觉传动带紧绷几乎无法捏动，说明传动带过紧，需要适当调松；如果可以轻松将两根传动带捏在一起，说明传动带过松，需要适当调紧。传动带调整至能够捏动、具备一定弹性且不会被捏在一起为最佳。调试完成后，打印立方体模型进行测试，观察立方体模型表面情况，如果表面有均匀的横纹且不存在错位、垂直方向形变的情况，说明传动带调试得较为合理。

### 2. Z 轴丝杠

打印平台、Z 轴丝杠、光杠、Z 轴步进电动机四个部分之间协调配合，从而保证了打印平台能顺畅地上下移动。其中任意一个部分出了问题都会导致模型打印的质量变差，如模型侧面的横纹不均匀、模型剪影形状不流畅。对于未设置 Z 轴电动机抱死的设备，可以将设备关机后，用手按压打印平台，观察打印平台下降过程是否匀速、是否有卡顿的情况。如果 Z 轴电动机处于抱死状态，可以在 FDM 3D 打印机开机后，先将打印平台升至最高点，随后单击操作面板上 Z 轴下降的按键，将打印平台下降至最低点，随后观察移动过程。

如果打印平台下降过程中出现了不匀速、下降过程卡顿的情况，则需要检查 Z 轴丝杠上是否有污渍、油泥、残料等。如果有将其清理干净，重新涂润滑油，上下移动打印平台，使润滑油均匀地涂抹在 Z 轴丝杠上即可。

### 3. 加热块

加热块是打印头上负责加热耗材的部件，通过高温将经过的耗材加热熔化。加热块中设有热电偶，可以实时监测加热块的温度并显示在操作面板上。如果加热块始终无法达到预设的打印温度，说明加热棒、热电偶以及它们的线路部分可能出现了问题，需要使用排除法进行检查，确定具体故障点。

### 4. 风扇

冷却风扇是为了将挤出耗材冷却，散热风扇是为了给挤出机下方的喉管散热用的。它们作为打印头上长时间工作的两个小零件，在保养检测时很容易被忽略。冷却风扇一旦损坏，模型冷却会立刻出现问题，导致模型打印效果变差。散热风扇一旦出现问题，加热块的热量会快速向上传递，丝状耗材就会在挤出机的位置发生软化，导致耗材无法正常挤出。即使是没有彻底停止工作，也需要定期清理两个风扇，防止因灰尘、油泥等影响其原本功能。

### 5. 喷嘴

模型表面出现高低不平、黑色或者深黄色，以及液滴状结构等都是因喷嘴导致的。长时间使用 FDM 3D 打印机制作模型后，有部分耗材经过长时间的高温，会被碳化并粘在喷嘴表面。如果没有及时清理，再次使用时，就会影响模型的打印效果，且新的碳化耗材会粘在之前的碳化耗材上，非常难以清理。因此，需要定期清理、更换打印头喷嘴。

## 任务评价

规划线路与常见问题分析任务学习评价表见表 1-7。

表 1-7 规划线路与常见问题分析任务学习评价表

| 序号 | 评价目标 | 评价标准 | 配分 | 自我评价 | 小组评价 | 教师评价 | 备注 |
|---|---|---|---|---|---|---|---|
| 1 | 掌握主板上关键组件的作用 | 主板各部分组件的掌握情况 | 15 | | | | |
| 2 | 掌握主板和元器件之间的连接方法 | 主板和元器件之间连接方法的掌握情况 | 20 | | | | |
| 3 | 掌握基本的接线方法 | 是否能完成主板线路的接线 | 15 | | | | |
| 4 | 了解 FDM 3D 打印机的常见问题 | 是否能解决 FDM 3D 打印机的常见问题 | 35 | | | | |

（续）

| 序号 | 评价目标 | 评价标准 | 配分 | 自我评价 | 小组评价 | 教师评价 | 备注 |
| --- | --- | --- | --- | --- | --- | --- | --- |
| 5 | 掌握接线的操作规范 | 组装、调试、检测过程中是否存在损坏零部件的情况 | 10 | | | | |
| 6 | 掌握工、量具的使用规范 | 工、量具使用完后是否规范放置 | 5 | | | | |
| 合计 | | | 100 | | | | |

2

# 项目2 FDM 3D 打印机的应用

## 项目简介

操作 FDM 3D 打印机主要包括认识各个按键接口和操作界面，掌握设备的调试和操作与打印方法。

FDM 3D 打印机的耗材种类丰富，性能多样。例如，柔软的 TPU 耗材、轻量化碳纤维耗材、抗紫外线性能优良的 ABS 耗材等。只有了解耗材的特性，才能根据不同的应用场景有针对性地选择。同时，不同特性的耗材使用 FDM 3D 打印机加工的参数也不一样，只有确保参数设置正确才能提高打印的成功率。

FDM 增材制造技术在很多领域都有所应用，其中比较有代表性的是工业设计领域、服装领域、医疗领域和工装夹具领域。在工业设计领域，小批量的生产加工和新产品设计验证，都是 FDM 增材制造技术常见的应用方向。在服装领域，FDM 增材制造技术既可以作为设计元素与传统服饰融为一体，也可以通过新工艺、新材料的特性，在运动装备上增加更多的功能。在医疗领域，术前规划和提前演练模型以及制造康复器械是 FDM 增材制造技术应用的主要方向。在工装夹具领域，FDM 增材制造技术的主要优势是时间短、成本低、定制化，以及材料选择多样化。

## 项目框架

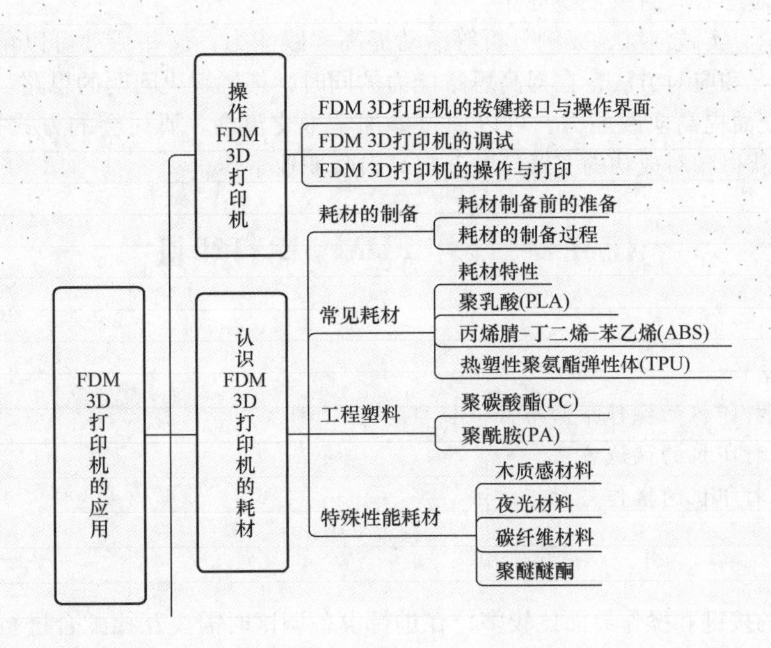

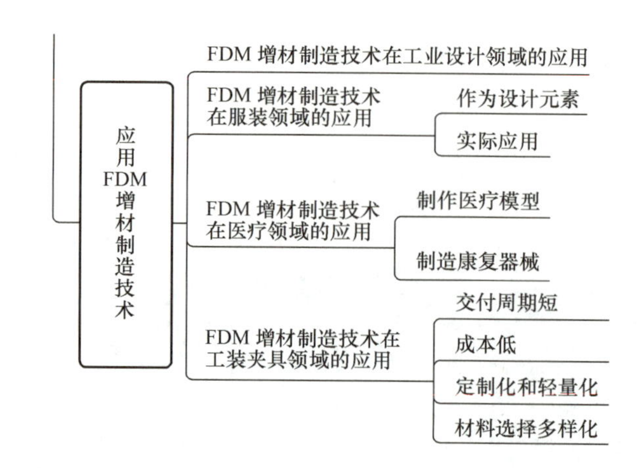


## 素养育人

### 1. 什么是实践能力

实践能力是指一个人在实际工作中能够应对复杂情况和问题，并快速找到解决方案的能力。它并不是一种单纯的技能，而是多方面能力的综合，如动手能力、思维能力、合作能力、创新能力等。在工作和学习中，实践能力越来越受到重视。实践能力可以通过大量的实践、尝试和探索来提高，同时还需要注重知识积累、方法论的学习，以及在团队中不断地实践和协同合作来不断地提升。

### 2. 为什么要提高实践能力

提高实践能力对于学生的个人发展和未来职业发展来说都非常重要。在职场中，实践能力是评价个人能力的重要指标之一。提高实践能力可以帮助人们更加灵活、自主地应对复杂的工作环境，更快速地解决问题，特别是在新兴行业、新技术领域中，实践能力的提升将会带来更多的机会和竞争优势；提高实践能力有助于更好地了解自身的优势和劣势，从而能够有针对性地进行学习和未来职业规划。

### 3. 怎样提高实践能力

1）通过积极参加实习、实训来提高自己的实践能力，如企业内部实习、校内实习、社会实践等，了解职业实践的具体流程和实践技能。

2）通过参加项目竞赛、活动提高实践能力，并锻炼自己的专业技能和实际操作能力，如技能竞赛、文化创意活动、公益志愿者、科技创新等。

3）通过小组讨论、实践演练、案例分析等活动提高实践能力，这些活动可以帮助我们从更多的角度了解实践的具体情况和应对方法，在提高思维能力的同时，拓展解决问题的思路。

4）通过拓宽社交面提高实践能力，可以通过参加学术交流会、研讨会的方式拓宽自己的社交面，从不同领域的人士中获得相对成功的实践经验，提高自身职业素养。

# 任务1　操作 FDM 3D 打印机

## 任务目标

1. 认识 FDM 3D 打印机的操作界面与按键接口。
2. 掌握 FDM 3D 打印机的调试方法。
3. 掌握 FDM 3D 打印机的操作与打印方法。

## 任务引入

FDM 3D 打印机的按键和操作界面比较多，在进行设备调试时需要互相配合进行，需要熟知每一个按钮的具体功能才能保证后续可以顺利完成设备调试工作。设备调试完成后，可以正式开始打印。

设备调试的好坏直接决定了模型能否正常打印，一旦调试过程中出现纰漏，就会导致模型翘边或者模型没有粘在平台上。为了提高模型打印的效果和成功率，就需要在正式打印前对设备进行调试，测试成功后再开始模型的打印。

## 知识与技巧

### FDM 3D 打印机的按键接口与操作界面

（1）按键接口（见图2-1）　触控面板用于操作、控制设备打印头的移动、热床的加温、平台的升降等，同时可以显示打印进度等运行状态。起动按钮用于通电后起动设备。USB 接口接入 U 盘后，可以在触控面板中看到 U 盘中需要打印的数据。当发生紧急情况时，可以通过快速按下急停按钮来停止设备的运行，达到终止危险的目的。

打印头负责将耗材向下挤出并加热成半流体状态后送出喷嘴。导料管是采用特氟龙材料加工的塑料管，用于引导耗材从正确的位置送入挤出机。冷却风扇（离心风扇）在模型开始打印时，用于冷却打印的模型，可以根据所使用的耗材选择开启或关闭冷却风扇。喷嘴一般是由铜或者不锈钢材料加工而成的，规格为0.1～1.0mm，常用的规格为0.4mm，位于打印头的最底部。平台用于承载喷嘴中挤出的耗材，有多种材质选择，如高硼硅玻璃、磁吸材质、不锈钢等（见图2-2）。

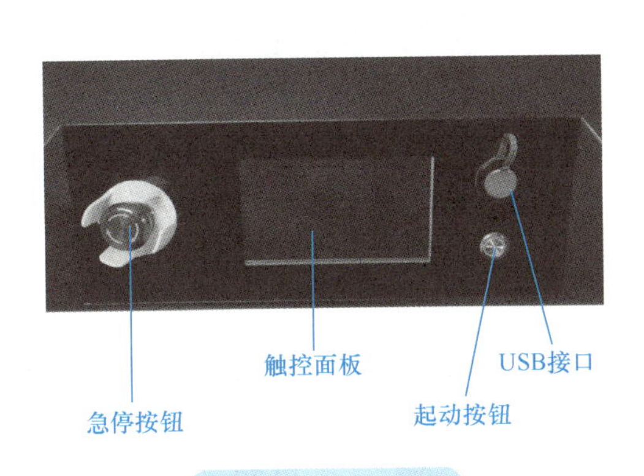


图2-1　按键接口

图2-2　打印头及平台

摄像头用于监控打印进度，及时发现打印过程中出现的问题。料架是用于放置耗材的支架。热床主要用于打印平台的加热，某些特殊耗材需要平台保持一定的温度才能正常打印，热床由铝制成，导热效率高，可以在很短的时间内将平台温度升至合适的温度（见图2-3）。

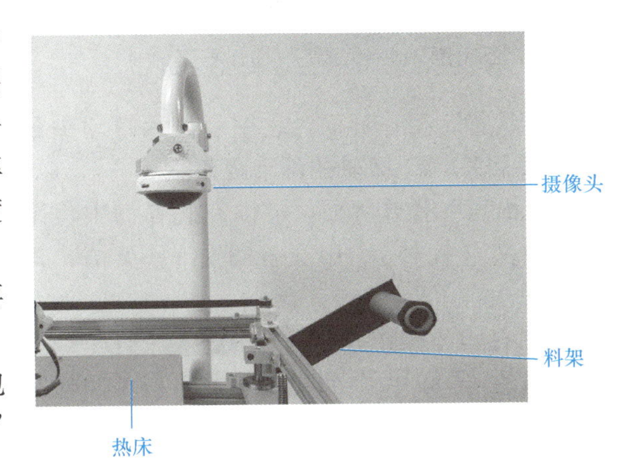


图2-3　其他配件

（2）操作界面　触控面板中内置的操作界面主要由三部分构成，分别是“工具”“系统”和“打印”。

1）“工具”操作界面。“工具”操作界面中又包含了“手动”“预热”“风扇”“装载耗材”“调平”等（见图2-4）。

① 手动操作界面。通过单击屏幕中的按键可以实现对打印头、平台的移动控制，以及控制挤出机向下或者向上挤出耗材。

② 预热操作界面。设备调试完毕，准备开始打印时，可以在此界面中对打印头和打印平台进行预热。

③“装载耗材”操作界面。将耗材送入打印头前，先在此界面中对打印头进行预热，在打印头达到合适温度后，控制挤出机向下挤出耗材。

④“调平”操作界面。在此界面中，可以通过单击左下角的箭头控制打印头的移动位置，通过依次对4个点位的调试，完成整个平台的调平。

⑤“风扇”操作界面。它主要用于控制打印头上的散热风扇和模型冷却风扇的转速，当设置为“0”时风扇关闭。

2）“系统”操作界面。在“系统”操作界面中，可以观察到FDM 3D打印机的实时状态、设备的系统信息，也可以在此界面中更改系统语言、将设备恢复出厂设置，以及对触控屏幕进行校正、设置WIFI连接网络（见图2-5）。

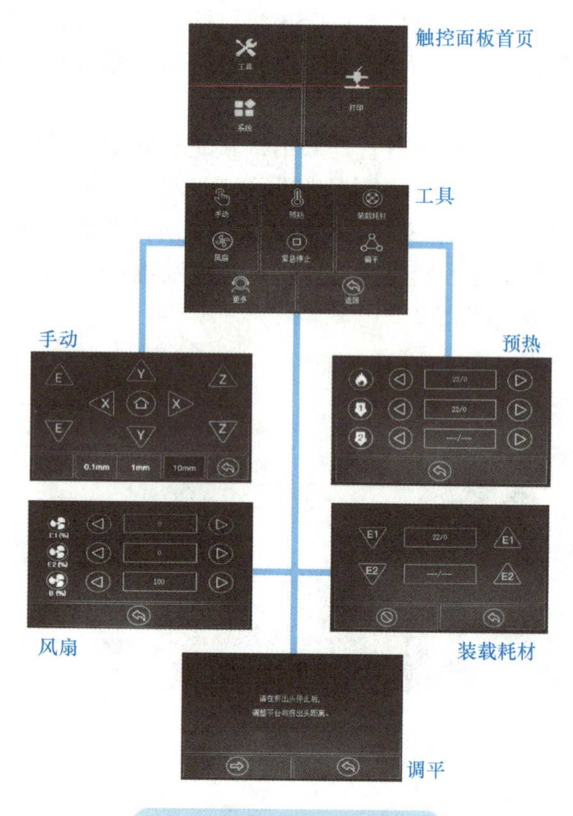


图2-4 “工具”操作界面

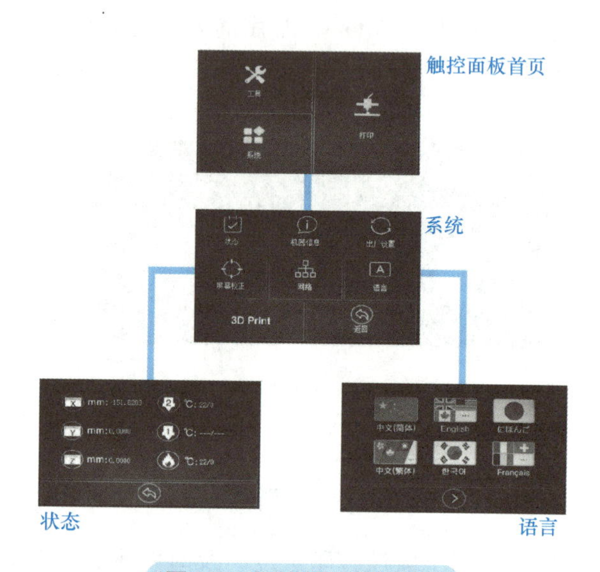


图2-5 “系统”操作界面

①“状态”操作界面。它用于显示打印头和热床的温度，以及X、Y、Z轴的移动距离。

②“语言”操作界面。可以在此界面中将系统语言切换为中文（简体）、中文（繁体）、英语、日语、韩语、法语。

3）“打印”操作界面。单击进入“打印”操作界面后，可以在屏幕中看到所插入U盘内的“测试件.gcode”文件。单击该文件后，进入到文件选择界面，可以删除该文件，也可以单击控制设备开始打印（见图2-6）。

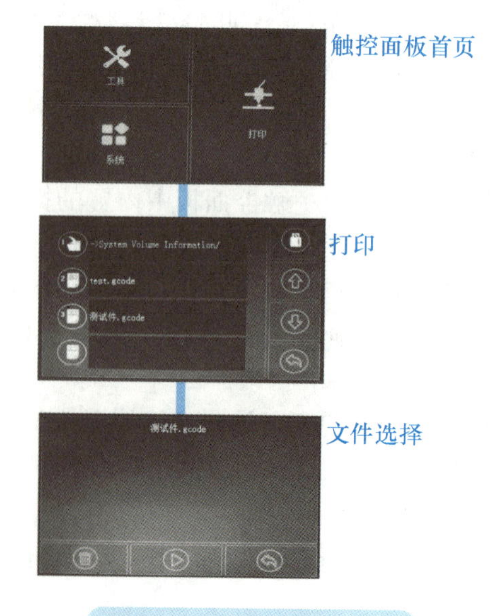


图2-6 “打印”操作界面

## 任务实施

### 1. FDM 3D打印机的调试

1）打印头进料流程（见表2-1）。

2）打印平台调平流程（见表2-2）。

表 2-1 打印头进料流程

| 序号 | 操作流程图 | 操作步骤 |
| --- | --- | --- |
| 1 |  | 将耗材打开包装后安装至料架 |
| 2 |  | 在“预热”操作界面中预热打印头 |
| 3 | 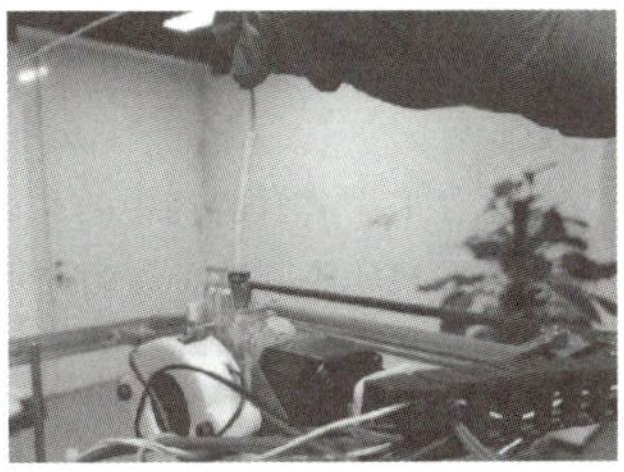 | 将耗材送至打印头，从打印头顶部的进料口送至打印头内部，向下推动耗材，直至无法继续推动为止 |
| 4 | 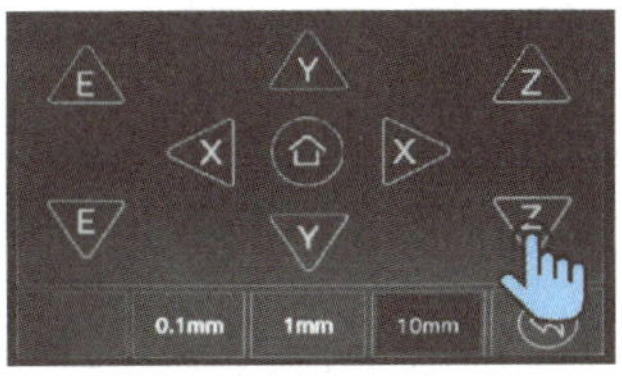 | 观察打印头和打印平台之间的距离，如果距离过近，单击“手动”操作界面中标有“Z”的向下箭头，降低打印平台的高度，保证打印头喷嘴与平台之间有一定的距离 |
| 5 |  | 在“装载耗材”操作界面中，单击标有“E1”的向下箭头，打印头中的挤出机将耗材向下挤出 |
| 6 |  | 此时挤出机会一直向下挤出耗材，观察喷嘴挤出耗材的流畅度，确定可以顺畅挤出后，单击“装载耗材”操作界面中的红色停止按钮，打印头进料完成 |

表 2-2　打印平台调平流程

| 序号 | 操作流程图 | 操作步骤 |
| --- | --- | --- |
| 1 | 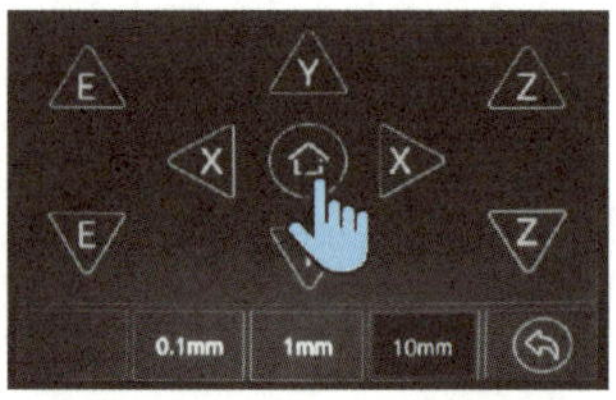 | 在触控面板“手动”操作界面中找到小房子样式的复位按键并单击 |
| 2 |  | 此时打印头会复位到初始位置，打印平台也会随之向上抬升。在这一过程中，取出一张 A4 纸放置在打印头与平台之间 |
| 3 | 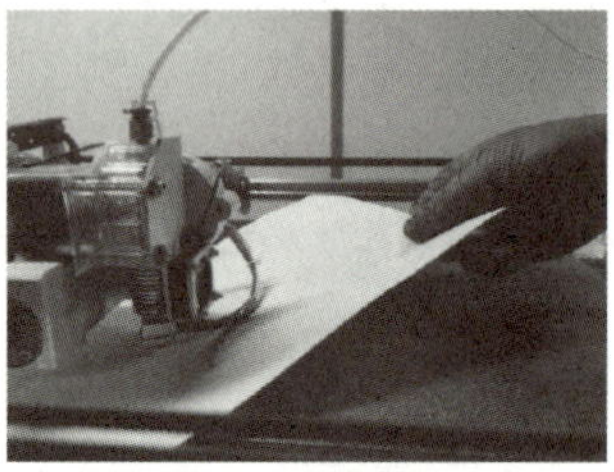 | 单击“工具”操作界面中的“调平”，按照屏幕中的提示单击，待打印头到达 1 号调平点时，拖动 A4 纸，感受纸张拖动过程中的顺畅度 |
| 4 | 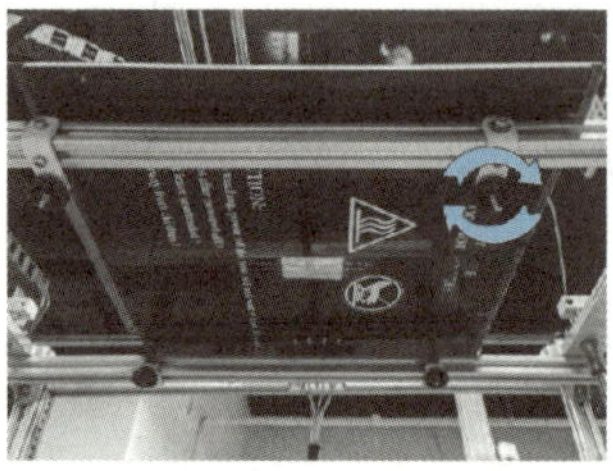 | 拖动过程中如果感觉毫无阻力，就需要顺时针方向转动对应点位正下方的调平旋钮，一边旋转一边继续拖拽纸张，直至在纸张拖拽过程中可以感受到明显阻力 |
| 5 | 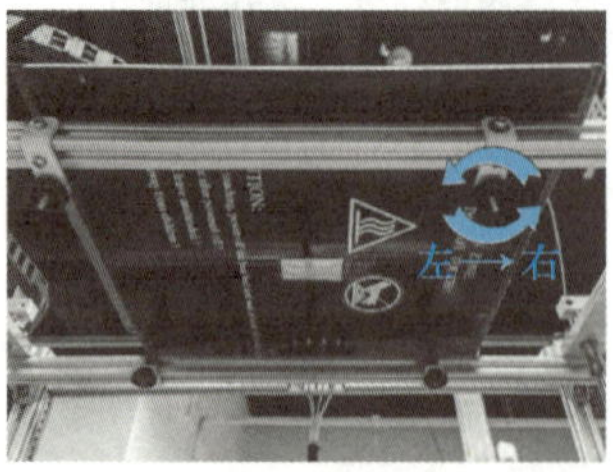 | 如果感觉阻力非常大，甚至完全无法拖动，则需要将调平旋钮逆时针方向转动，直至可以正常拖动纸张且感受到明显阻力 |

这种方法主要是利用 A4 纸模拟打印过程中耗材的出料情况，如果过松会导致耗材无法粘接在打印平台上，过紧又会导致打印头不出料。

### 2. FDM 3D 打印机的操作与打印

在完成了设备的基本调试工作后，就可以开始操作 FDM 3D 打印机进行打印了（见表 2-3）。

表 2-3　操作 FDM 3D 打印机打印的流程

| 序号 | 操作流程图 | 操作步骤 |
| --- | --- | --- |
| 1 |  | 将拷贝有切片数据的 U 盘接入到设备上 USB 接口 |
| 2 | ->System Volume Information/<br>test.gcode<br>测试件.gcode | 单击触控面板首页中的“打印”，在“打印”操作界面中选择需要打印的文件 |
| 3 | 测试件.gcode | 检查已经打开的文件，确认无误后单击“开始打印”按键 |
| 4 | 0%<br>测试件.gcode | 在触控面板中会显示打印进度、打印所需时间，等待打印完成即可 |

对于需要长时间打印的模型，每隔一段时间就需要观察一下设备情况，防止因为断电、误触、耗材打结等问题导致打印失败。

## 知识拓展

### 1. 教学平台结构中 3D 打印件的开放创新设计

3D 打印作为当下主流的加工方式之一，已经从单纯的打印测试件、验证手板逐渐转变为打印可以实际使用的零件，具有简单、快捷、成本低、可复制性强等特点。例如项目 1 中的部分零部件就是由 3D 打印制作的。这些 3D 打印件的共同特点是都具有可修改性。不同位置的打印件，所承担的功能是不相同的。

（1）模型散热风扇罩　位于打印头上方的模型散热风扇罩，是模型散热的关键零部件之一，扇叶通电后产生的风力由散热风扇罩导向至从喷嘴挤出的料丝上，保证其能快速冷却（见图 2-7）。这就要求散热风扇罩一方面要保护好扇叶，防止被外部的杂物干扰影响正常转动，另一方面需要尽可能地将风扇的风力传导至打印头下方，保证有充足的风准确吹到料丝上。考虑到风扇的适配性，怎样在只修改散热风扇罩的前提下，尽可能地提高冷却效果？

请从扇叶保护、导流、美观、不会对现有功能造成干扰 4 个方面为基础进行模型散热风扇罩的创新设计。设计完成后，使用 3D 打印机打印，并安装至打印头上进行测试。

（2）导线架　打印头上的线路都需要接引至主板上，才可以实现控制打印头加热、挤料等功能。杂乱无章的各种线路如果不约束，势必会影响打印机的正常工作。导线如果挂到某些结构上，甚至有可能直接导致打印机的损坏。所以为了避免这一问题，需要使用拖链对线路进行约束。要保证拖链不会挂到其他的结构上，还需要使用导线架将其架起来（见图 2-8）。

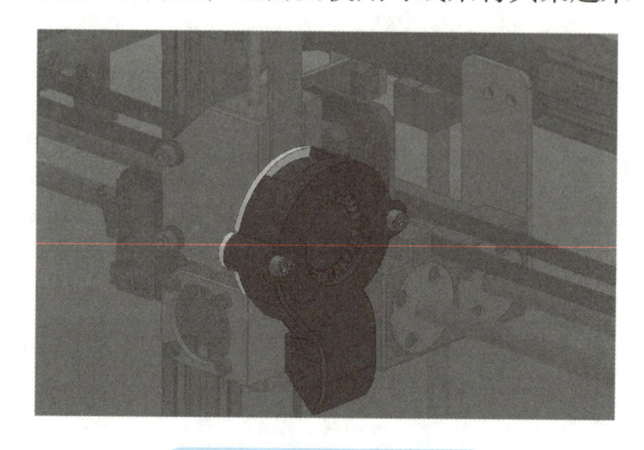
图 2-7　模型散热风扇罩

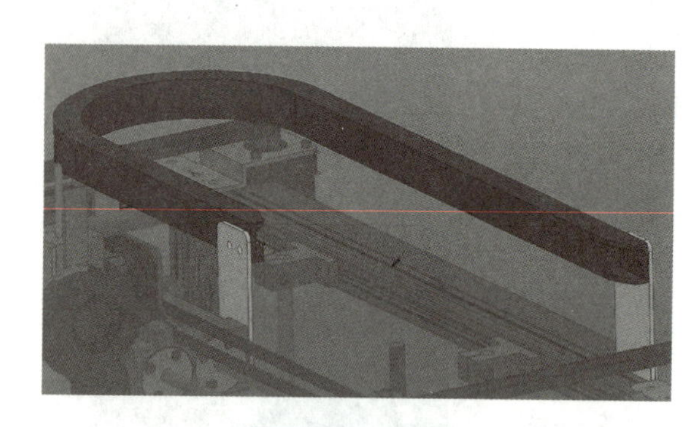
图 2-8　导线架

现有的导线架只能满足基本的要求，请从美观、强度、3D 打印加工特点等多个角度考虑，重新设计一款导线架，并将其替换至设备上进行模型打印。

### 2. 3D 打印设备结构相关的创新设计

在 FDM 3D 打印机中，X、Y、Z 轴分别设有一个限位开关，用于限制、约束运动机构的移动范围。目前，Y 轴限位开关被设计安放在 X 轴运动组件上，这种设计方式虽然不影响 3D 打印机的正常使用，但是在外观上有些不够美观。

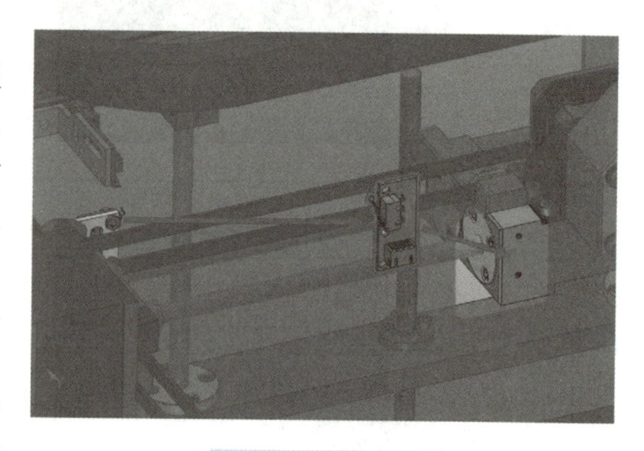
图 2-9　限位开关

请根据图 2-9 中的标识，设计一个可以在打印头上安装限位开关的转接板，使得限位开关的线路部分可以与打印头中其他线路合并在一起，通过拖链引导至框架结构上。最后，将设计好的零件打印出来，并组装替换至设备上进行测试。要求在保证强度和稳定性的同时，还需确保不会影响 3D 打印机的正常运行。

## 任务评价

操作 FDM 3D 打印机任务学习评价表见表 2-4。

表 2-4　操作 FDM 3D 打印机任务学习评价表

| 序号 | 评价目标 | 评价标准 | 配分 | 自我评价 | 小组评价 | 教师评价 | 备注 |
| --- | --- | --- | --- | --- | --- | --- | --- |
| 1 | 认识按键接口 | 能够准确说出各个按键接口的名称 | 15 | | | | |
| 2 | 认识触摸屏操作界面 | 能够说出各个界面的作用 | 20 | | | | |
| 3 | 掌握 FDM 3D 打印机装载耗材的方法 | 能够正确装载耗材 | 15 | | | | |
| 4 | 掌握 FDM 3D 打印机调平的方法 | 能够正确完成调平 | 35 | | | | |
| 5 | 掌握 FDM 3D 打印机打印的方法 | 能够正确进行打印 | 10 | | | | |
| 6 | 掌握桌面、设备的使用规范 | 桌面、设备整理干净 | 5 | | | | |
| 合计 | | | 100 | | | | |

# 任务2　认识FDM 3D打印机的耗材

## 任务目标

1. 掌握常见FDM 3D打印机耗材的名称和特性。
2. 了解FDM 3D打印机耗材中的工程塑料。
3. 了解FDM 3D打印机的特殊性能耗材。

## 任务引入

材料是人们用于直接制造、加工成产品的物质，是人类赖以生存和发展的物质基础。通过改变和控制材料的外部形状、内部组织结构，可以将材料制成所需的各种零部件和产品，而这个过程称为材料加工。增材制造技术属于材料加工中的一个方向，而通过增材制造技术加工出的打印件，其加工质量有很大一部分也是由所使用的耗材决定的。如果没有选择好合适的耗材或没有设置好耗材对应的参数，则会影响打印件的表面质量。

为了能制造出优秀的3D打印制品，就需要对耗材有充分的了解，理解不同的外在因素、软件参数、硬件参数对不同材料加工的意义。

## 知识与技巧

### 1. 耗材的制备

(1) 耗材制备前的准备　绝大多数FDM工艺所使用的线状耗材都是在基料的基础上添加辅料混制而成的，混制后的材料有片状和颗粒状两种，颗粒状材料的加工又称为造粒。多数的塑料耗材在进行加工前都需要进行造粒，造粒的主要优点如下：

1) 颗粒状的材料受热更均匀。

2) 加工过程中如果需要添加其他成分会更容易混合，加工出的产品也相对更平整。

3) 颗粒状材料更容易运输，相对于粉状材料运输损耗会更小。

4) 如果原材料具有吸湿性，颗粒状材料相对于粉状材料更不容易吸湿结块，材料保存难度小。

5) 颗粒状材料颜色较均匀，加工时不容易出现色差。

(2) 耗材的制备过程　下面以FDM工艺常用的聚乳酸（PLA）耗材为例，在耗材制备前，需先将粉状材料在80℃的条件下真空干燥至少12h。如果为了提高耗材性能，添加了其他材料，那么其他材料也要一并进行干燥处理。随后使用密炼机或者高速粉碎机，将两种或多种材料进行混合。

1) 片状材料的制备过程。如果要将材料加工成片状，可以使用密炼机进行混合操作。在混合材料的过程中，需要将腔体温度设置为210℃，依次将不同的材料投放入机器内混合。混合完成后，需要在材料还处于较高温度的情况下，使用开放式炼胶机将材料辊压成片状。待彻底冷却后，将片状塑料剪成小碎片，并放入烘干箱中二次烘干备用，烘干温度为60℃。

取出一部分加工好的片状材料，通过注射方式制造哑铃状测试样条，用于对材料性能进行测试。根据惯例需要制作出5个测试样条，将5个测试数据进行平均后记录，并以此判断制作出的材料是否符合要求。测试通过后，将剩余的材料投入螺杆挤出机，并将进出温度设置为210℃（依据所添加的材料进行调整），通过调整线材收卷装置控制拉伸速度，制作出线径在1.75mm左右的线状耗材。

2) 颗粒状材料的制备过程。如果将材料加工成颗粒状（见图2-10），首先将所有的原材料一并放入高速粉碎机进行粉碎混合。随后将混合后的耗材放入造粒机，造粒机对材料进行加热塑化，挤出冷却后切粒。最后，将加工好的颗粒耗材，同样使用注射方式加工成哑铃状测试样条，测试材料的性能。测试通过后，将颗粒状材料放入烘干机，设置60℃烘干12h，将材料投放入螺杆挤出机，设置温度后，制作出线径在1.75mm左右的线状耗材。

### 2. 常见耗材

（1）耗材特性

1）FDM增材制造技术所使用的耗材为线状。线径主要分为三种规格，分别是1.75mm、2.85mm、3.0mm。从重量来看，市面上常见的是单卷500g、1000g两种不同重量的，如果是加工大尺寸零件的大型设备，还可以定制3000g单卷的耗材。

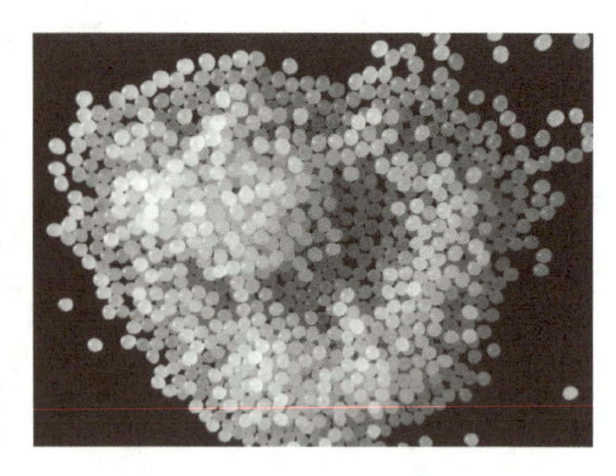

图2-10 颗粒状原材料

2）FDM增材制造技术所使用的耗材为热塑性材料，经过高温加热，材料会变软熔化。FDM 3D打印机的打印头处有加热块，可提供能将材料熔化的温度。如果材料的耐温性大于设备加热块所能提供的温度上限，无法被熔化的耗材不能被挤出，最终卡在喷嘴的位置，那么这个材料就无法在设备上正常使用。

3）FDM增材制造技术所使用的耗材必须在挤出后能够快速凝固，并保持一定的形状。在打印过程中，打印件是一层一层逐渐堆积起来的。如果下面的一层被挤出后无法快速凝固，那么新的一层会在未凝固的层上继续打印，就会导致打印件表面质量差，严重的还会导致打印失败。

FDM增材制造技术发展至今，除了PLA耗材，所使用的其他材料都是由传统制造领域中使用的加工材料改进而来的。根据增材制造技术的加工条件，对传统材料进行调整，保证可以在3D打印设备能够达到的硬件条件下，对该材料进行加工生产。这种依据3D打印特性对耗材进行调整的方式，虽保证了3D打印机可以使用这些传统材料，但在一定程度上使材料原本的特性得不到充分发挥，这就导致增材制造技术和传统制造虽然使用同样的材料，但是性能上却有一定的差距。

FDM 3D打印机利用塑料丝或金属丝作为材料，在打印时将材料挤出送入喷嘴，通过加热块将材料熔为半流体状态，全程由计算机辅助制造软件控制，并由电动机沿水平和垂直方向驱动打印，将材料从喷嘴挤出后迅速固化，层与层之间不断堆叠，生成立体的模型产品。根据FDM原理，FDM增材制造所需的成形材料应具有较好的流动性能、合适的熔点温度范围、较小的体积收缩率，一般使用热塑性塑料和低熔点金属。目前可用于FDM增材制造的主要材料有：聚乳酸（PLA）、丙烯腈-丁二烯-苯乙烯（ABS）、热塑性聚氨酯弹性体（TPU）、聚碳酸酯（PC）、聚丙烯（PP）、尼龙（PA）、聚醚醚酮（PEEK），以及这些耐热塑料与钢粉、铝粉甚至木粉混合而成的共混物等。其中ABS和PLA是现阶段FDM增材制造技术使用最多的材料。

（2）聚乳酸（PLA） PLA是一种可生物降解的热塑性塑料，由可再生植物资源（如玉米、甜菜、木薯、甘蔗）中提取的淀粉制成。淀粉糖化得到葡萄糖，葡萄糖和某些菌种发酵产生高纯度乳酸，再通过聚合反应形成PLA。PLA是一种创新的生物基材料，具有良好的生物降解性，符合可持续发展理念。使用PLA后，它可以在特定条件下被自然界的微生物完全分解，最终生成二氧化碳和水，不会对环境造成污染，因此它被广泛认可成一种环保材料。与传统塑料不同，处理PLA并非焚烧，而是通过掩埋在土壤中进行降解，从而避免了大量温室气体进入大气中。这种材料对环境保护非常有利，与当前使用石油化工原料制造的通用塑料相比，PLA更符合循环经济和可持续发展的理念。该材料的生产过程无污染，而且可以缓解由于石油资源枯竭和油价上涨导致的化工原料成本上升的问题。在当下石油资源日益短缺、环境污染日益严重的背景下，PLA作为一种可通过种植获取的基础材料，满足了人们对自然、绿色和环保的要求（见图2-11）。

图2-11 PLA材料

PLA的力学性能及物理性能良好。PLA适用于吹塑、热塑等各种加工方法，加工方便，应用十分广泛，可用于加工从工业到民用的各种塑料制品、包装制品等，市场前景良好。

PLA在3D打印领域基本可以满足大部分FDM机型的打印需求。PLA以其环保、价格低、打印时无异味、不易翘起等特点，受到广大3D打印爱好者的青睐。但是，PLA存在的问题也很明显，3D打印所使用的PLA在综合性能上与传统加工所使用的PLA还是有所差异的，耐温最高可达到60℃，再加上材料本身不耐紫外线，使得采用这种材料的打印制品只能用于日常生活中，限制了材料应用范围的进一步拓展。PLA打印参数要求见表2-5。

表2-5 PLA打印参数要求

| 类型 | 参数要求 | | | 硬件要求 | | |
|---|---|---|---|---|---|---|
| | 打印温度 | 底板温度 | 打印速度 | 设备封闭性 | 模型散热风扇 | 打印平台 |
| PLA | 190~230℃ | 30℃左右 | <100mm/s（根据使用的设备类型变化） | 不需要封闭 | 开启 | 无硬性要求 |

（3）丙烯腈-丁二烯-苯乙烯（ABS） ABS是丙烯腈（A）-丁二烯（B）-苯乙烯（S）的三元共聚物。它综合了3种组分的性能，其中丙烯腈具有较高的硬度、强度、耐热性和耐蚀性；丁二烯具有抗冲击性和韧性；苯乙烯表面光泽度高，易着色、易加工。上述3种组分的性能使ABS成为一种综合性能良好的热塑性塑料，保证了ABS的坚固性、韧性和刚性。

ABS具有优良的成形性能，可以通过注射、挤出和热成形等方法加工成形。此外，可以用锯削、钻削、锉削和磨削等手段进行加工处理。ABS具有较高的强度和轻质特性，表面硬度高且光滑，易于清洁且稳定性好，具有良好的抗蠕变性能，非常适合电镀。ABS还可以作为理想的木材替代品和建筑材料使用，挤出法制造的ABS制品多用于板材、棒材、管材等。ABS在工业领域广泛应用，ABS注射制品常用于制造外壳、盒子、零部件、玩具等，并可通过热压复合成形方式加工。大多数ABS无毒且不透水，但对水蒸气有轻微的渗透性，吸水率较低。ABS经过一年的常温水浸泡，吸水率小于1%，并且能够保持物理特性的稳定。此外，还可以对ABS制品进行抛光处理，以获得高度光泽的成品。与普通塑料相比，ABS的强度高出3~5倍。

ABS是继PLA之后受欢迎的FDM 3D打印材料。这种热塑性塑料具有价格低、耐用、微弹性、重量轻、易挤压等特点。但打印ABS耗材的3D打印设备需要封闭式结构，由于ABS在打印加工过程中对温度比较敏感，一方面，为了防止第一层冷却过快，加热平台就成为加工ABS必不可少的硬件；另一方面，封闭结构可以保证从外面进来的冷空气不会扰乱打印件缓慢均匀冷却，从而避免模型打印完成之前发生翘曲、收缩、变形的情况。此外，ABS在加工过程中会散发出非常强烈的气味，将过滤系统安装在全封闭的设备结构中，可以大大缓解这种情况（见图2-12）。

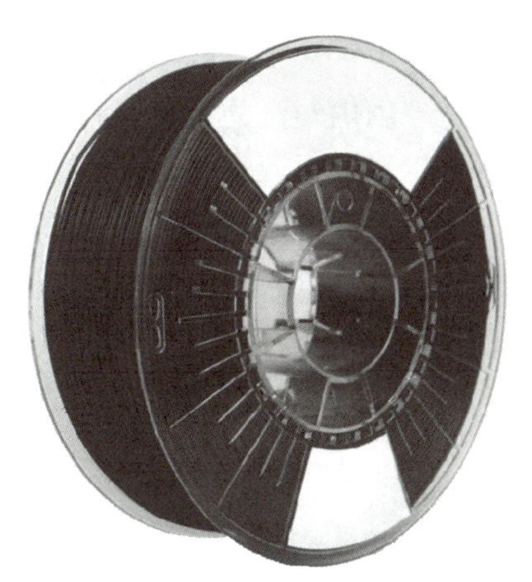

图2-12 ABS材料

ABS易吸收空气中的水蒸气，长期不用的ABS耗材需要密封存放，重新使用前需要用干燥箱进行干燥。建议在80~90℃下干燥至少2h，使耗材湿度小于0.1%。ABS打印参数要求见表2-6。

表2-6 ABS打印参数要求

| 类型 | 参数要求 | | | 硬件要求 | | |
|---|---|---|---|---|---|---|
| | 打印温度 | 底板温度 | 打印速度 | 设备封闭性 | 模型散热风扇 | 打印平台 |
| ABS | 230~270℃ | 70~100℃ | ≤40mm/s（过快易导致制品开裂） | 全封闭 | 关闭 | 聚乙烯吡咯烷酮（PVP）胶棒 |

（4）热塑性聚氨酯弹性体（TPU） TPU是一种可加热塑化且可溶于溶剂的弹性体，具备优异的综合性能和良好的加工性能，广泛应用于医疗卫生、电子电器、工业产品及体育用品等领域。它具有高强度，以及良好的韧性、耐磨性、耐寒性、耐油性、耐水性、抗老化性和耐候性等其他材料无法媲美的优势。此外，TPU还具有透湿性、抗风性、抗菌性、防霉性、保暖性、抗紫外线等多种优良特性。

TPU被公认为是一种绿色环保、性能优异的新型高分子材料。目前，TPU主要以低端消费为主，其高端消费领域基本被一些跨国公司主导，具有高附加值的TPU产品不断被开发并投入市场，TPU材料已成为发展最快的热塑性材料之一（见图2-13）。

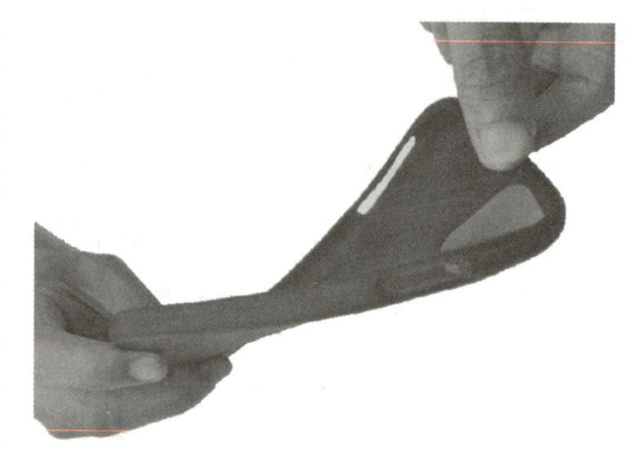

图2-13 使用TPU材料打印的手机壳

对于一些有柔性需求的打印件，TPU无疑是最好的选择。现阶段应用TPU最多的3D打印制作网格状的运动鞋鞋面，充分利用其材料本身的特性，相比传统的材料工艺，具有透气性好、强度大、耐用、防水等优点。TPU打印参数要求见表2-7。

表2-7 TPU打印参数要求

| 类型 | 参数要求 | | | 硬件要求 | | |
|---|---|---|---|---|---|---|
| | 打印温度 | 底板温度 | 打印速度 | 设备封闭性 | 模型散热风扇 | 打印平台 |
| TPU | 220～250℃ | 45～60℃ | 40mm/s | 半封闭或全封闭 | 开启 | PVP胶棒、美纹纸 |

### 3. 工程塑料

相较于通用塑料，工程塑料在力学性能、耐久性、耐蚀性和耐热性等方面能够满足更高的要求。此外，工程塑料的加工更为方便，在某种程度上可以替代金属材料。工程塑料广泛应用于电子电器、汽车、建筑、办公设备、机械、航空航天等多个行业。以塑代钢和以塑代木已成为国际上的流行趋势。工程塑料目前是全球塑料工业增长速度最快的领域之一，其发展不仅对国家的支柱产业和现代高新技术产业起到了支持作用，同时也推动了传统产业的改造和产品结构的调整。目前，工程塑料已成为世界塑料工业的引领者，有望继续在未来的发展中持续发挥重要作用。

我国由于汽车、电子和建筑等行业发展迅速，已成为全球工程塑料需求增长最快的国家之一。据分析，随着国内经济的不断发展，工程塑料的需求将会进一步得到增长，我国工程塑料行业发展前景十分广阔。以家电行业来说，仅以冰箱、冷柜、洗衣机、空调及各类家电产品每年的工程塑料需求量将达60万t左右。而通信基础设施建设以及铁路、公路建设等方面的工程塑料用量则更为惊人，预计总需求量将达到450万t以上。

工程塑料主要包括聚碳酸酯（PC）、聚酰胺（PA）、聚甲醛（POM）、聚苯醚（PPO）、聚对苯二甲酸丁二酯（PBT）、聚苯硫醚（PPS）、芳香族聚酯（PAR）等。其中可用于增材制造加工的目前只有聚碳酸酯和聚酰胺。

（1）聚碳酸酯（PC） PC是一种无色透明的材料，具有良好的耐热性、抗冲击性、阻燃性和抗氧化性，同时在室温下表现出良好的力学性能，其高折射率和良好的加工性能使其无须添加剂即可达到UL94 V－2级阻燃标准。PC比ABS的耐磨性更好，但与大多数塑料相比，PC的耐磨性较差，因此对于PC打印件在易磨损的使用环境中，表面进行特殊处理十分必要（见图2-14）。

图2-14 PC打印件

PC的主要缺点是耐水解稳定性不够高，不宜用于制作重复经受高压蒸汽的制品，同时，这种材料缺口敏感性大，耐刮痕性较差，长期暴露于紫外线中会发黄。和其他树脂一样，PC 容易受某些有机溶剂的侵蚀。

PC 在建材、汽车、电子、医疗、航天航空、照明等领域广泛的应用，而在 3D 打印行业中，PC 的加工领域主要涉及照明和航空航天方面。

在照明方面，加工制造灯罩是其主要的应用方向，FDM 增材制造技术因为本身加工特性的原因，导致以该工艺加工出的 PC 零件的透明效果并没有传统 PC 所加工的透明度高。但它应用在家庭照明的灯罩设计上，拥有着自己独特的优势，一些艺术感较强、造型奇特的灯罩，传统的加工方式往往无法生产加工，而使用 FDM 增材制造技术可以轻松地满足设计师的要求。

在航天航空方面，随着航空航天技术的迅速发展，对飞机和航天器中各部件的要求不断提高，使得 PC 在该领域的应用也日益增加。据统计，仅一架波音型飞机上所用 PC 部件就达 2500 个，单机耗用 PC 约 2t。而在宇宙飞船上则采用了数百个不同构型并由玻璃纤维增强的 PC 部件及宇航员的防护用品等。其中，虽然绝大部分还是使用传统方式加工的 PC 塑料零件，不过一部分异形件已经开始使用 3D 打印的方式进行加工尝试。PC 打印参数要求见表 2-8。

**表 2-8　PC 打印参数要求**

| 类型 | 参数要求 | | | 硬件要求 | | |
|---|---|---|---|---|---|---|
| | 打印温度 | 底板温度 | 打印速度 | 设备封闭性 | 模型散热风扇 | 打印平台 |
| PC | 250～270℃ | 90～110℃ | 40mm/s | 全封闭 | 关闭 | PVP 胶棒 |

注：耗材打印前还需使用干燥箱进行干燥处理。

（2）聚酰胺（PA）　聚酰胺俗称尼龙（Nylon），是一类热塑性树脂。PA 是由美国杰出科学家卡罗瑟斯及其领导的科研小组研制成功的，也是世界上最早的一种合成纤维。PA 的问世为纺织品带来了全新的面貌，是合成纤维工业的重大突破，同时也是高分子化学领域的重要里程碑。

PA 主要用于合成纤维，它最显著的优点是耐磨性优于其他纤维。尼龙的耐磨性比棉花高出 10 倍，比羊毛高出 20 倍。在混纺织物中添加少量 PA 纤维，可显著提高织物的耐磨性。当 PA 纤维拉伸 3%～6% 时，其弹性恢复率可达到 100%。PA 纤维能够承受成千上万次的折弯而不断裂，这也是其独特之处。在工业和其他领域中，PA 还被广泛应用于制造耐磨、耐腐蚀和高强度要求的零件和产品。PA 的多样性和可调性使其成为一种备受青睐的材料，在汽车、航空航天、电子、纺织等行业发挥着重要作用，不断推动技术的进步和应用的扩展。

由于 PA 无毒、质轻，具有优良的机械强度、耐磨性及较好的耐蚀性，是以塑代钢、铁、铜等金属的好材料。铸型 PA 所加工的零部件广泛代替机械设备中的耐磨部件，尤其是代替了许多的铜及其合金所加工的耐磨损件。它广泛应用于制作耐磨零件、传动结构件、家用电器零件、汽车制造零件、纺织机械零件、化工机械零件、化工设备等，如涡轮、齿轮、轴承、叶轮、曲柄、仪表板、驱动轴、阀门、叶片、丝杠、高压垫圈、螺母、密封圈、梭子、套筒、轴套连接器等（见图 2-15）。

**图 2-15　经过浸染工艺处理过的 PA 打印件**

随着汽车的轻量化、电子电气设备的高性能化、机械设备轻量化的进程加快，对 PA 的需求将更高。特别是将 PA 作为结构性材料，对其强度、耐热性、耐寒性等方面提出了更高的要求。因此，针对某一应用领域，需要通过改性，提高其某些特定性能，来扩大其应用的方向。虽然 PA 有着强极性、强吸湿性、尺寸稳定性差，但可以通过改性来改善。PA 的部分力学性能（如抗拉、抗压强度）会随温度和吸湿量而改变，所以水从某些角度来看是 PA 的增塑剂。在 PA 中加入玻璃纤维后，其拉伸强度和抗压强度可提高 2 倍左右，耐热性也相应提高。PA 本身的耐磨性非常高，所以在无润滑的情况下也不需要停止操作，如想得到特别的润滑效果，可尝试在 PA 中加入硫化物进行改性。PA 打印参数要求见表 2-9。

表 2-9 PA 打印参数要求

| 类型 | 参数要求 | | | 硬件要求 | | |
|---|---|---|---|---|---|---|
| | 打印温度 | 底板温度 | 打印速度 | 设备封闭性 | 模型散热风扇 | 打印平台 |
| PA | 265～280℃ | 80℃左右 | <60mm/s | 全封闭 | 关闭 | PVP 胶棒 |

### 4. 特殊性能耗材

（1）木质感材料　使用木质感材料可以打印出触感、外观很像木头的模型。通过在 PLA 中混合一定量的木质纤维，如竹子、桦木、雪松、樱桃、椰子、软木、乌木、橄榄、松树、柳树等可以制作出一系列的木质 3D 打印材料。需要注意的是，在 PLA 中掺入木质纤维后，会降低材料的柔韧性和拉伸强度。木质感材料加工的制品横纹感相对较弱，这与所加入的木质纤维有关。

（2）夜光材料　使用夜光材料 3D 打印出的制品暴露于光源下约 15min，再拿到黑暗处，制品就会发出幽幽的光芒。其基本原理是通过在 PLA 或 ABS 中添加不同颜色的荧光剂，可以制造出绿色、蓝色、红色、粉红色、黄色或橙色的发光材料。

（3）碳纤维材料　随着碳纤维材料在传统行业中的广泛应用，3D 打印耗材中也逐渐出现了碳纤维的身影。碳纤维增强线材是在高强度 PLA、PA 以及其他聚合物材料的基础上改进而来的。它本身包含了大量长短不一的细碳纤维，这些纤维非常小，可以通过 FDM 3D 打印机的挤出喷嘴，并增加聚合物的强度和刚度，从而可以起到有效强化 3D 打印部件的作用，刚度和强度都远超过普通 PLA 和 ABS。碳纤维材料还具有非常高的熔体强度、很高的熔体黏度，良好的尺寸精度和稳定性，打印时气味很小。该材料虽然表现出较优异的性能，但是在打印过程中，线材内的碳纤维研磨性质会导致黄铜喷嘴的加速磨损，所以在使用碳纤维材料进行 FDM 3D 打印时需要使用不锈钢或硬化型铜合金的喷嘴。碳纤维增强材料可以提供与金属相仿的强度，又非常轻，在需要考虑重量与强度比的行业都有广泛的应用前景，如航空航天、汽车行业。

（4）聚醚醚酮（PEEK）　聚醚醚酮是一种具有耐高温、自润滑、易加工和高机械强度等优异性能的特种工程塑料，可制造加工成各种机械零部件（见图 2-16）。

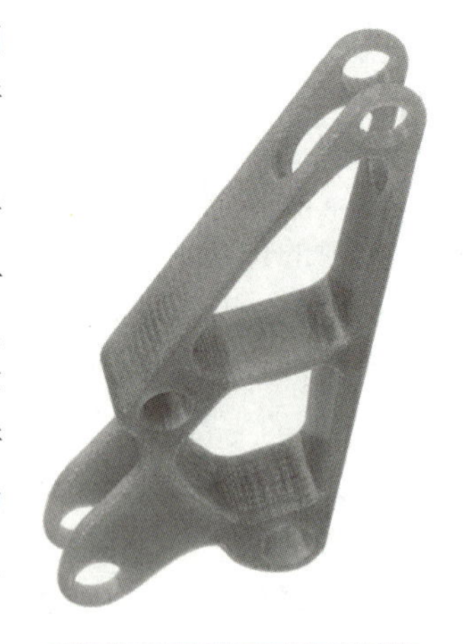
图 2-16 PEEK 打印件

PEEK 性能优异、应用范围广泛，最早在航空航天工业得到应用，用于替代铝和其他金属材料制造各种飞机零部件。在汽车工业中，由于 PEEK 具有良好的耐磨性和力学性能，被广泛应用于制造发动机内罩、轴承、垫片、密封件及离合器齿环等零部件。该材料是一种理想的电绝缘体，在高温、高压和高湿度等恶劣工作条件下仍保持良好的电绝缘性能，因此电力领域逐渐成为 PEEK 树脂的第二大应用领域。PEEK 还被广泛用于制造输送超纯水的管道、阀门和泵等设备。在半导体工业中，PEEK 常用于制造晶圆承载器、电子绝缘膜片及各种连接器件。

作为一种半结晶工程塑料，PEEK 几乎不溶于除浓硫酸以外的任何溶剂，因而常被用于制作压缩机阀片、活塞环、密封件，以及各种化工泵体和阀门部件。此外，PEEK 还具有出色的耐高温性能，能够耐受多达 3000 次 134℃的循环高压灭菌，这使其成为灭菌要求高且需要反复使用的医疗设备的理想选择材料。PEEK 卓越的物理和化学性能，使其能够在极端条件下保持可靠性和稳定性。随着科学技术的不断进步和市场需求的不断发展，PEEK 的应用前景将继续扩展，为各行各业带来更多创新和改进的机会。

在 FDM 增材制造技术中，PEEK 的成形温度为 320～390℃，对加工温度、底板温度、舱室恒温都有极高的要求，需要单独定制的全封闭高温 FDM 3D 打印机才能实现对该材料的打印。除了需要单独定制设备外，PEEK 在 3D 打印完成后，还需要进入烧结炉进行二次加工定性，否则 PEEK 打印件非常容易开裂且无法达到材料本身应具备的性能。

## 任务实施

通过前面内容的学习，掌握常见 FDM 3D 打印机耗材的名称和特性。

## 知识拓展

### PLA 及其改性材料的发展

近年来，FDM 技术因成本低，操作简便，不产生粉尘、噪声，适合办公室环境使用等优点，成为应用最广泛的增材制造技术之一。桌面级 FDM 3D 打印机不仅是创客们展示设计才华的制造工具，也可以被公司用来打印产品的设计原型和熔模，同时还是校园中增材制造技术教学的基本载体。不只是 FDM 3D 打印机逐渐变得家喻户晓，其所使用的 PLA 也是现在材料领域研究的热点话题。

传统的 PLA 最早是佩卢兹在 1845 年通过乳酸的缩合聚合得到的，之后在 1932 年华莱士·休姆·卡罗瑟斯等人发现了利用丙交酯聚合得到 PLA 的方法。在 20 世纪 90 年代，大分子量聚乳酸的生产让聚乳酸能够正式应用于商业领域。目前，世界上生产聚乳酸树脂的供应商主要有美国嘉吉公司（Cargill）、日本帝人株式会社（Teijin Limited）、荷兰普拉克公司（Purac）和日本三井化学株式会社（Mitsui Chemicals）。其中又以美国嘉吉公司生产的名为 Nature Works 的 PLA 树脂最为出名，其具有十多种不同的牌号，覆盖纤维、吹膜、注射成形等多种用途。近年，国内在 PLA 方面的研究也取得了很大的进展，清华大学、中国科学院长春应用化学研究所和同济大学等在 PLA 领域取得多项研究成果，同时越来越多大型生物发酵和塑料加工企业参与到 PLA 的研发和生产当中，如华北制药集团有限责任公司、上海同杰良生物材料有限公司、浙江海正集团有限公司等。

而作为 FDM 增材制造技术加工的材料时，PLA 因打印时不产生难闻的气味、冷却收缩率小、粘结性好等特点备受欢迎。但是，纯 PLA 打印耗材脆性大、易折断，打印产品抗冲击性能差，严重制约了它的使用范围，因此提高 PLA 耗材的韧性对于拓宽其应用范围具有十分重要的意义。

国内外学者针对 PLA 的韧性差、抗冲击强度低、耐热性差等问题进行了大量的改性研究，德国著名的 RepRap 公司制备出一款高性能 PLA 耗材，命名为 Performance PLA，与一般 PLA 耗材相比，该材料韧性好、粘板效果好，打印制品表面非常光滑。德国 FKuR Kunststoff 公司联合荷兰 Helian 公司共同研制出一款高性能 PLA 耗材，通过向 PLA 中添加天然纤维，极大地提高了其力学强度和尺寸稳定性。日本 JSR 株式会社推出的 FABRIAL 系列 PLA 耗材强度高、韧性好、打印制品稳定性好，有效解决了 PLA 打印制品脆性大、强度低等问题，扩展了 PLA 的应用领域。美国 Nature Works 公司推出两款针对 3D 打印用的 PLA 改性材料 3D850 和 3D860，缺口冲击强度分别为 118J/m 和 323J/m，抗冲击性能良好，但是价格昂贵。

国内也有很多研究 PLA 耗材的公司，深圳易生科技有限公司经过反复测试和改良，推出一款名为 PLA+ 的耗材，韧性高达普通 PLA 打印耗料的 10 倍，同时有效解决了 PLA 打印时可能出现的拉丝、喷头堵塞等现象。PLA 本身韧性较低，增韧后可能会出现断面收缩率增加、冷却变慢等问题，这些弊端使得 PLA 耗材在打印时不易成形、制品容易翘边和开裂。深圳市光华伟业股份有限公司针对这一问题，在对 PLA 进行改性时，加入了一种低熔点树脂包覆的无机粉体，从而降低了材料的断面收缩率，加速了材料的冷却，制备出来的打印耗材不仅韧性好，而且打印制品具有断面收缩率低、不翘边、冷却快等优点。成都新柯力化工科技有限公司在低温条件下通过球磨机粉碎混合反应技术，使扩链剂、交联剂、低分子量聚合物与 PLA 进行扩链和交联反应，对 PLA 进行改性。在改性过程中，没有经过高温、高剪切力的作用，从而保证了 PLA 分子链的完整性，自身性能没有下降，使改性剂的作用全部展现出来，所以改性 PLA 的韧性、冲击强度和热变形温度均得到提高。苏州聚复高分子材料有限公司利用聚丙烯酸酯纳米微球增韧 PLA 制备打印耗料，这种微球具有核－壳结构，核结构赋予 PLA 韧性，壳结构增加了与 PLA 的相容性，由于聚丙烯酸酯微球的尺寸极小，因此具有很大的比表面积，能够在用量很小的情况下起到增韧作用（见图 2-17）。

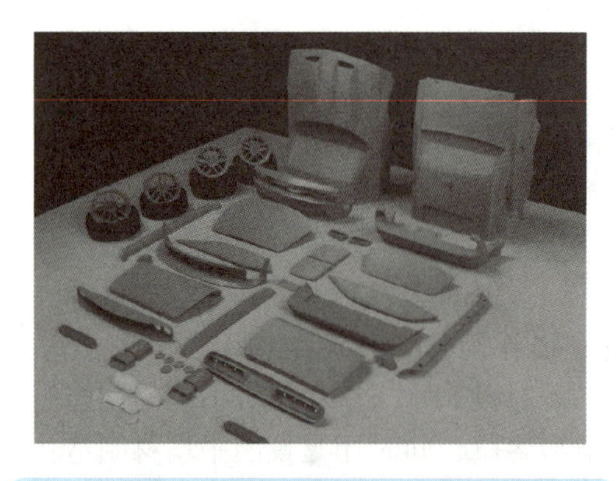

图 2-17 采用 PLA + 材料打印的遥控车组件

## 任务评价

认识 FDM 3D 打印机的耗材任务学习评价表见表 2-10。

表 2-10 认识 FDM 3D 打印机的耗材任务学习评价表

| 序号 | 评价目标 | 评价标准 | 配分 | 自我评价 | 小组评价 | 教师评价 | 备注 |
|---|---|---|---|---|---|---|---|
| 1 | 掌握 FDM 3D 打印机耗材的名称 | 准确说出 FDM 3D 打印机耗材的名称 | 10 | | | | |
| 2 | 掌握 FDM 3D 打印机耗材的特性 | 掌握 FDM 3D 打印机耗材的特性和基本参数要求 | 35 | | | | |
| 3 | 了解工程塑料的类型 | 了解 FDM 增材制造技术所能使用的工程塑料类型 | 25 | | | | |
| 4 | 了解特殊性能耗材的特性 | 能够根据产品性能需求，选择对应的特殊性能耗材 | 20 | | | | |
| 5 | 思考与交流 | 能够说出耗材对于 3D 打印机的意义 | 10 | | | | |
| 合计 | | | 100 | | | | |

# 任务 3 应用 FDM 增材制造技术

## 任务目标

1. 掌握 FDM 增材制造技术的应用领域。
2. 了解 FDM 增材制造技术在工业设计领域的应用。
3. 了解 FDM 增材制造技术在服装领域的应用。
4. 了解 FDM 增材制造技术在医疗领域的应用。
5. 了解 FDM 增材制造技术在工装夹具领域的应用。

## 任务引入

FDM 3D 打印机的操作简单，设备使用成本低，越来越多的领域开始逐渐尝试加入该项技术的应用。相对于传统的加工技术，增材制造技术突破了结构的几何约束，能够制造出传统方法无法加工的非常规结构特征，这种工艺能力对于实现零部件轻量化、结构优化有极其重要的意义。设计人员不再受传统工艺和制造资源约束，专注于产品形态创意和功能创新，在“设计即生产”“设计即产品”理念下，追求更多创新的可能。由于简化或省略了工艺准备、试验等环节，产品数字化设计、制造、分析一体化显著缩短了新产品开发定型周期，降低了综合成本，实现了在产品设计完成后以最短的时间得到所设计产品的实物，为产品迭代以及方案可行性测试提供了极大的帮助。

## 知识与技巧

### 1. FDM 增材制造技术在工业设计领域的应用

手板其实是通过手工、机械加工等方式制作的样品，又称样件、验证件、样板、等比例模型。刚设计完成的产品一般不能做到很完美，有的甚至无法使用，如果直接批量生产，一旦有缺陷将全部报废，浪费人力、物力、时间。所以，刚研发或设计完成的产品均需要做手板，手板是验证产品可行性的关键步骤，是找出设计产品的缺陷、不足、弊端最直接且有效的方式。可以对缺陷进行针对性改善，直至不能从个别手板中找出不足，可以为产品定型量产提供充足的依据（见图2-18）。

早期的手板因为受到各种条件的限制，大部分工作都是用手工完成的。使得做出的手板工期长，外观、结构、尺寸也很难达到图样的要求，因而将其用于检查外观或结构合理性的功能也大打折扣。随着科技的进步，CAD 和 CAM 技术的快速发展，为手板加工提供了更好的技术支持，使得手板更加精确。随着行业竞争的日益激烈，产品的开发速度成为竞争能力，而手板制造恰恰是提高产品开发速度的重要条件。而有了数字化的模型便能直接用于 3D 打印，得到立体实物，手板模型的单件或小批量生产又对应了 3D 打印的特性，所以在手板模型行业应用 FDM 增材制造技术无论从技术上或是经济性上都是切实可行的。

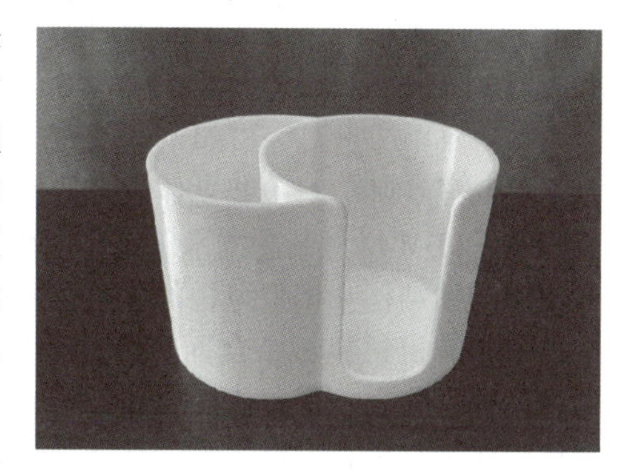

图 2-18 使用 FDM 增材制造技术的手板

增材制造技术能够轻松应对手板结构设计中出现的问题，并可以随时进行修改。通过制作手板模型，可以直观地反映出结构的合理性，评估产品的各个部位在工作时的受力情况。由于实际零件在工作时受力非常复杂，手板模型能够更加直观地判断产品各个部位的强度是否满足相应的要求，同时也能更清楚地展示产品的装配难度。如果使用传统的 CNC 手板加工方法，一旦发现设计中存在问题，就需要重新进行加工，这导致了较高的成本和较长的加工时间。而有了增材制造技术一旦发现设计或装配存在不合理之处，只需在三维模型上进行调整，然后将数据发送给 3D 打印机进行打印即可，特别是对于中小型产品的设计。

对于尺寸较小、结构复杂的零件，并不适合使用手工的方式进行手板制作，需要开模具小批量试制，3D 打印手板可以直接避免开模具的风险。由于模具价格昂贵，即使开较小的模具也需要 2～3 万元，如果在开模具之后发现结构不合理或其他问题，则会造成一定的损失。而采用 FDM 增材制造技术制作的手板无需开模具，打印出来的产品若不合理，则修改产品的 3D 数字模型即可，等数字模型完全定型之后，再设计制作模具进行批量生产，这样就减小了修模、改模、模具报废的风险，使产品上市时间缩短，极大加快产品研发周期。由于手板制作的超前性，可以在模具开发出来之前利用手板制作产品用于宣传，甚至前期的销售、生产准备工作，及早占领市场。

对于小批量生产的产品，也可以直接使用 FDM 增材制造技术进行加工。模具的开发周期一般在 45 天以上，而增材制造技术在不需要任何工装夹具和模具的情况下，可快速实现零件的单件生产。虽然根据零件的复杂程度不同所需的 3D 打印时间有所不同，但它要比传统的铸造或锻造节省时间。同时 FDM 增材制造技术可以使用的耗材种类多样，可以根据产品的需求选择合适的耗材进行加工。

### 2. FDM 增材制造技术在服装领域的应用

（1）作为设计元素　在新时代的设计浪潮中，服装设计的文化内涵已经发生了诸多变化，由于审美观的个性差异，促使服装设计新理念不断探索与发展。FDM 增材制造技术作为数字化推进下的时代产物，打破了传统设计思维，运用颠覆性的制造方式使服装行业产生了巨大的变革，影响了未来主义风格服装的设计走向。很多服装设计师尝试把 3D 打印的元素加入到服装和相关配饰的设计中，让其作品更具科幻色彩。

被时尚界誉为“3D 打印女王”的艾里斯·范·荷本，应该是首个在作品中使用 FDM 增材制造技术的时装设计师。在2010年，展示了3D打印的造型能力，且精度极高，这是传统工艺无法完成的，实现了以前的设计师们只能想象而无法制作的立体感极强的服装。在2016年的时装周上，某设计师的3D打印服装全部以柔软质感呈现，在贴合人体曲线的同时兼具了3D打印的立体效果，其制造出来的服装实现了观赏价值和使用价值的高度统一（见图2-19）。

图2-19　某设计师的3D打印时装

FDM增材制造技术为服装设计师开拓了创作的思路，摆脱了传统设计所受到的物理限制。相比于传统的剪刀加缝纫机的制作模式，FDM增材制造技术让设计师们能够将更多“天马行空”的灵感变成现实。通过FDM增材制造技术，设计师可以实现更多复杂结构的设计，并注入更多细节。此外，FDM增材制造技术所呈现的立体感也进一步满足了服装设计师们对服装立体效果的追求。

同时，FDM增材制造技术正逐步向生产纤维状的高质量材料靠拢，通过使用互锁结构来模拟织物的质感。对于设计师来说，将FDM增材制造技术与有机材料相结合而带来的无限创作可能性更具吸引力。未来的设计师可能会在保留传统服装材料的基础上，将复杂的3D打印元素与传统服装材料相融合，进一步推动服装设计的创新。

（2）实际应用　3D打印独特的加工方式，为运动鞋、防护用品提供了更为广阔的设计思路。过去在制鞋行业中，鞋底生产工艺、材料方面都未发生过实质性的变革，多是一些材料配方或形式上的微创新，而FDM增材制造技术的出现可能会带来颠覆性的变革。采用FDM增材制造技术制造运动鞋，从研发、生产到消费者购买认知，整个流程中每个环节都面临着挑战。利用这项新技术制造出不仅穿着舒适，还可用于专业运动的鞋子，就成了运动品牌争相尝试的重点。

美国运动服装公司耐克（Nike）曾发布过3D打印的耐克鞋，这双3D打印的耐克鞋名为蒸汽激光爪（Vapor Laser Talon Boot），整个鞋底都是采用增材制造技术制造。不仅外观看起来很靓丽，还拥有优异的性能，能提升足球运动员在前40m的冲刺能力。这款全新的概念鞋在设计制造的过程中采用了3D软件设计建模、3D打印手板制作，以及3D打印加工等技术（见图2-20）。

2016年，新百伦公司（New Balance）发布超级限量版3D跑鞋——Zante Generate。同年，安德玛公司（Under Armour）也推出了自己的3D打印跑鞋Architech，也使用了增材制造技术，还有阿迪达斯公司（Adidas）也推出限定款ALPHAEDGE 4D跑鞋。在国外各个运动品牌纷纷尝试增材制造技术时，国内的运动品牌也不甘落后。由匹克发布的3D打印运动鞋，鞋面也采用了FDM增材制造技术制作，设计灵感来源于蜘蛛吐丝结网，鞋面整体采用TPU材料进行加工，充分利用了TPU材料本身的特性，柔韧度高，透气性强。通过FDM 3D打印加工的方式，使得整个鞋面呈现透明质感网纱效果，在真正意义上实现了运动鞋360°的透气性。同时也因为FDM工艺的加入，它在当时被称为最轻的3D打印运动鞋（见图2-21）。

图2-20　3D打印耐克Vapor Laser Talon Boot鞋

图2-21　3D打印匹克运动鞋

### 3. FDM 增材制造技术在医疗领域的应用

FDM 增材制造技术最初在医疗领域用于制作医疗模型，协助医疗和患者沟通、诊断和手术规划使用。随着 FDM 增材制造技术的发展和成熟，其在医疗领域的发展越来越广泛。根据难度和深度，FDM 增材制造技术在医疗上的应用具体可分为 4 个层面：术前规划和提前演练、手术导板和康复支架、骨科匹配和人体植入、活体器官打印。目前活体器官打印还处于探索中，其余三方面在我国均有不同程度的应用（见图 2-22）。

以上海交通大学医学院附属第九人民医院（简称上海九院）为代表的医院将 FDM 增材制造技术引入到了康复领域。上海九院的 3D 打印接诊中心于 2018 年 1 月正式开放，推出了术前模型、个体植入器械、3D 打印定制式矫形器等个性化设计与快速制造的服务项目。2019 年 1 月，由上海九院戴尅戎院士、王金武教授团队研发的“定制式增材制造膝关节矫形器”获得上海市药监局的医疗器械注册证，这是国内第一个 3D 打印医疗器械注册证。

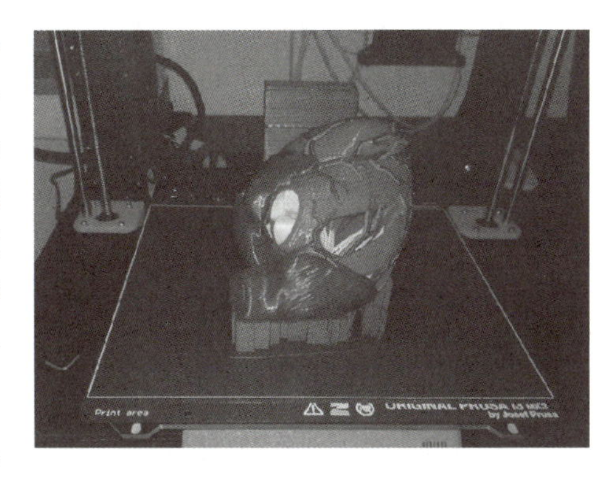

图 2-22　3D 打印心脏模型

庄建是广东省人民医院心血管医学 3D 打印实验室主任。在进行先天性心脏病手术前，他和他的团队把病人心脏模型打印出来并以此进行分析来缩减手术判断时间，提升治疗效果。目前，他已经将 FDM 增材制造技术应用于数百例病人的术前规划。在手术导板和康复支架方面，据南方医科大学第三附属医院院长、广东省骨科研究院运动医学研究所所长蔡道章介绍，严重畸形病人的手术定位困难，可通过 FDM 增材制造技术制作手术导板以指导精准手术。对骨缺损的病例，可 3D 打印定制化修复缺损部位，使假体固定得更加稳定。

（1）使用 FDM 增材制造技术制作医疗模型　将 FDM 增材制造技术应用在术前规划和提前演练模型，是一种较为成熟的辅助手术方式。医生可以运用患者的 CT 数据来进行三维建模，通过三维建模将数据导入到 3D 打印机，然后用 3D 打印机将患者的数据模型打印出来。该模型是依照人体结构打印出的等比例实物模型，对模型的精度、材质、强度有相应的要求。医生可在定制的模型上设计手术方案、练习手术操作，也可根据需要将模型应用于手术观摩、比对。此类模型主要用于术前诊断、术前规划设计、内置物预调整、手术方案验证、术中辅助定位及术中确定手术方案，以辅助手术医生优化实施决策和方案，提高手术的精准性与安全性，降低手术风险。

打印医疗模型也可用在制作教学演示模型上，主要应用于非手术环境下，打印出患病部位以展示解剖结构的实体形态为主。教学演示模型主要用于视觉观察，作为人体结构的样品进行立体展示，可详细地显示复杂的解剖结构、伤情和病变形态，直观地显示病变与邻近解剖结构之间的空间关系，为临床医生、医学生提供其所熟悉或需要的观察角度。此类模型多用于医疗教学、辅助疾病诊断，也可用于向患者展示伤情或病情，利于医患沟通等。

教学演示模型与手术辅助模型这两类模型在应用环境上虽略有区别，但其在设计、制备、应用环节的基本流程是一致的，可分为临床需求、数据获取、模型设计、模型打印及模型应用 5 个环节。作为临床应用的特殊产品，需要对这 5 个环节进行相应的质量控制，以确保使用 FDM 增材制造技术制作的医疗模型的生物安全性与临床应用效果（见图 2-23）。

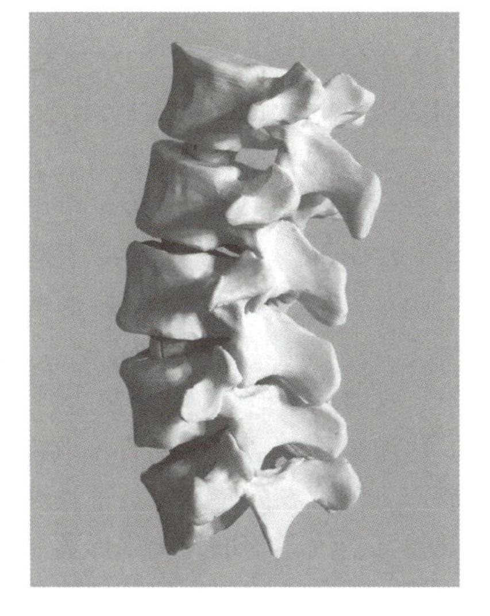

图 2-23　3D 打印教学演示模型

以 3D 打印骨科模型的应用为例。临床医生或相关人员依据实际需要，将复杂的临床问题简化、提炼，提出明确、合理的制备模型需求，结合 FDM 增材制造技术的特性，综合考虑选择 3D 打印骨科模型主要拟解决的实际问题。

3D 打印骨科模型的原始数据主要通过非接触式的电子计算机断层扫描（CT）和磁共振成像（MRI）来获取。在进行 CT 和 MRI 数据采集时，需要根据不同组织和特定需求选择合适的扫描方式和参数。对体表数据的采集，可以采用表面扫描等方法。获取到的数据可以使用专业软件进行处理，根据临床需求划分感兴趣的区域，进行三维重建，并设计出理想的三维模型。同时，在进行模型设计时需要考虑后续采用的 3D 打印方式。

将设计完成的三维模型数据转换为 FDM 3D 打印机可识别的文件格式，根据临床需求选择合适的 3D 打印方式、材料和参数，完成模型的制备。根据不同的临床使用目的，可能需要对模型进行适当的后处理，如去除支撑结构、进行表面光滑处理等。

根据不同的需求，3D 打印骨科模型可以应用于教学演示或手术辅助等领域。术中使用的模型需要根据材料类型确定相应的消毒方式。

通过以上步骤，可以利用 FDM 增材制造技术获取骨科模型的原始数据，并根据临床需求制作出具有实际应用价值的模型，为医生在教学和手术规划等方面提供支持。

（2）运用 3D 打印制造康复器械　《国务院关于加快发展康复辅助器具产业的若干意见》（以下简称“意见”）强调了进行康复辅助器具领域创新的重要性，并提出了促进制造体系升级的任务。“意见”指出：实施康复辅助器具产业智能制造工程，开展智能工厂和数字化车间建设示范，促进工业互联网、云计算、大数据在研发设计、生产制造、经营管理、销售服务等全流程、全产业链的综合集成应用，加快增材制造、工业机器人、智能物流等技术装备的应用，推动形成基于消费需求动态感知的研发、制造和产业组织方式。“意见”中提出的增材制造（增材制造技术），在促进康复辅助器具设计创新、提高定制化水平等方面起到了重要作用。根据市场研究，增材制造技术在矫形器与假肢、个人移动辅助器具、沟通和信息辅助器具、个人医疗辅助器具等康复辅助器具的细分领域均有所应用。

3D 打印为矫正鞋垫、仿生手、助听器等康复器械产生的真正价值不单单是完成精准的定制化，更关键反映在让数字化制造技术替代手工制作方式的精准、高效。以助听器为例，若采用传统工艺制作，技师必须根据患者的耳道模型做出注射模具，随后对模具进行钻音孔等后处理。而使用 3D 打印机制作助听器，只需将扫描的 CAD 文件转成 3D 打印机可读取的设计文件，然后打印出来即可。

在 3D 打印制造的康复器械中，矫形器占据了很大的比重（见图 2-24）。矫形器是一种体外装置，基于人体生物力学原理，用于保护人体四肢或躯干的稳定性，预防和矫正肢体畸形，治疗骨关节、神经和肌肉疾病，帮助并促进功能代偿。现代康复医学将矫形器技术视为与物理治疗、作业治疗、语言治疗同等重要的四大康复治疗技术之一。矫形器广泛应用于手术后期康复治疗，特别适用于患有脑卒中、脑外伤、骨肿瘤等疾病的患者。

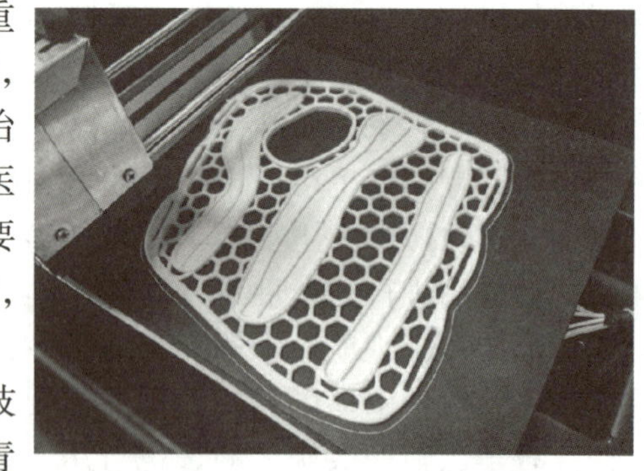

图 2-24　3D 打印康复矫形器

矫形器按照不同产品类型，主要可以分为上肢矫形器、下肢矫形器和脊柱矫形器。青少年更多选择的是脊柱矫形器，因为青少年脊柱侧弯在各种脊柱畸形中最为多见，尤其是特发性脊柱侧弯。老年人往往会选择下肢矫形器，因为人到老龄阶段更容易得骨性关节炎，尤其是膝关节骨性关节炎更为普遍。同时手术后康复治疗的特殊人群，对矫形器也有很大的需求，这有助于他们更快康复。

传统矫形器通常采用石膏取模、修整、热塑板黏附、裁剪、打磨和安装内衬扎带等工艺制作。但传统制作方法存在效率低、舒适性和经济性差、环境污染等问题。此外，佩戴者可能会有皮肤溃烂、压疮等并发症。为了解决传统矫形器制作过程中的问题，可以采用结合“三维扫描 + 数字化设计 + 3D 打印”的方式。这种方式可以快速解决传统定制型康复辅具制作工艺复杂的问题，并且不受传统产品形状和特征的限制。使用增材制造技术可设计和制造具有更高功能、更复杂和更美观的矫形器它不但具有更好的贴合性和更快的交付时间，而且可通过设计、优化来提高患者的使用体验和康复效果（见图 2-25）。

目前常用于制造矫形器的增材制造技术包括熔融沉积成形（FDM）、选择性激光烧结（SLS）和立体光固化成形（SLA）。而这些打印技术所用的材料也并不相同，FDM 技术常使用的材料是 PLA、ABS、PC 等，SLS 技术常使用的是尼龙（PA12），而 SLA 技术使用的是光敏树脂。材料的特性不同，使用的场景也有区别，考虑到成本等因素，目前通过 FDM 增材制造技术 3D 打印制作的矫形器应用最广。

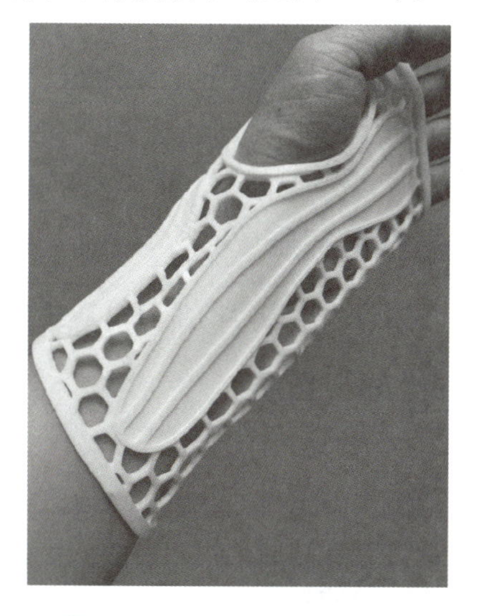

图 2-25　穿戴 3D 打印矫形器

### 4. FDM 增材制造技术在工装夹具领域的应用

夹具是指机械制造过程中用来固定加工对象，使其占有正确的位置，以接受加工或检测的装置。广义上讲，在工艺过程中的任何工序，用来迅速、方便、安全地安装工件的装置，都可称为夹具，如焊接夹具、检验夹具、装配夹具、机床夹具等，其中机床夹具最为常见，简称夹具。在机床上加工工件时，为使工件的表面能达到图样规定的尺寸、几何形状，以及与其他表面的相互位置精度等技术要求，加工前必须将工件装好（定位）、夹牢（夹紧）。

在加工或装配过程中，夹具的作用是固定、支撑和定位工件（但不引导刀具）。夹具通常连接到机器上，每个夹具必须适合特定的零件或形状。传统的制造方法需要工装夹具进行数控加工或手工焊接和组装，这个过程可能需要几天，如果外包，最长可能需要几周，因而使用传统制造方法会导致交付周期延长和生产成本增加，后续二次使用的概率也比较低。而 FDM 增材制造技术使得工装夹具的加工方式发生了很大的改变，3D 打印特别适合小批量、复杂产品的夹具制造，而且可以与前端的夹具采用 CAD 设计工具无缝衔接，实现无模化制造，具体来说有以下几个优点：

（1）交付周期短　3D 打印的一个关键优势是夹具的加工速度相较于传统加工制造速度快，3D 打印只需制作三维模型，夹具一般在几小时内就可打印出来，不过这也根据部件的形状和尺寸而定。例如，大众汽车欧洲工厂曾表示通过 3D 打印工装夹具节省了 89% 的时间，意味着在短时间内设计方案可以多次迭代，从而促进加快产品开发进程，同时也意味着工程师们可以灵活、快速地将设计变更整合到生产流程中。

（2）成本低　随着材料与国产设备的发展，除了节省时间，FDM 3D 打印相较之前打印制作成本已经大幅度下降，也满足制造商对成本的期望。FDM 3D 打印可以实现按需制造，所需夹具可以在需要时生产，这也给生产制造商提出了降低库存成本的一个新方案。再加上 FDM 增材制造技术本身是一种增材制造的加工方式，不是传统意义上的减材加工，生产制造商可以轻松地将材料浪费降至最低，从而降低材料成本。采用 FDM 3D 打印的耗材和设备成本都很较低，即使是夹具因改型导致的报废，也不会给整个制造流程增加过多负担。

（3）定制化和轻量化　由于工装夹具需要生产车间的工人进行搬运，因此制造易于搬运的轻质零件成为制造需求之一。随着 FDM 增材制造技术与轻量化设计软件的发展，3D 打印与轻量化设计相结合已经成为趋势。

先进工业解决方案提供商 ECKHART，面对装配环境恶劣、重复且繁重的任务，设计生产更符合人体工程学的工具，是他们选择 FDM 3D 打印工艺的主要原因之一。该公司通过整合最终用户反馈，不断改进 3D 打印的工具，使装配线上工人的任务变得更轻、更安全，更可重复且准确。例如，对于一个装配工人，每 45s 就要在一辆进入车站的新车上安装一个刮水器。为此，该公司与 3D 打印服务商合作开发了一款 3D 打印夹具，该夹具定位在刮水器电动机体之外，通过将工具吸到车辆风窗玻璃上，由新夹具生产的产品不但减轻了工人的劳动量，还大幅度降低了下游工作的返工和质量问题。

（4）材料选择多样化　3D 打印部件的强度和柔韧性由 3D 打印机、打印类型、材料和设计决定。

与传统加工相比，FDM 增材制造技术的另一个优势就是，仅使用一台 3D 打印机，就可以完成对硬质材料和软质材料的打印加工。

随着增材制造行业的发展，FDM 增材制造技术有多种材料可供选择，更多具备优异性能的复合材料的应用逐渐变得成熟，如紫外线稳定性较高的 ABS 材料、柔性的 TPU 材料、耐高温的 PC 材料、兼具耐高温和耐蚀性的 PPEK 材料等。工装夹具引入增材制造技术，将会使越来越多的企业受益。

## 任务实施

通过前面内容的学习，掌握 FDM 增材制造技术的应用领域。

## 知识拓展

### 天然聚合物材料

除了医疗模型和康复器械，3D 打印在医疗领域还有很多应用方向。例如，组织工程和再生医学中，采用具有良好的生物相容性、生物降解性的天然聚合物材料，应用于生物体内，可避免免疫原性反应。其中，比较有代表性的天然聚合物有壳聚糖、聚乳酸和透明质酸。

**1. 壳聚糖**

壳聚糖是一种天然聚合物，具有良好的生物降解性、生物相容性和可再生性。壳聚糖链上的氨基质子化后具有可溶性，可溶性的壳聚糖应用比较广泛，如制备 TE 支架、生物传感器和药物输送等。

在以往的研究中，已经证实炎症反应在组织修复中十分关键，恶性的炎症反应可能导致人体对植入物产生免疫排斥反应。因此，在选择植入物时，需要将可能的炎症反应考虑在内。研究人员通过增材制造技术制造出一种壳聚糖支架，来探究人体单核细胞、巨噬细胞在支架上的炎症反应。实验结果显示，壳聚糖支架具有更大的孔隙结构，可显著地促进促炎症细胞因子的分泌，进而抑制一些可能的炎症反应；在制造植入物支架时，选择具有适合的表面特性和几何形状的生物材料是至关重要的。

壳聚糖本身优异的生物学性质，使其不仅可用于制备植入物支架，还可作为抗菌剂对其他支架进行表面改性处理，以避免可能的炎症反应。研究人员在聚乳酸中掺杂壳聚糖制得了可用于 FDM 3D 打印的抗菌长丝，通过与不含壳聚糖的支架进行对比分析发现，支架引入壳聚糖后，壳聚糖对金黄色葡萄球菌和大肠杆菌的抗菌活性均十分显著。因此，利用壳聚糖对 3D 打印支架进行表面改性将是一种有效的抑菌手段。基于壳聚糖良好的生物特性和优异的抗菌性能，其被植入人体后可避免可能的炎症反应，但壳聚糖支架的力学强度并不理想，因而需要探索壳聚糖与其他物质复合制备组织工程支架的方法，以期满足更多的医疗需求。

**2. 聚乳酸**

聚乳酸（PLA）作为一种天然聚合物，具有优良的力学性能、可降解性和生物相容性，在医疗领域中可以应用于组织工程、药物输送和伤口愈合方面。PLA 可通过水解降解，无须酶催化，且降解产物乳酸是人体代谢循环中存在的物质，使得 PLA 成为 3D 生物打印领域极具潜力的原料之一。

通过控制 PLA 支架的结构和可控孔隙形状等相关参数，可制备出符合性能要求的骨科植入物。研究人员利用增材制造技术设计并制造了具有不同孔径的微孔 PLA 支架，使用原代人成骨细胞比较支架上细胞生长、活性和骨样组织形成情况，通过实际试验发现，成骨细胞的增殖、代谢活性和骨基质蛋白质的产生情况均良好，表明 PLA 支架本身也能作为骨替代物来修复大段骨缺损，可定制 PLA 骨螺栓推入骨缺损处，从而允许骨髓干细胞渗透、黏附、增殖并形成新骨。

PLA 因具有优异的可生物降解吸收性能而备受关注，但是其与细胞的亲和性较低，是限制其在组织工程中应用的主要因素之一。因此需要寻找合适的改性方法，改善 PLA 表面的亲水性，使其成为一种理想的组织工程材料。

**3. 透明质酸**

透明质酸（HA）是一种广泛存在于结缔组织、上皮组织和神经组织中的天然糖胺聚糖，因其具有天然黏弹性、生物降解性和生物相容性，被认为是一种理想的骨组织工程支架材料。

研究人员以基于甲基丙烯酸化透明质酸（HAMA）的生物墨水（Bioink）为原料，利用立体光固化成形技术制备了软骨细胞密度不同的软骨模型。研究显示，软骨分化模式受细胞密度的影响，高细胞密度可增强软骨典型的带状分割，形成细胞外基质（ECM）的软骨细胞主要分布在表面区域，但在靠近载体膜的更深区域中也有少量分布。使用透明质酸打印的体外软骨模型可用于关节软骨缺损的治疗。

尽管3D打印在医学领域，对HA的探索起步比较晚，但是HA相关产品的发展十分迅速。HA参与伤口自愈合过程的特性，赋予了相关支架潜在的抑菌能力。此外，通过交联反应，与其他物质复合可进一步改善其性能，进而拓宽其应用范围。

## 任务评价

应用FDM增材制造技术任务学习评价表见表2-11。

**表2-11 应用FDM增材制造技术任务学习评价表**

| 序号 | 评价目标 | 评价标准 | 配分 | 自我评价 | 小组评价 | 教师评价 | 备注 |
|---|---|---|---|---|---|---|---|
| 1 | 掌握FDM增材制造技术的应用领域 | 能够表述出FDM 3D打印机的应用领域 | 15 | | | | |
| 2 | 了解FDM增材制造技术在工业设计领域的应用 | 能够阐述FDM 3D打印机在工业设计领域的应用方向 | 20 | | | | |
| 3 | 了解FDM增材制造技术在服装领域的应用 | 能够简述FDM 3D打印机在服装领域的应用方向 | 20 | | | | |
| 4 | 了解FDM增材制造技术在医疗领域的应用 | 能够简述FDM 3D打印机在医疗领域的应用方向 | 20 | | | | |
| 5 | 了解FDM增材制造技术在工装夹具领域的应用 | 能够简述FDM 3D打印机在工装夹具领域的应用方向 | 20 | | | | |
| 6 | 思考本节课所涉及应用领域的特点，并与其他组员交流 | 除了本节课介绍的应用领域，介绍你所知道的FDM增材制造技术在其他领域的应用 | 5 | | | | |
| 合计 | | | 100 | | | | |

# 项目3 LCD 3D打印机的装调与应用

## 项目简介

在众多的增材制造技术中，光固化增材制造技术是最早被发明的。它所使用的材料是对紫外光敏感的液态光敏树脂。光敏树脂是由聚合物单体、预聚体和光引发剂组成的，在一定波长的紫外光照射下，会发生聚合反应，使得液态树脂固化。光固化增材制造技术因为所使用的元器件不同，又被分为采用激光点扫描固化的立体光刻（SLA）技术和使用面光源进行固化的数字光处理（DLP）技术。

本项目中所提到的LCD 3D打印机，严格来讲是DLP 3D打印机中的一个分支。LCD光固化增材制造技术是将DLP中使用光源方案的投影仪更换成LCD液晶屏，其他部件基本一致。其成形原理是将405nm的紫外光照射在LCD液晶屏上，LCD液晶屏会显示计算机中规划的单层黑白图案，白色图案为允许光通过，黑色部分为不允许光通过。LCD液晶屏通过对每层固化形状的限制进行逐层光固化，从而代替DLP技术中价格昂贵的投影仪方案。因此，LCD 3D打印机结构更简单，所需要用到的零部件造价相对低廉。将LCD 3D打印机作为学习和认知光固化设备的案例，是目前最合适的选择。

通过掌握LCD 3D打印机的组装调试方法，一方面可以在熟悉内部结构的同时，了解各部件之间的关系，为之后掌握其他类型光固化增材制造技术提供基础；另一方面，在遇到设备故障时，也更容易判断出故障的具体位置，从而进行有针对性的调试。

## 项目框架

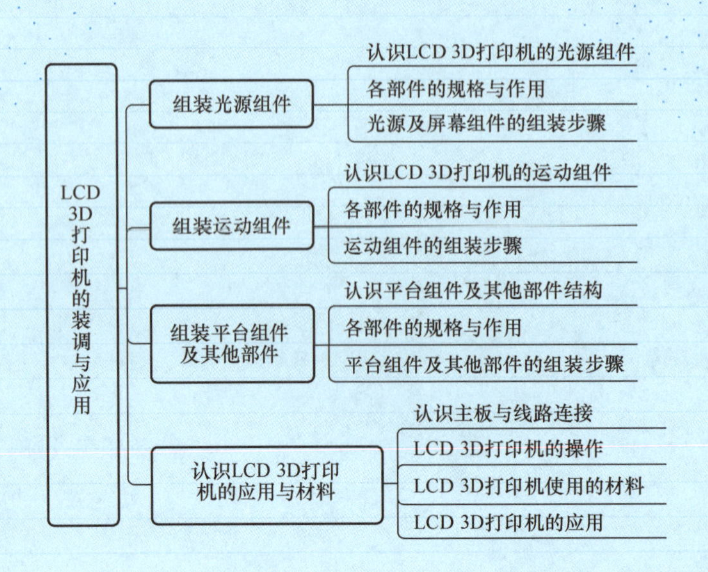

## 素养育人

### 1. 什么是沟通和人际交往能力

沟通能力是指个体与他人有效地交流、传达信息、分享思想和理解他人意图的能力。它涵盖了口头、书面和非语言的交流方式，包括语言选择、语调、肢体语言和表情等。沟通能力还包括倾听能力，即积极倾听他人的观点、意见和反馈，并能理解、解释和回应。

人际交往能力是指个体与他人建立和维护关系、处理冲突和解决问题的能力，涉及与他人的互动与合作。人际交往能力包括情绪智力，即识别、理解和管理自己和他人的情绪；合作能力，即在团队中积极参与、共享和协作的行为；冲突解决能力，即能够处理和解决冲突，保持良好的人际关系。

### 2. 为什么要提高沟通和人际交往能力

良好的沟通和人际交往能力对于建立良好的工作关系非常重要。通过有效沟通，可以促进信息流动，减少误解和误导，提高工作效率和质量。良好的人际交往能力能增进彼此之间的理解和信任，培养合作能力和凝聚力，形成良好的团队合作和工作氛围。此外，优秀的沟通和人际交往能力还有助于解决问题和冲突，帮助人们更好地理解问题和分析各方的立场，进而达成共识和寻求解决方案。良好的人际关系还能提高个人影响力和职业竞争力，增加个人说服力，为个人提供更多的机会、资源和支持，促进个人职业发展。因此，不断提升沟通和人际交往能力对于个人的职业发展至关重要。

### 3. 怎样提高沟通和人际交往能力

1）通过学习和实践，提高沟通和人际交往能力。积极提高沟通和人际交往能力的基本原则和技巧，可以通过阅读相关书籍、参加相关课程或讲座来提升自己的知识水平。然后，将所学应用于实践中，参与各种社交场合和活动，与不同的人进行交流和互动。

2）通过观察和借鉴，提高沟通和人际交往能力。观察那些擅长沟通和人际交往的人，借鉴他们的方法和技巧。注意他们的表达方式、谈吐和姿态，学习他们如何与他人建立联系和有效沟通。将从他人身上学到的运用到自己的实践中。

3）通过多练习倾听，提高沟通和人际交往能力。倾听是沟通的重要一环，在倾听过程中尽量保持专注和开放的心态，认真倾听对方的观点和意见，不要急于打断或表达自己的观点，能提出问题并做出回应，展示出自己真正关注和理解对方的态度。

4）注意非语言沟通对人际交往的影响。在与他人交流时，通过眼神和微笑等合适的非语言信号来传达自己的意图和情感。同时，也要观察和解读他人的非语言信号，以更好地理解他们的意思。

5）通过自我反思与改进，提高沟通和人际交往能力。经常反思自己的沟通和人际交往的表现，思考自己的长处和不足之处，查明自己可能存在的沟通障碍和问题，并试图改进。可以请身边的朋友、同事或导师提供反馈，并根据反馈进行调整和提高。

6）通过接受挑战和主动参与，提高沟通和人际交往能力。参加一些挑战性的活动或项目，如演讲比赛、团队项目或志愿者工作，锻炼自己的沟通和人际交往能力，提高自信心和适应能力。与不同的人合作，接触不同的情况和解决各种问题，从中学习和成长。

# 任务1　组装光源组件

## 任务目标

1. 认识LCD 3D打印机的光源组件。
2. 了解各部件的规格与作用。
3. 掌握光源组件的组装方法。

##  任务引入

LCD 3D打印机主要是由光源组件、运动组件、平台组件及其他部件组成。其中，光源组件主要是为了提供固化用的紫外光。因为光源组件在运行过程中会产生大量的热量，所以为了保证其可以长时间工作，就需要在光源组件旁安装风扇散热。在使用LCD 3D打印机进行模型打印时，如果散热出现问题，就有可能导致光源组件被烧毁。同时，光源组件经过长时间使用后，本身也容易出现老化的问题，影响最终的打印结果。但具体是由于哪个部件导致的打印失败，还需要对设备结构、运行方式等各个方面有充分了解才能进一步判断。

##  知识与技巧

### 1. 认识LCD 3D打印机的光源组件

在LCD 3D打印机的工作过程中，大功率的光源组件会向LCD屏上照射405nm的紫外光，通过LCD屏上显示的图案规划出每层固化的形状，再通过逐层的抬升完成整体模型的打印。光源组件主要由光源透镜、连接板、小基准平台、风扇托架、风扇组成，为了方便后面的安装，还需要提前在小基准平台上预装好联轴器、Z轴电动机。

光源组件作为起到固化作用的主要部件，有多种不同的设计方案。传统的光源组件采用的是点光源的模式，由于点光源的衰减原因，越靠近灯光中心的位置，模型固化效率就越高，呈现效果越好；越靠近边缘处，固化效率越低，甚至无法完成固化。为了解决这一问题，就需要用到菲涅耳透镜。

菲涅耳透镜是由法国物理学家奥古斯汀·菲涅耳（Augustin Fresnel）发明的，透镜连续表面部分“坍陷”到一个平面上。从侧面观察，菲涅耳透镜的表面由一系列呈锯齿状的凹槽组成，其中心部分是一个椭圆形的弧线。每个凹槽的角度与相邻凹槽不同，但它们都能将光线集中于一个中心焦点，即透镜的焦点。每个凹槽可以视为独立的小透镜，用于调整光线成为平行光或聚光。此种透镜还能减少部分球面像差的影响。

通过菲涅耳透镜将底部发散的紫外光转换为平行光，只有这种平行的光线向上继续投射到料槽的底部树脂上时，才能保证所打印的模型在整个料槽范围内都是平均成形的，不会在打印时出现中间实、四周虚的情况。

为了解决光线分散的问题，光源组件还有另外一种解决方案，即将发射的紫外光变成由大量LED灯珠组成的面光源，这种光源可以保证灯光的平行，向上投射时，光不会向四周发散，可以尽量保证边缘处与中心位置的固化效果没有明显的变化。

在未打印时，已经复位的平台和离型膜是贴合在一起的，设备开始运行后，打印平台向上抬升一层的高度。这时，树脂填充在平台与离型膜之间，紫外光就会固化这部分树脂，这一层被固化完成后，平台向上抬升，将粘在离型膜上的这部分树脂拉扯下来，再抬升一层的高度，继续完成下一层的固化，通过一次次地抬升、拉扯，整个模型就被打印出来了。在这个过程中，有两个关键部分值得注意，一个是离型膜必须达到一定的透明度，这样才能保证紫外光可以透过；二是打印平台和离型膜两者之间被固化的模型，需要平台向上拉扯才能将它从离型膜上拉扯掉，在这个动作中，还需要离型膜有较好的质量，能承受成千上万次拉力。

LCD 3D打印机完成模型打印的过程是：紫外光穿过LCD屏对光敏树脂进行固化，屏幕依据模型的轮廓形状对每一层进行透光与不透光的区分，逐层固化叠加，最后形成模型。

### 2. 各部件的规格与作用

1）光源透镜（见图3-1）。它是用于发射紫外光的面光源，因为在灯珠阵的上方增加了一个复合透镜，故称为光源透镜。增加复合透镜的目的是进一步将发射出的紫外光平均化，尽可能地保证整个固化平面的固化强度是统一的。

2）连接板（见图3-2）。连接板是位于光源透镜左右两侧的固定夹板，因为光源透镜上本身没有用

于安装的螺纹孔，所以需要连接板辅助将光源透镜安装至小基准平台上。连接板分左、右部分，左侧连接板设有电源线孔，在安装前需要提前判别方向。

图 3-1　光源透镜

3）小基准平台（见图 3-3）。它是用于承载光源透镜、Z 轴电动机等零部件的转接平台，后续的步骤中需要将小基准平台安装至平台上。

4）风扇托架（见图 3-4）。它用于将风扇固定在光源透镜的背面。

5）风扇（见图 3-5）。光源透镜长时间使用时会产生大量的热量，风扇主要用于光源透镜的散热。

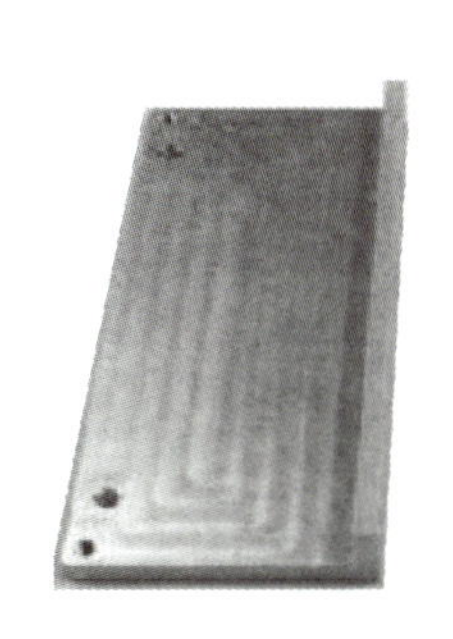
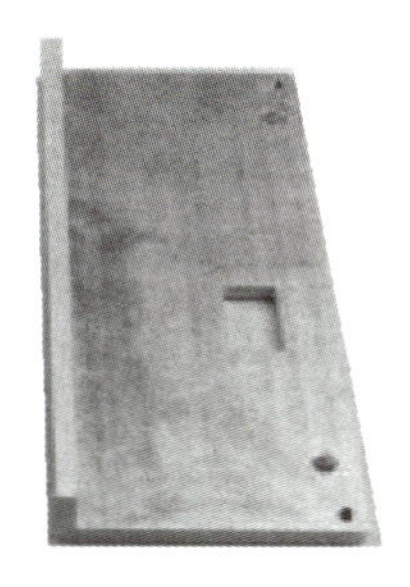

图 3-2　连接板

图 3-3　小基准平台

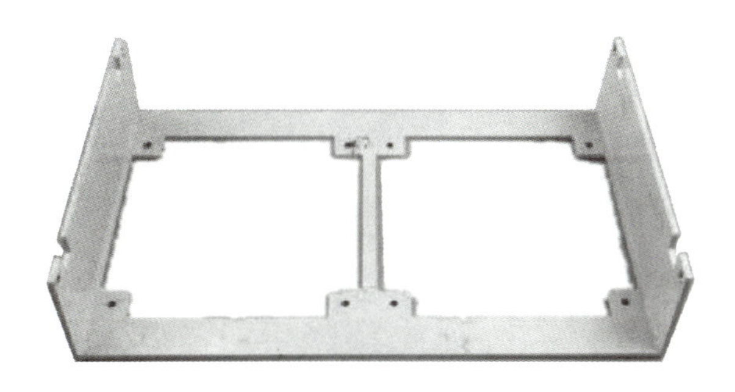

图 3-4　风扇托架

图 3-5　风扇

6）联轴器（见图 3-6）。联轴器是连接两轴或轴与回转件，在传递运动和动力过程中一同回转，在正常情况下不脱开的一种装置。这里联轴器的主要作用是将电动机轴转动的力传递给丝杠。

7）Z 轴电动机（见图 3-7）。它是步进电动机，主要是为了给打印平台在 Z 轴方向的移动提供动力。

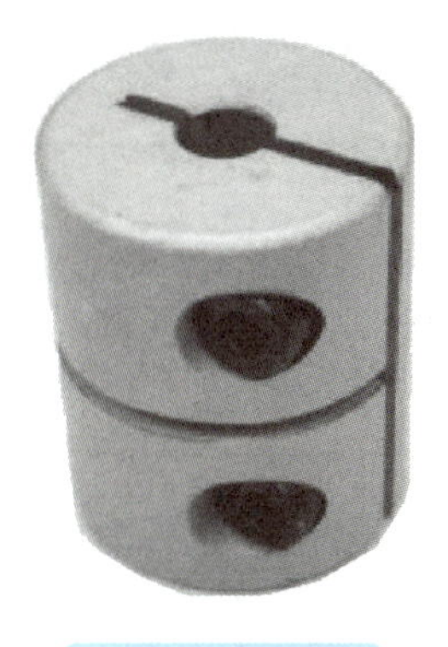

图 3-6　联轴器

图 3-7　Z 轴电动机

## 任务实施

光源及屏幕组件的组装步骤如下：

1）取出光源透镜和左侧连接板（已开电源线孔），首先将左侧连接板安装在光源透镜上，安装时对准光源透镜的电源线出口；然后使用 M4×10 内六角螺钉将左侧连接板、光源透镜固定（见图 3-8）。

2）采用同样方法安装右侧连接板（无电源线孔）（见图 3-9）。

3）组装完成后，将组装好的光源透镜和托架反扣安装在小基准平台上，并使用 M4×10 内六角螺钉固定（见图 3-10）。

光源及屏幕组件的组装方法动画

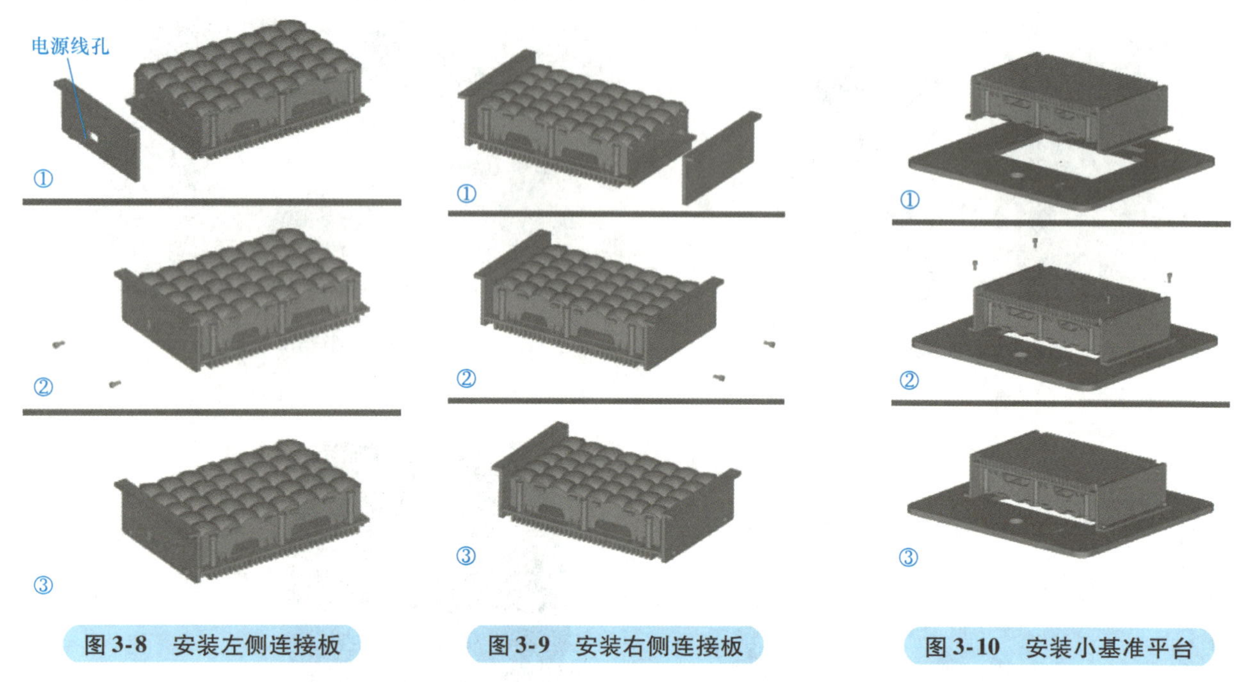


图 3-8　安装左侧连接板

图 3-9　安装右侧连接板

图 3-10　安装小基准平台

4）取出风扇托架和风扇，使用 M4×45 内六角螺钉将风扇固定在风扇托架上（见图 3-11）。

5）组装完成以后，将组装在一起的风扇托架倒扣，并将其安装至光源透镜的背面，安装时注意风扇电源线朝向小基准平台上开圆孔的方向；使用 M4×10 内六角螺钉将风扇托架与左、右侧连接板固定在一起，并拧紧所有螺钉（见图 3-12）。

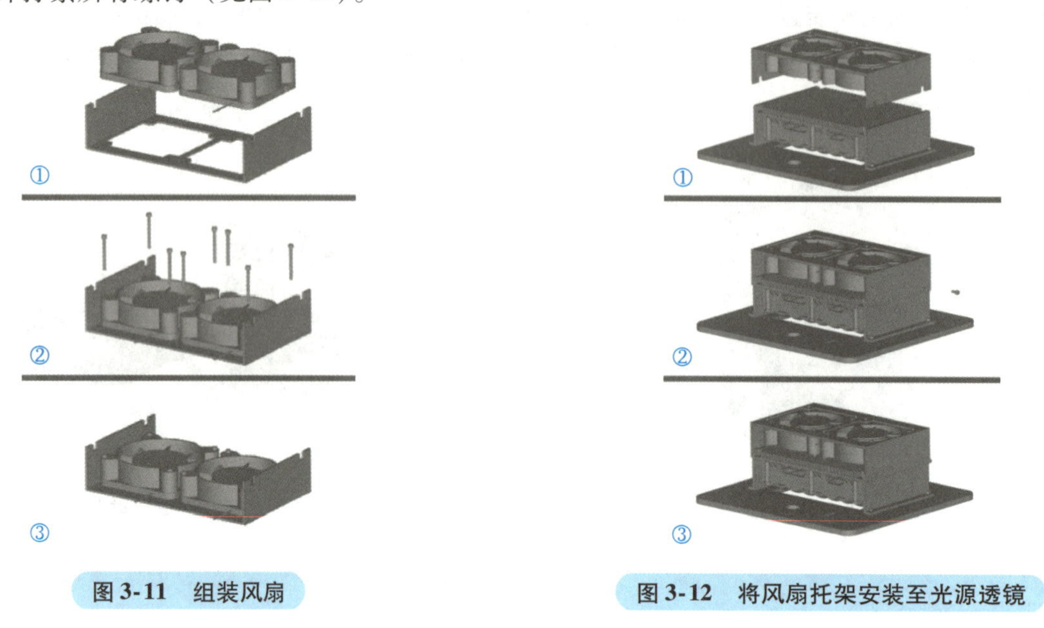


图 3-11　组装风扇

图 3-12　将风扇托架安装至光源透镜

6）将整个模组翻转，确保小基准平台位于整个模组的最上方（见图3-13）。

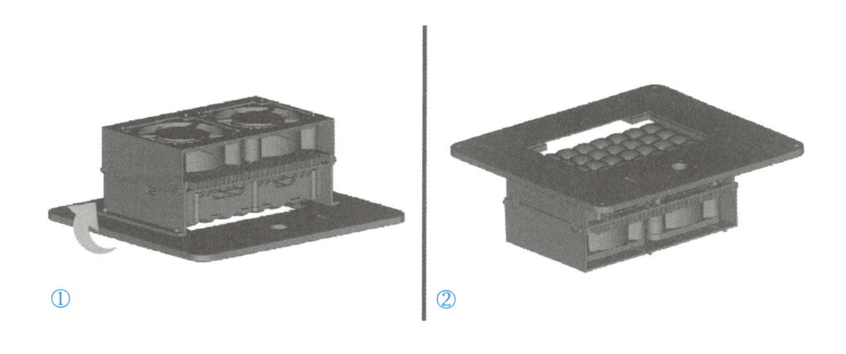

图3-13 翻转模组

7）将联轴器安装在Z轴电动机转轴上；使用六角扳手拧紧联轴器上的M3内六角螺钉，确保联轴器与电动机轴不会脱扣（见图3-14）。

8）将装好联轴器的Z轴电动机安装在小基准平台上，安装时确保电动机线朝外；使用M3×10内六角螺钉将Z轴电动机固定（见图3-15）。

9）将组装好的整个模组安装在大基准平台上，安装时注意避开电动机线，使用M4×12内六角螺钉将小基准平台固定在大基准平台上（见图3-16）。

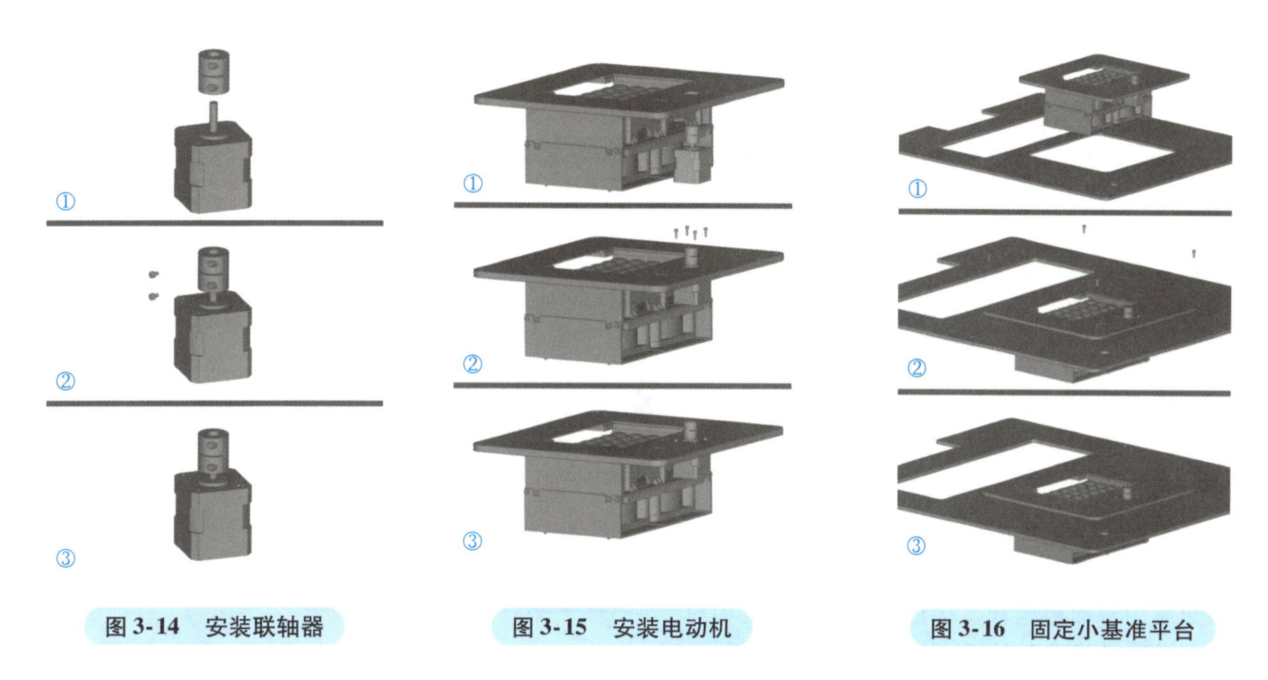

图3-14 安装联轴器　　图3-15 安装电动机　　图3-16 固定小基准平台

## 知识拓展

### 1. LCD光固化技术的历史

最早的光固化技术是立体光刻（SLA）技术，它利用了紫外光为光源，通过振镜控制激光在装满树脂材料的料槽上方进行扫描，扫过的地方就被固化了。随后，以面状光为光源的数字光处理（DLP）技术诞生，使用投影的技术将每层的图案投射在树脂上，效率更高。

LCD 3D打印机使用的技术属于DLP技术中的一种。DLP增材制造技术（见图3-17）的成形方式是直接面成形，相比于SLA激光扫描以点成线、以线成面、最后以面成体的打印方式，DLP技术效率远高于SLA技术，整体的加工速度都得到了很大的提升。但是DLP技术本身存在一个影响其应用的问题，

DLP 技术的光源主要使用投影仪，该组件价格非常昂贵，一台 DLP 3D 打印机售价至少十几万元人民币，而且售后维修和零部件更换价格高，所以使得 DLP 技术难以被广泛推广使用。

随着技术的不断发展，物料成本不断降低，出现了一种更适合中、小尺寸打印件的技术——LCD 光固化增材制造技术，该技术使用 LCD 屏来规划每层的图案。LCD 光固化技术从 2013 年开始研发，通过简单的硬件垂直组合，能够完成基本的制件任务，但是由于硬件的稳定性较差，导致在长时间打印之后，很难继续保证其打印质量。到 2014 年，在国外的众筹平台上形成第一个商业化的 LCD 3D 打印机项目，但是，该项目技术和硬件的成熟度都比较低，导致其除了第一台商用 LCD 3D 打印机这个标签外，还有了容易出故障、使用门槛高、易用性差的负面评价。它的出现主要作为一种概念将 LCD 光固化技术引领到了 3D 打印的舞台。

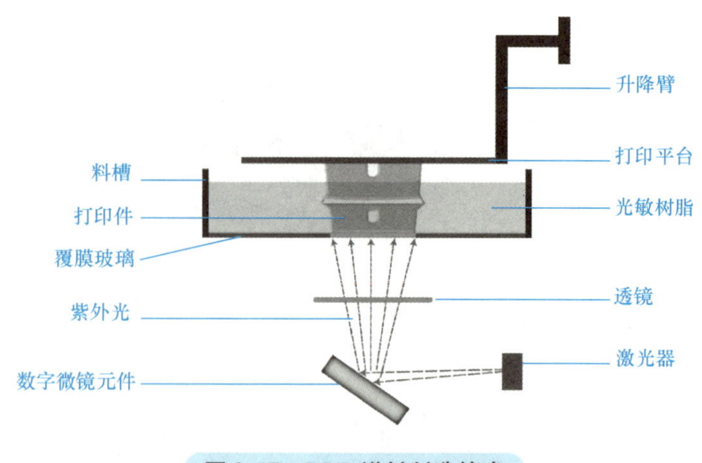


图 3-17 DLP 增材制造技术

但是 LCD 3D 打印机采用了以投影仪为光源的 DLP 技术，其中价格昂贵的投影仪光源方案由 LCD 液晶屏方案代替，大大降低了成本。

从 SLA 光固化增材制造技术，到 DLP 光固化增材制造技术，再到 LCD 光固化增材制造技术，每一种光固化增材制造技术的核心都是围绕光源问题给出不同的解决方案，LCD 光固化增材制造技术就是将 DLP 中使用光源方案的投影仪更换成 LCD 屏。LCD 屏成像原理是通过透镜过滤掉与光敏树脂不会发生反应的光波，最终剩余的 405nm 紫外光对液晶屏呈现的图片进行曝光成像，从而代替价格昂贵的投影仪方案。

### 2. LCD 光固化技术的现状

随着这些年软、硬件技术的不断发展，LCD 3D 打印机也有了质的飞跃。市面上采用 5.5in (1in = 25.4mm) 2K 屏幕的 LCD 3D 打印机已经普遍存在且技术成熟，这类设备有着价格便宜、成形精度高、屏幕使用寿命长、使用成本低等优点（见图 3-18）。

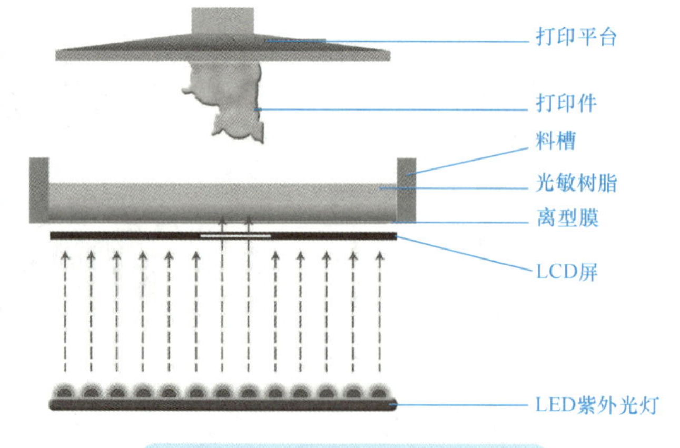


图 3-18 LCD 增材制造技术原理

不过，LCD 3D 打印机的问题也是显著存在的，作为重要部件的 LCD 屏依然只能作为耗材存在，即使使用寿命被延长了接近 1000h，但是相对其他技术类型的设备，这个时长还是远远不够的。同时，LCD 屏的尺寸决定了设备的成形尺寸，小尺寸的屏幕无法满足市面上的大部分打印需求。为了解决这一问题，众多企业将 LCD 屏作为突破口，2020 年市场上已出现采用 4K 分辨率屏幕的设备。同时，随着材料技术的进步，单层曝光时间已经可以压缩到 1s，大幅缩短了打印时间。有的设备甚至额外增加了远程控制功能，即使没有身处设备旁，也可以操控设备打印。

## 任务评价

组装光源组件任务学习评价表见表 3-1。

表 3-1　组装光源组件任务学习评价表

| 序号 | 评价目标 | 评价标准 | 配分 | 自我评价 | 小组评价 | 教师评价 | 备注 |
|---|---|---|---|---|---|---|---|
| 1 | 认识 LCD 3D 打印机的光源组件 | 各零部件名称的掌握情况 | 20 | | | | |
| 2 | 了解各部件的规格与作用 | 各部件作用的了解情况 | 30 | | | | |
| 3 | 掌握光源组件的组装方法 | 能否完成光源组件的组装 | 35 | | | | |
| 4 | 了解组装 LCD 3D 打印机的光源组件的操作规范 | 组装过程中是否存在损坏零部件的情况 | 10 | | | | |
| 5 | 掌握工、量具的使用规范 | 工、量具使用完后是否规范放置 | 5 | | | | |
| 合计 | | | 100 | | | | |

# 任务 2　组装运动组件

## 任务目标

1. 认识 LCD 3D 打印机的运动组件。
2. 了解各部件的规格与作用。
3. 掌握运动组件的组装方法。

## 任务引入

LCD 3D 打印机的运动组件，是主要负责 Z 轴动力传递的关键组件。在运动组件各部分零件的互相配合下，打印平台完成了向上、向下的运动。单纯从硬件来看，打印件的层高精度是由打印平台在 Z 轴方向上下位移决定的，也就是说该组件的装配、调试结果直接决定了 LCD 3D 打印机的打印效果。因此，全面了解运动组件的结构及组成可以帮助我们在遇到 Z 轴方向上下移动的相关问题时，以最快的速度找到问题零部件，并进行有针对性的调修。

## 知识与技巧

### 1. 认识 LCD 3D 打印机的运动组件

LCD 3D 打印机的运动组件主要是由滑轨、滑轨支架、滑轨支架底板、滑块、丝杠、丝杠固定座、消隙螺母、定位轴承固定板、定位轴承组成的。其中，丝杠负责将底部步进电动机的力传递到丝杠固定座上，为打印平台部分提供动力。不过，丝杠虽然可以提供上下移动的动力，却不能对打印平台起到固定作用。如果想保证打印平台可以平稳上下移动，则需要在丝杠旁安装两个滑轨，滑块与滑轨的组合可以保证打印平台移动的稳定性。

在本任务中，滑轨、滑块、丝杠固定座之间需要进行调试后，才能达到使用要求。如果未经调试，很容易出现因滑轨或者滑块之间不平行而导致的移动“卡死”问题。因此在进行该组件的组装时，特别是安装与滑轨相关的部分时，不需要将固定螺母拧紧，保证留有一定的余量即可。在组装过程中，需要经常移动滑轨上的滑块，感受其移动的阻力，一旦发现滑块移动阻力逐渐增大，则需要对前面步骤安装的部件螺母进行重新调整。

### 2. 各部件的规格与作用

1）滑轨（见图 3-19）。滑轨又称直线导轨、线性导轨、线性滑轨，主要用在高精度或高速直线往复运动的结构中，同时还可以承担一定的转矩，可在高负载的情况下实现高精度的直线运动。在该部分中，滑轨主要用于保证在电动机驱动丝杠的情况下，丝杠固定座等相关零部件不会因为上下的移动出现导向偏差的情况。

2）滑轨支架（见图3-20）。它主要用于承载滑轨，以及对整体结构进行支撑，是主要的结构件之一。

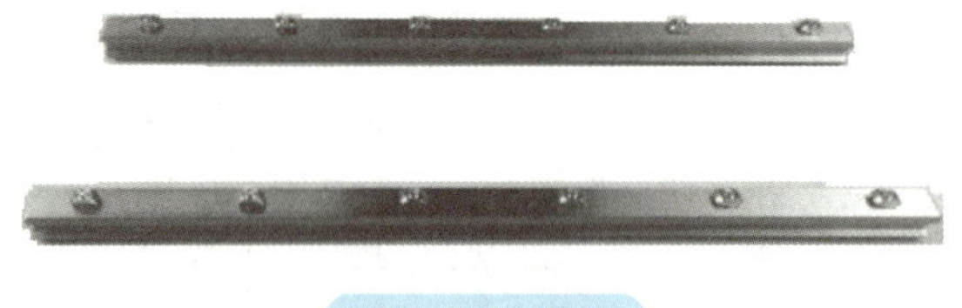

图3-19 滑轨

图3-20 滑轨支架

3）滑轨支架底板（见图3-21）。它是承载滑轨支架、滑块等零部件的重要结构。同时，因为设备结构的原因，滑轨支架底板也是为了方便整体装配而设计的转接结构。

4）滑块（见图3-22）。它主要应用于配合滑轨的滑动摩擦。在该组装步骤中，还具备辅助校准平台移动方向的作用。

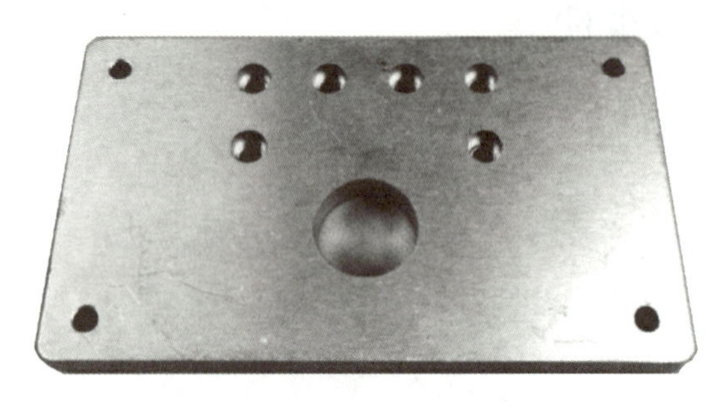

图3-21 滑轨支架底板

图3-22 滑块

5）丝杠（见图3-23）。它用于将电动机回转运动产生的力转化为直线运动并传递给打印平台，从而保证打印平台可以沿滑轨约束的方向进行往复运动。

图3-23 丝杠

6）丝杠固定座（见图3-24）。它是用于将丝杠、滑块等部件组合在一起的转接型固定座。

7）消隙螺母（见图3-25）。它的作用主要有两个：一是用于调整滚珠丝杠的间隙；二是在与滑轨、滑块等零部件配合形成的运动体系中，可以保证传动精度和轴向刚度。

8）定位轴承固定板（见图3-26）。它是用于安装定位轴承的固定板。

9）定位轴承（见图3-27）。它可防止丝杠在运动过程中晃动，对丝杠起到一定的限位作用。

图3-24 丝杠固定座

图3-25 消隙螺母

图3-26 定位轴承固定板

图3-27 定位轴承

## 任务实施

运动组件的组装步骤如下：

1）安装滑轨（见图3-28）。将滑轨安装到滑轨支架上；将滑轨背面的T形螺母调整方向后，从滑轨支架上方的凹槽滑入；使用六角扳手拧动滑轨上的固定螺母，将滑轨与滑轨支架固定在一起。需要注意的是，固定螺母不要拧得过紧，否则会影响后续滑轨平行度的调整。

运动组件的组装方法动画

2）安装滑轨支架底板（见图3-29）。该底板分为顶、底两面，底面的槽孔带有沉头螺钉卡槽。将顶面与滑轨支架组装到一起，使用M5×10内六角螺钉固定并拧紧。

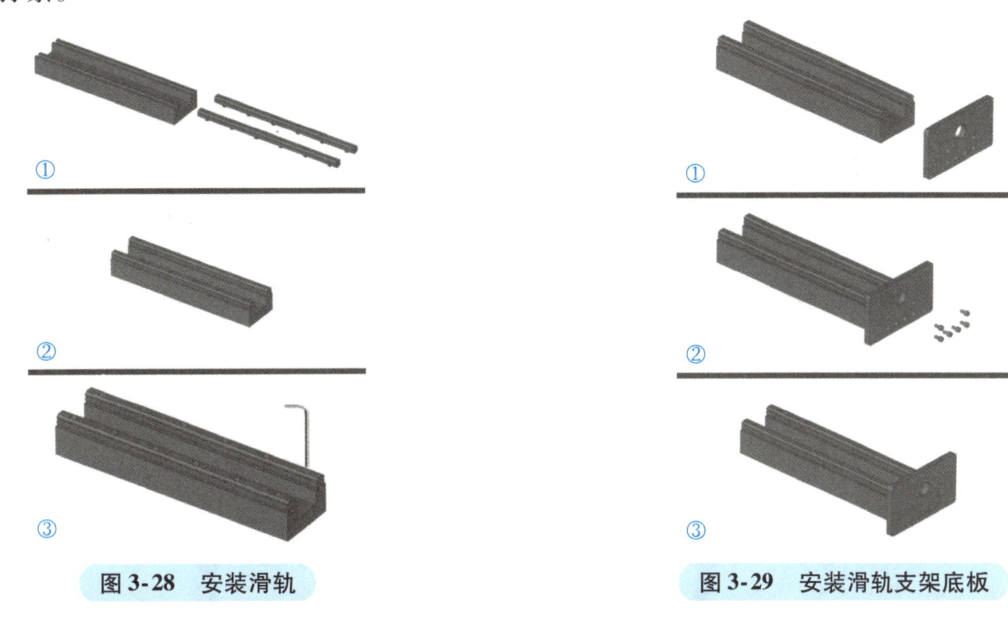

图3-28 安装滑轨　　图3-29 安装滑轨支架底板

3）将滑轨沿着滑轨支架向底板方向推动，使滑轨顶住滑轨支架底板（见图3-30）。

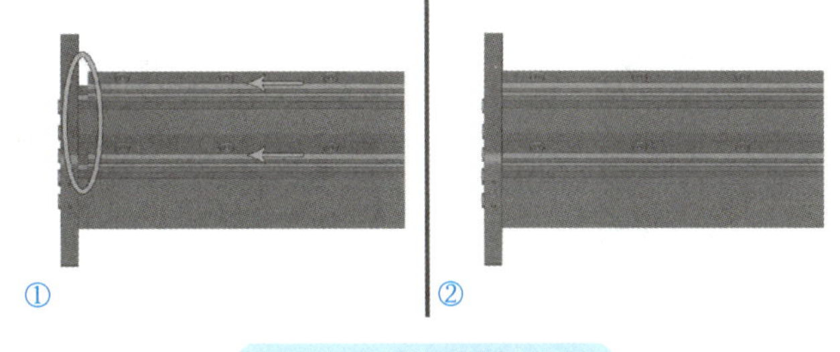

图3-30 校准滑轨位置

4）取出两个与滑轨匹配的滑块，将滑块从滑轨的上方滑入（见图3-31）。

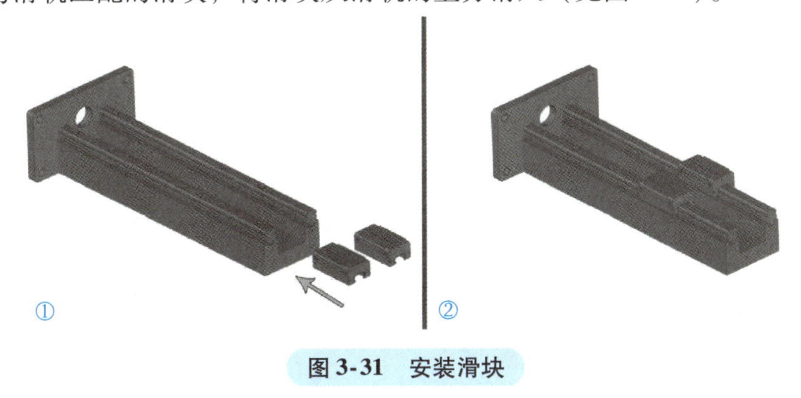

图3-31 安装滑块

5）将消隙螺母（A）安装在丝杠固定座上，并使用M3×10内六角螺钉固定（见图3-32）。

6）将消隙弹簧放入丝杠固定座底部的孔内；将消隙螺母（B）套入消隙弹簧内，并继续向内按压，使得消隙螺母（B）的止转结构插入丝杠固定座的凹槽内，并压紧到底部（见图3-33）。

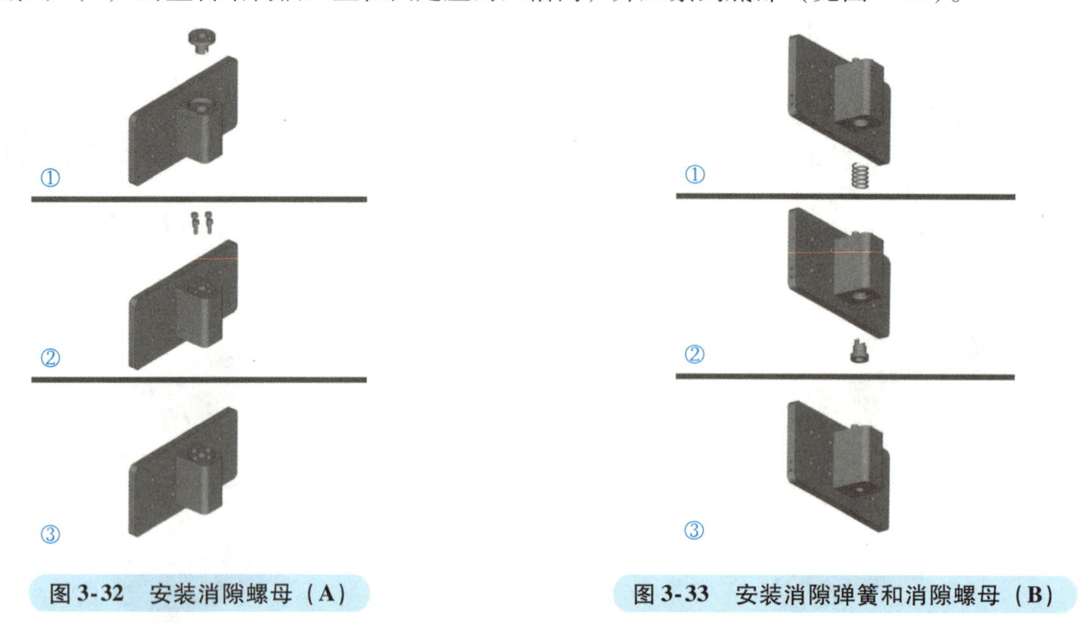


图3-32　安装消隙螺母（A）

图3-33　安装消隙弹簧和消隙螺母（B）

7）将丝杠从消隙螺母（A）的顶端旋进，在完全穿过消隙螺母（B）前，用手按压消隙螺母（B），使其保持不动；等丝杠穿过消隙螺母（B）后松手，再继续将丝杠旋进，使得丝杠超出消隙螺母10cm左右（见图3-34）。

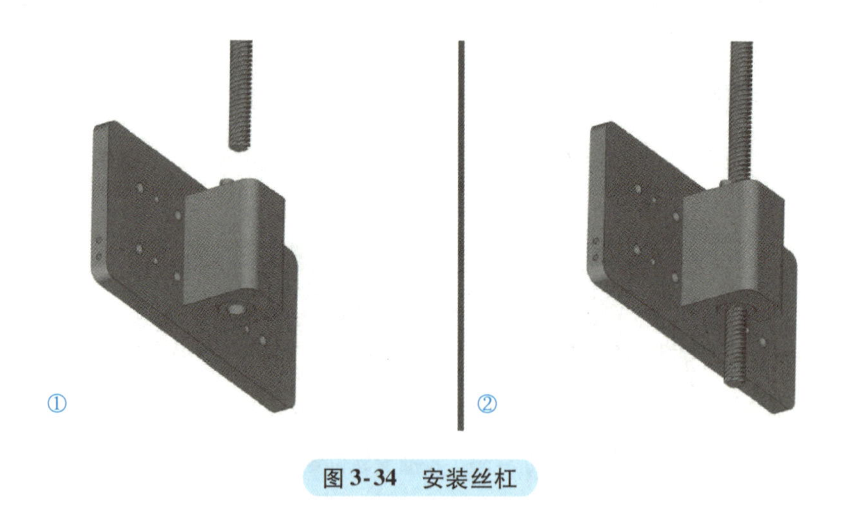


图3-34　安装丝杠

8）将两个滑块推动调整到大致平行的位置，取出丝杠固定座，并安装在两个滑块上；使用M4×10内六角螺钉固定丝杠固定座，并将螺钉全部拧紧（见图3-35）。

9）将整个部件安装到小基准平台上，并将丝杠插入联轴器；通过拧动丝杠将丝杠固定座移动至中间位置；使用六角扳手拧紧联轴器上的M3×10螺钉，将联轴器与丝杠固定在一起；使用M5×10内六角螺钉将滑轨支架底板与小基准平台固定在一起（见图3-36）。

10）使用M3×12内六角螺钉将定位轴承安装在定位轴承固定板上，螺钉先不要拧紧，以便后续工序的装调（见图3-37）。

11）将上一个工序组装好的模块放置在导轨支架的顶端，并确保丝杠穿入定位轴承中间的孔内；使用M5×10内六角螺钉将定位轴承固定座安装在导轨支架上（见图3-38）。

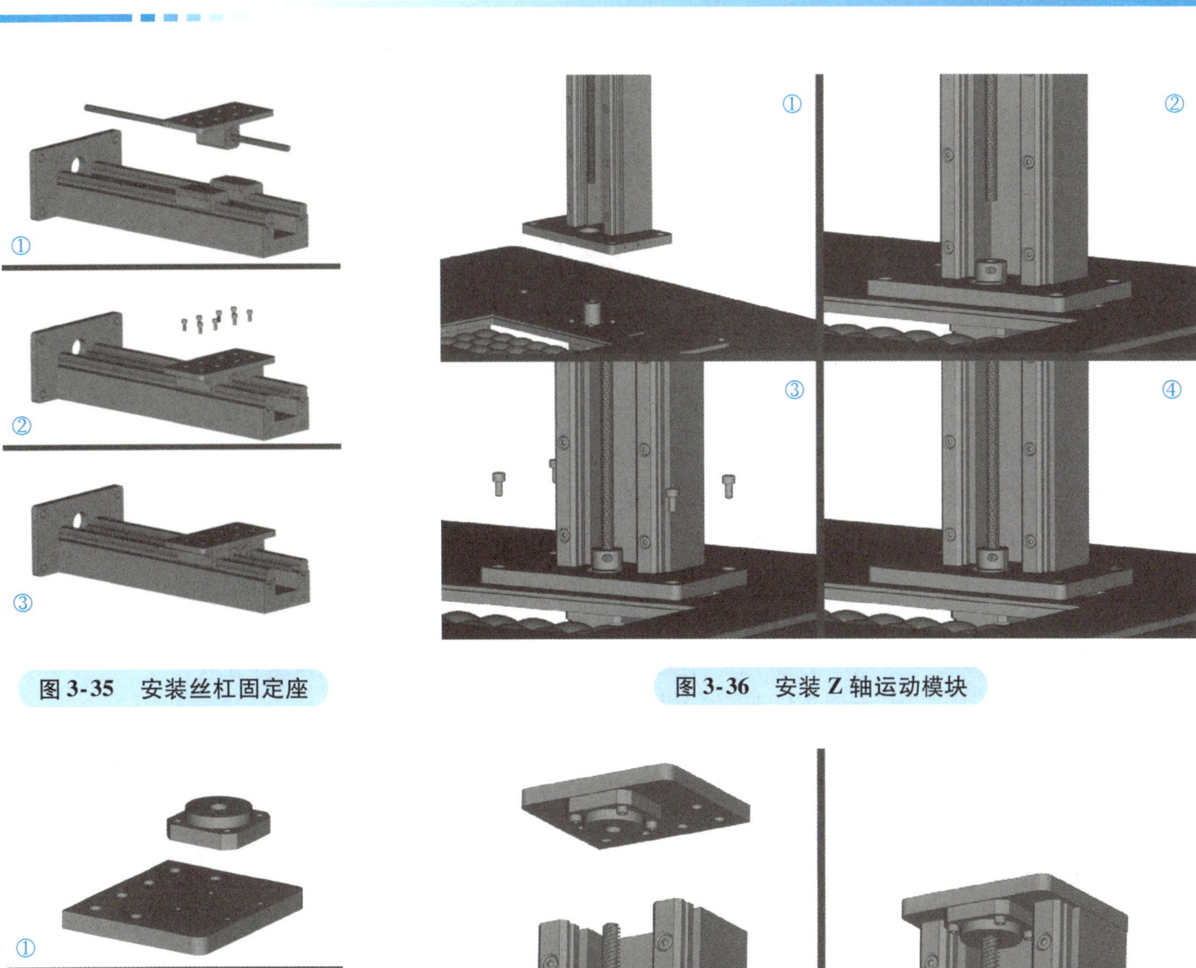


图 3-35　安装丝杠固定座

图 3-36　安装 Z 轴运动模块

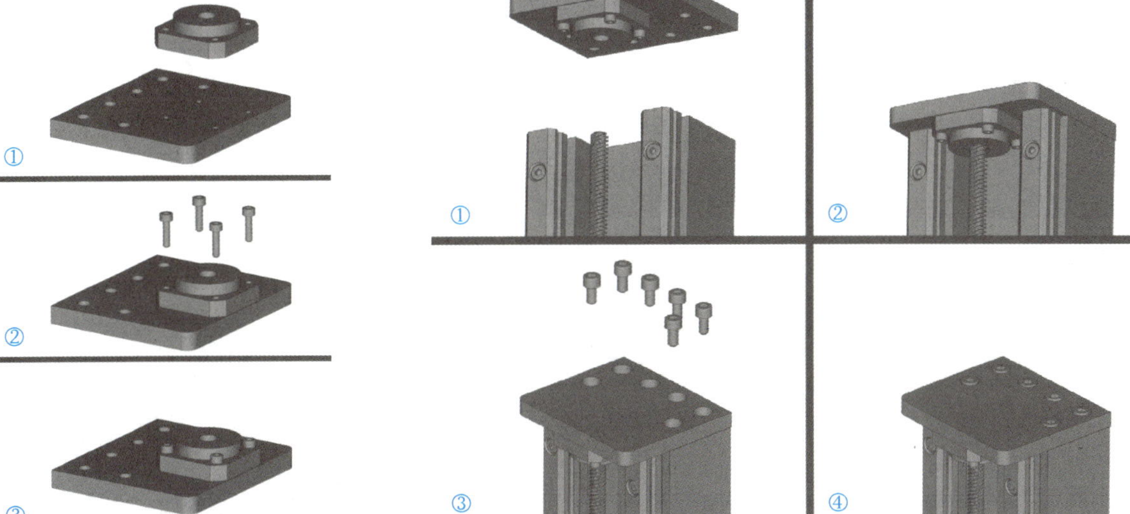


图 3-37　组装定位轴承模块

图 3-38　安装定位轴承模块

12）用手拧动丝杠，使得丝杠固定座沿导轨滑动；滑动过程中如果没有阻力，说明滑块安装得足够平行；如果滑块遇到的阻力比较大，甚至是无法移动的情况，说明这两个滑轨的平行度比较差，需要重新调整两条滑轨的平行度，直到滑动顺畅后，再拧紧导轨上的螺钉（见图 3-39）。

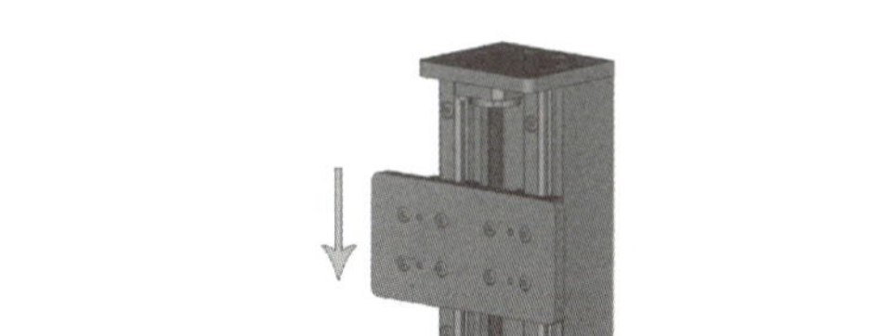

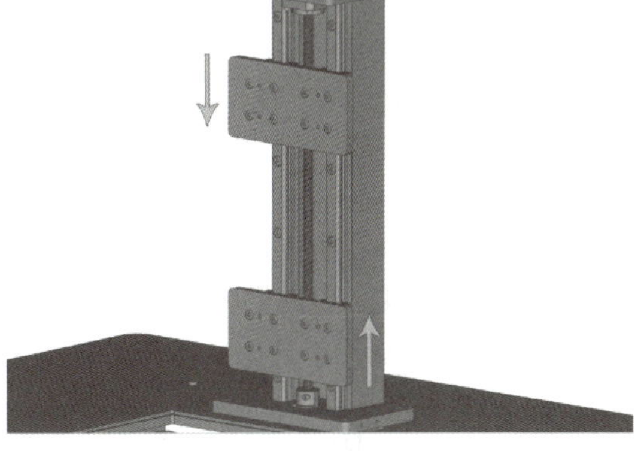

图 3-39　滑轨测试

## 知识拓展

### 1. 立体光固化成形工艺

立体光固化成形工艺（SLA）也称立体光刻成形工艺，是一种通过特定光线对树脂材料进行照射固化加工的快速成形技术。它是发展最早、最成熟的快速成形技术之一。SLA 使用的耗材是光敏树脂，将特定波长和强度的紫外光聚焦在光敏树脂的液面上，在光敏树脂的液面上逐渐开始由点到线、由线到面固化。每打印完一个面，打印平台就会降低一层的高度，开始下一层的打印工作，这样通过打印平台的逐渐降低，就可以逐渐打印出三维物体。

立体光固化成形的效果不仅受3D 打印设备的影响，还受光敏树脂材料性能的影响。立体光固化成形所使用的材料在固化后必须具有合适的黏度和强度，固化过程中和固化后的收缩变形率要尽可能低。为了保证固化加工的速度和加工精度，所用的材料必须对紫外光的反应敏感，同时，还需要在低紫外光强度下就可以完全固化。

SLA 增材制造技术的原理如图 3-40 所示。在计算机软件中，将工件三维模型拆分为一层一层的截面数据，将这些数据导入到 3D 打印机后，先在料槽中装满液态光敏树脂，由 He－Cd 激光器或氩离子激光器发出的紫外光在计算机的控制下，根据工件的分层截面数据在液态光敏树脂表面逐行扫描，使扫描区域的树脂薄层聚合固化形成工件薄层。当该层的固化操作完成后，打印平台沿 Z 轴下降一层。由于液体的流动特性，打印材料会在之前固化的树脂表面自动形成一层新的液态树脂，照射的紫外光会继续下一层的固化操作，新固化的部分会牢固地附着在前一层的固化部分之上，重复照射和下沉操作，直到打印出整个工件。固化加工完成后，将打印件从树脂中取出，并清理残余的树脂，拆除多余的支撑结构，在紫外光环境下进行第二次固化。最后，通过电镀、喷漆或其他着色方式获得最终产品。

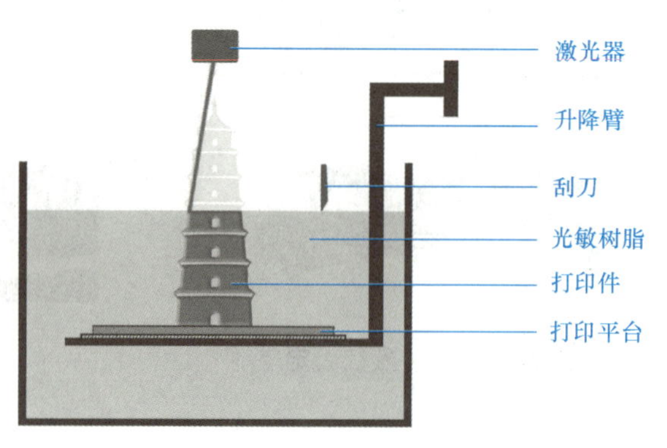


图 3-40　SLA 增材制造技术原理

值得注意的是，由于部分光敏树脂材料的黏度较高，各层经照射固化后，液面很难在短时间内快速流平，从而影响打印模型的精度。因此，SLA 设备大多都配有刮刀部件，每次下降后，可以将树脂均匀地刮平在下一层上，使最终打印出的产品表面更加光滑平整。

## 2. 立体光固化成形的发展历史和现状

1983 年，美国的查克·赫尔（Chuck·Hull）发明了立体光固化成形工艺。这是人类历史上第一次制造出快速成形设备，而不是像以前那样只出现在图书和影视资料中。查克·赫尔也是第一个找到将计算机辅助设计与快速原型系统相结合方法的人，在他的努力下，计算机辅助设计软件制作的三维模型在计算机中被模拟分割成几十层甚至上百层切片，每个切片都可以通过 3D 打印机在现实中重建出来。经过技术的沉淀发展，该技术专利成为快速成形领域的第一项专利（见图 3-41）。

图 3-41　“3D 打印之父”查克·赫尔

随着增材制造技术的不断进步，与之前相比，目前的 SLA 3D 打印机更加成熟、稳定。越来越多的行业意识到 3D 打印行业的巨大利润和市场前景，从而逐渐引入 3D 打印，使得市场发展更加迅速，诞生了许多新型的增材制造技术。在这些技术中，既有创新技术，也有在传统 SLA 技术基础上升级的技术。与此同时，3D 打印使用的耗材也在快速发展，品种更多，性能更好。

## 3. 立体光固化成形工艺的优势与劣势

（1）优势

1）SLA 技术出现得早，经过多年的发展，技术已经有了很高的成熟度。

2）设备系统工作稳定。一旦设备系统开始工作，整个零件的加工过程无须专人值守，可自动运行至加工过程结束。

3）加工速度快，光固化加工过程时间短，不需要额外进行切削操作。

4）在尺寸精度高、设备调试效果好的前提下，能保证工件的尺寸精度在0.1mm以内。

5）工件表面质量相对较好，顶面光滑，侧面可能存在均匀的台阶纹。

6）具有高分辨率，可制造具有复杂结构的工件。

（2）劣势

1）SLA技术的设备一般比较昂贵，He－Cd激光管的寿命只有3000h，所以使用成本和维护成本都很高。

2）采用树脂材料加工完成的工件，随着时间的推移，会逐渐吸收空气中的水分，从而导致软而薄的结构出现弯曲。

3）可选择的材料种类有限，必须采用对光足够敏感的树脂。用这种树脂制作的工件，多数情况下无法进行耐久性和热性能测试。

4）在进行光固化加工前需要在计算机中设计工件的支撑结构，只有支撑结构设置得合理，才能保证工件悬空位置的加工效果。

5）树脂具有轻微的腐蚀性，对操作环境有一定要求，需要提前对打印平台做好防护，防止滴溅的树脂腐蚀打印平台。

## 任务评价

组装运动组件任务学习评价表见表3-2。

表3-2　组装运动组件任务学习评价表

| 序号 | 评价目标 | 评价标准 | 配分 | 自我评价 | 小组评价 | 教师评价 | 备注 |
|---|---|---|---|---|---|---|---|
| 1 | 认识LCD 3D打印机的运动 | 各零部件名称的掌握情况 | 20 | | | | |
| 2 | 了解各部件的规格与作用 | 各部件作用的了解情况 | 30 | | | | |
| 3 | 掌握运动组件的组装方法 | 能否完成运动组件的组装 | 35 | | | | |
| 4 | 了解组装运动组件的操作规范 | 组装过程中是否存在损坏零部件的情况 | 10 | | | | |
| 5 | 掌握工、量具的使用规范 | 工、量具使用完后是否规范放置 | 5 | | | | |
| 合计 | | | 100 | | | | |

# 任务3　组装平台组件及其他部件

## 任务目标

1. 认识LCD 3D打印机的平台组件及其他部件。
2. 了解各部件的规格与作用。
3. 掌握平台组件及其他部件的组装方法。

## 任务引入

LCD 3D打印机的平台部分吸附、承载了通过光固化技术加工出的模型，通过与底部LCD屏幕、405nm紫外光发光组件的相互配合，逐层完成三维模型的固化加工工作，是保证模型固化加工质量、成功率的关键硬件之一。掌握该部分的结构，一方面，有助于通过打印出的模型表面情况判断问题出现的原因，另一方面，可以进一步根据判断出的问题对硬件进行针对性测试，用以确定导致问题出现的具体硬件。掌握平台组件及其他部件的组装方法，不论是对优化模型的加工效果，还是对设备本身的维护调修，都有着很重要的意义。

## 知识与技巧

### 1. 认识平台组件及其他部件结构

由打印平台、平台支臂、平台把手、平台调平件（A、B）、调平螺母、平台固定螺母组成了平台组件。LCD 屏幕、屏幕保护玻璃、遮光带组成了 LCD 屏幕组件。料槽固定块、料槽固定螺母、料槽组成了料槽组件。Z 轴限位片、Z 轴限位开关组成了限位开关组件。

在开始打印后，由平台组件负责承载模型，LCD 屏幕组件负责每层固化范围的限定，料槽组件负责承载液态树脂，限位开关组件负责限定平台下降的最低位置。每一个组件都会根据各自的需求，对不同的部分进行针对性的控制。

平台组件如果过紧，会导致模型底部边缘处出现耗材溢出；如果过松，又会导致模型翘边、支撑中间断裂。LCD 屏幕组件如果无法曝光，会导致平台上和料槽中没有树脂被固化；如果过度曝光，则会导致屏幕全部出现白色通道，紫外光完全穿过整个料槽的底部，在料槽的底部固化出一个与 LCD 屏幕尺寸一致的树脂板。料槽组件底部的离型膜经过长时间使用，或者是误操作将离型膜放置在尖锐物体的表面，导致离型膜表面有小孔洞出现，当树脂流过小孔时，就会从小孔中渗漏出来，间接损坏底部的 LCD 屏幕、污染桌面。限位开关组件如果出现问题，会直接导致平台出现无法下降或者无法停止移动的情况，严重者会将底部的 LCD 屏幕组件压坏。

### 2. 各部件的规格与作用

1）平台支臂（见图 3-42）。它是位于丝杠固定座和打印平台之间的转接结构，负责将打印平台转接固定在丝杠固定座上，通过底部电动机驱动打印平台在 Z 轴方向做垂直的升降运动。

2）平台把手（见图 3-43）。它位于平台调平件的左右两侧，方便打印平台的拆卸与安装。

图 3-42 平台支臂

图 3-43 平台把手

3）平台调平件（见图 3-44）。它由 A、B 两部分组成，是负责将打印平台锁定至平台支臂上的零件。因为需要通过该零件实现对打印平台的调平，所以将该零件设计为 A、B 两部分，通过调节两部分之间的螺母松紧度实现对打印平台的调平。

4）调平螺母（见图 3-45）。它是位于平台调平件左右两侧的固定螺母，由于其主要功能是在平台有调平需求时提供解锁或者锁定的功能，因此被称为调平螺母。

5）打印平台（见图 3-46）。它是用于承载打印模型的重要结构。在打印时，打印平台浸泡在料槽中，底部是被固化的树脂模型，随着每层的固化完成，打印平台会逐渐向上抬升，逐层完成模型的打印。

6）LCD 屏幕（见图 3-47）。它位于料槽离型膜的最下方，主要用于显示每层的切片图形。在计算机中完成对模型的切片并导入到 LCD 3D 打印机后，切片完成的每层图形就会根据软件的设定在 LCD 屏幕中显示，底部的 405nm 紫外光会根据 LCD 屏幕上所显示的图形选择性通过。切片导出的图形由黑白两色组成，导入 LCD 3D 打印机中后，黑色被判定为不允许紫外光通过，白色被判定为允许紫外光通过。

7）遮光带（见图 3-48）。LCD 屏幕组件与周围的结构并不是密不透风的，或多或少会存在一些缝隙。底部的 405nm 紫外光如果从屏幕侧面的缝隙中透过并照射在料槽中的树脂上，就会在料槽中形成被固化的细长条，严重者还会因为杂质在料槽中的游离干扰正常模型的打印，导致出现模型底部无法正常固化、固化的模型上有耗材杂质等问题。为了解决这一问题，就需要在漏光的边缘缝隙处粘贴遮光带，确保紫外光只会从 LCD 屏幕部分通过。

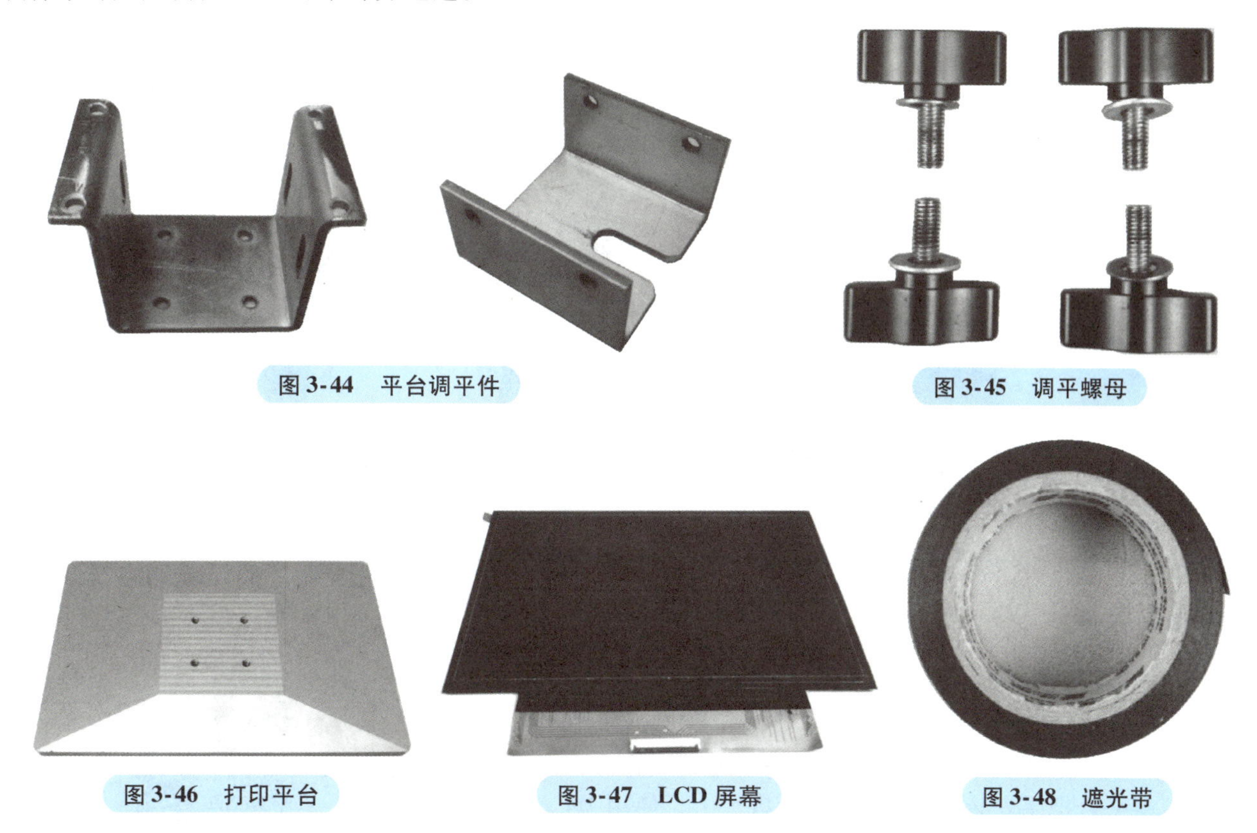

图 3-44　平台调平件

图 3-45　调平螺母

图 3-46　打印平台

图 3-47　LCD 屏幕

图 3-48　遮光带

8）平台固定螺母（见图 3-49）。它位于平台调平件的上方，主要用于将打印平台和平台支臂固定在一起。因为经常需要解除平台固定螺母锁定，将打印平台拆下进行清理或模型拆取，所以平台固定螺母属于使用频率较高的零件之一。

9）料槽固定块（见图 3-50）。它位于料槽的两侧，是用于固定料槽的零件。

10）料槽固定螺母（见图 3-51）。它是位于料槽固定块上的螺母。将料槽安装回 LCD 3D 打印机后，料槽两侧的螺母孔需要与料槽固定块上的螺母孔对应，使用料槽固定螺母穿过料槽固定块并拧入料槽中，对其进行固定。

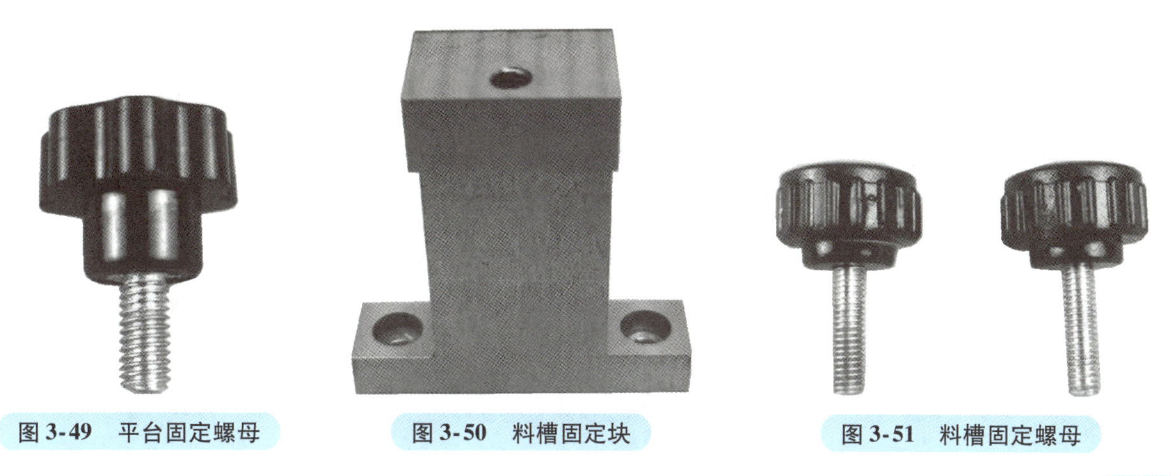

图 3-49　平台固定螺母

图 3-50　料槽固定块

图 3-51　料槽固定螺母

11）料槽（见图 3-52）。它是用于放置液态树脂的容器，主要由金属框架和离型膜两部分构成。金属框架结构耐腐蚀、易清理，底部的离型膜具有高透光性、高韧性。

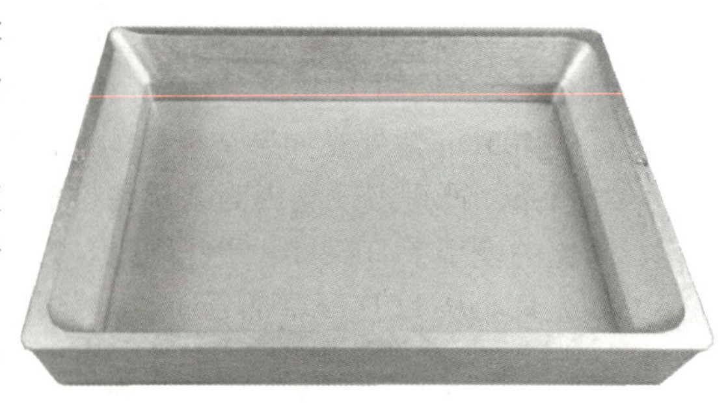

图 3-52　料槽

12）Z 轴限位片（见图 3-53）。它是安装在丝杠固定座上的限位触碰零件，主要用于触碰下方设置的限位开关，保证打印平台在向下移动时能及时被卡住。

13）Z 轴限位开关（见图 3-54）。它位于小基准平台上预留的槽孔内。Z 轴限位开关负责触发的部分朝向上方，对准 Z 轴限位片，保证 Z 轴限位片在向下触发时可以触碰到 Z 轴限位开关。

图 3-53　Z 轴限位片

图 3-54　Z 轴限位开关

## 任务实施

平台组件及其他部件的组装步骤如下：

平台组件及其他部件的组装方法动画

1）取出平台支臂，将其安装在丝杠固定座上；使用 M4 ×10 内六角螺钉将平台支臂、丝杠固定座固定在一起（见图 3-55）。

2）将平台把手安装在平台调平件（A）上，使用 M4 ×8 内六角螺钉进行固定（见图 3-56）。

3）将平台调平件（A）安装在打印平台上，使用六角扳手将 4 个螺钉拧紧（见图 3-57）。

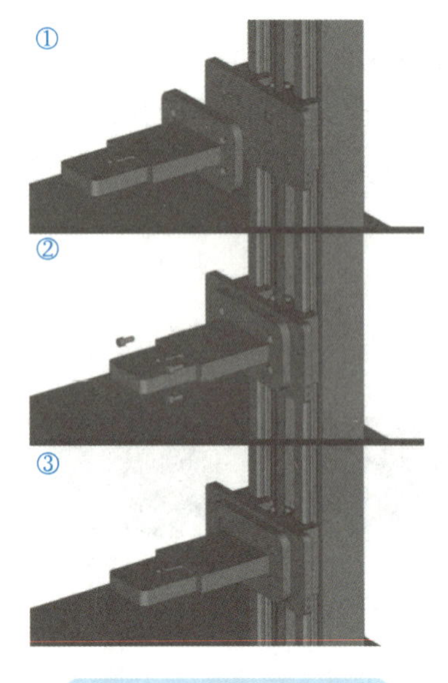


图 3-55　安装平台支臂

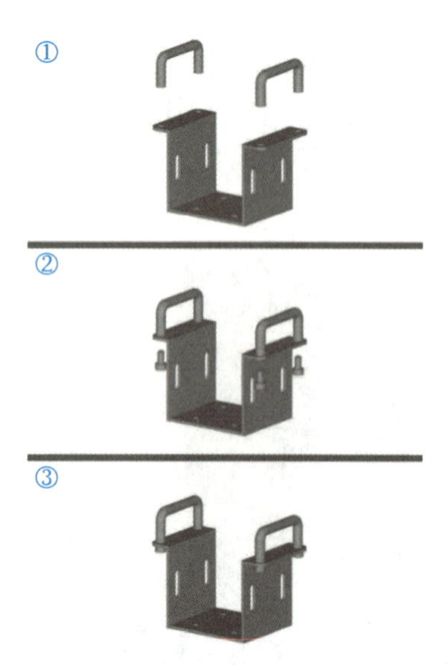


图 3-56　安装平台把手

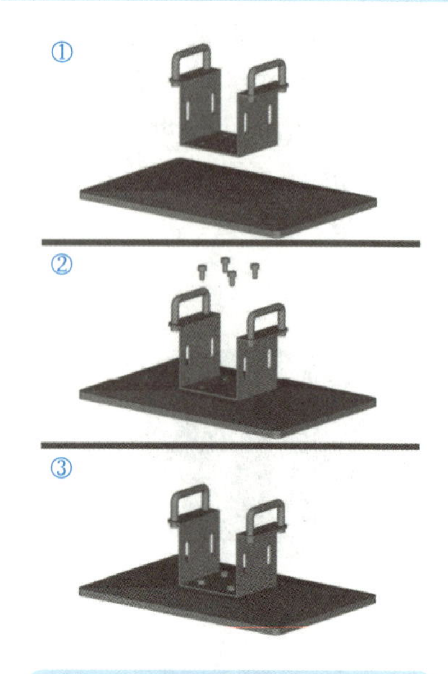


图 3-57　安装平台调平件（A）

4）使用4个M5×12调平螺母对平台调平件（B）进行固定（见图3-58）。

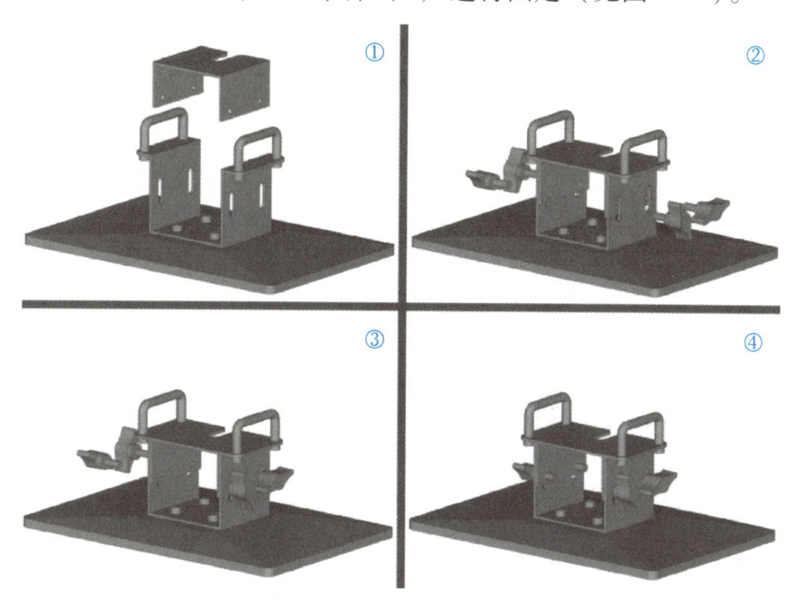

图3-58 安装平台调平件（B）

5）安装LCD屏幕。取出LCD屏幕，转动方向，确保有排线的一侧朝向自己；先将屏幕的排线放入前方的槽口处，随后将屏幕放入小基准平台的凹槽处（见图3-59）。

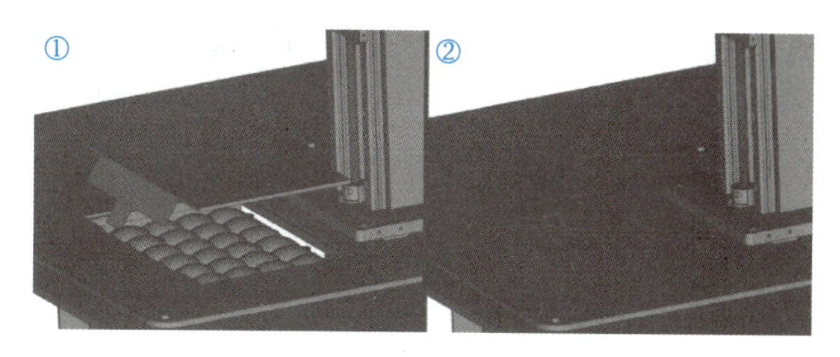

图3-59 安装LCD屏幕

6）使用遮光带进行固定，使用美工刀将遮光带的4个角裁剪平整。至此，屏幕组件安装完成（见图3-60）。

7）取出之前组装好的打印平台组件，将其与平台支臂安装在一起，并使用平台固定螺母将两者进行固定（见图3-61）。

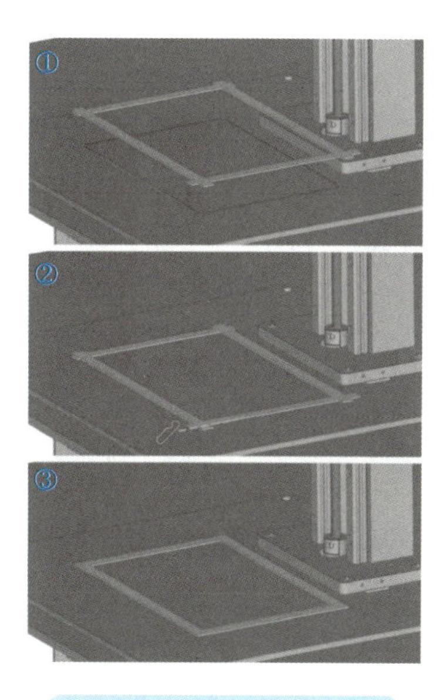

图3-60 使用遮光带固定

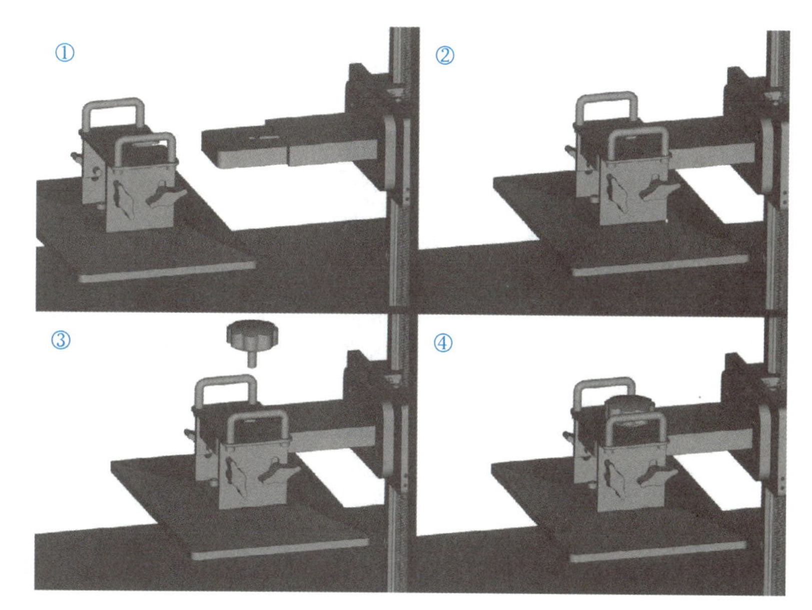

图3-61 安装平台组件

8）取出两个料槽固定块，并将其安装在LCD屏幕左右两侧的小基准平台上，使用M3×10内六角螺钉进行固定；取出料槽，从两个料槽固定块的下方推入，使用两个M4×15螺钉将其固定在料槽固定块上；拧动料槽固定螺母，对料槽进行固定（见图3-62）。

9）安装Z轴限位片。使用M3×10内六角螺钉将Z轴限位片安装在丝杠固定座的右侧；安装时，应确保Z轴限位片贴紧丝杠固定座（见图3-63）。

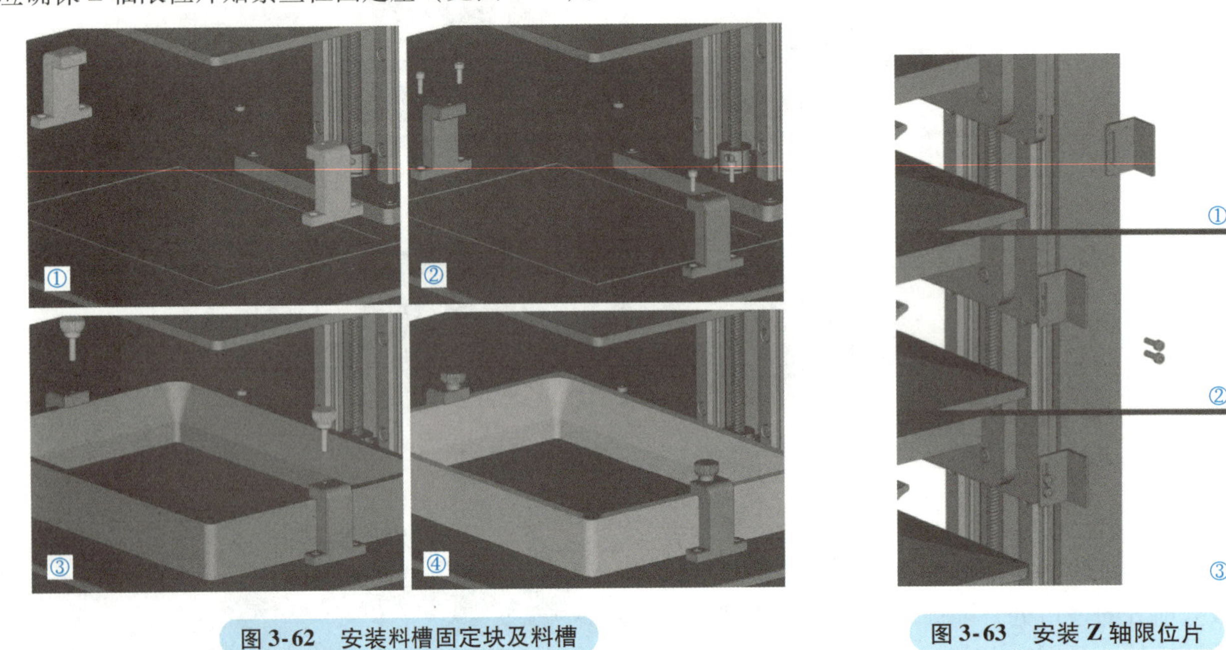


图3-62 安装料槽固定块及料槽

图3-63 安装Z轴限位片

10）安装限位开关。将限位开关的线从侧面的小孔穿入，使用M3×10内六角螺钉对其进行固定（见图3-64）。

11）LCD 3D打印机组装完成（见图3-65）。

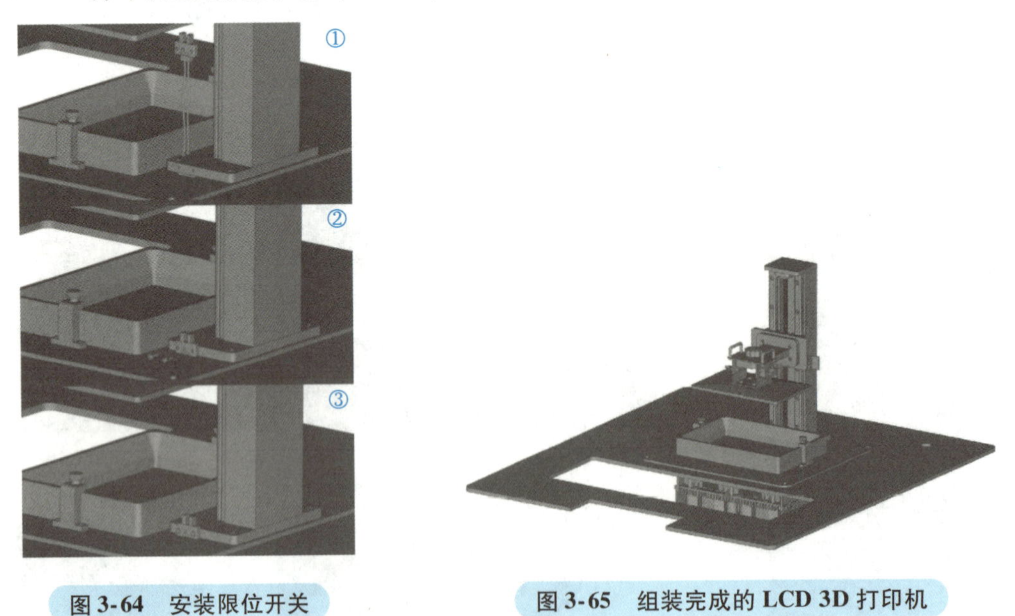


图3-64 安装限位开关

图3-65 组装完成的LCD 3D打印机

## 知识拓展

### 快速铸造技术

快速铸造技术又称快速精密铸造技术，是熔模铸造技术与增材制造技术相结合的技术成果，常用于种类较多、数量少的新产品测试、小批量定制应用场景中，且非常适合加工结构、细节较多的中小尺寸铸件。合理运用该项技术，有助于缩短产品研发和加工周期，降低研发成本。

熔模铸造的基本工序包括压蜡、修蜡、组树、沾浆、熔蜡、浇注金属液及后处理等。我国传统的熔模铸造方法是：先用蜡制作所要铸成零件的蜡模，然后在蜡模上涂以泥浆并预留出浇注口；等待泥浆彻底晾干后，放入热水中将内部的蜡熔化，得到泥模；再将泥模取出焙烧成陶模之后，从浇注口灌入金属熔液；待其冷却后，对溢出和瑕疵部分进行处理，熔模铸造的金属零件就加工完成了。我国传统的熔模铸造技术对世界冶金工业的发展有很大的影响，现代工业的熔模精密铸造就是从传统的熔模铸造发展而来的。虽然它们在所用蜡料、制模、造型材料、工艺方法等方面有很大不同，但是从基础的工艺原理看，无疑是一致的。可用熔模铸造法加工的金属种类多种多样，如不锈钢、合金钢、碳素钢、铜合金、铝合金、高温合金、钛合金等。

增材制造技术类型较多，如 SLA、FDM 等技术都可以与熔模铸造技术相结合进行快速铸造加工。使用 SLA 技术加工的树脂零件，在进行快速铸造时，主要是用于替代传统熔模铸造中的蜡膜。相对于传统的蜡膜来说，高精度的树脂零件对于尺寸精度和表面质量有较高要求的铸件加工有着很大的优势，在航天和军工等对铸件精度要求较高的领域得到了广泛应用（见图 3-66）。

在进行快速铸造加工时，要在 SLA 技术打印的高精度树脂零件上挂涂耐火浆料，需要反复进行多次挂涂。等待耐火浆料凝固后，就得到一个有包浆外壳的树脂零件。将树脂零件和包浆外壳一并进行高温焙烧，然后取下包浆外壳。后续的步骤与传统的熔模铸造方法一致，浇注金属溶液后，待其冷却取出即可。

图 3-66　3D 打印“红蜡”树脂零件

树脂制作的原型件虽然有着精度高、质量好的优势，但是树脂本身无法像蜡一样高温熔化后流出，而是会在高温下进行燃烧，留下灰烬。再者，树脂的膨胀系数非常高，在进行高温焙烧过程中，很容易导致外面的包浆外壳胀裂，使得铸造加工失败。为了解决这一问题，就需要在设计模型、计算机软件切片的过程中对树脂模型内部进行轻量化设计，在保证零部件体积、外形、结构不变的情况下，对其内部结构进行充分优化。

另外，在零件模型设计之初就需要设计出模型内部树脂可以正常流出的预留槽孔。零件模型内部的树脂如果不能完全流出，轻量化设计的效果就得不到保证。因为轻量化设计会在零件的内部分割出大小不同的蜂巢状结构，蜂巢结构的空隙较小，树脂本身的黏稠度又高，自然流干净需要较长的时间。所以蜂巢结构的设计除了要考虑零件本身结构，还需要考虑树脂流出的情况，以及开设槽口的位置。

当模型轻量化设计完成并使用 SLA 3D 打印机进行光固化加工后，需要将内部轻量化结构之间的树脂清理干净。对于批量订单，可以选择使用离心机加速树脂的流出。当内部的树脂彻底流净后，就要开始制造与槽口相匹配的树脂封口塞，以防挂涂耐火浆料时不小心进入模型内部，从而影响后续步骤。经过轻量化设计加工出的树脂零件，在用于熔模铸造时，既可以有效降低树脂高温膨胀对包浆外壳的影响，又可以减少焙烧后产生灰烬的数量。

快速铸造技术的出现，优化了传统的铸造加工模式，为用户和企业提供了更好的解决方案。传统的熔模铸造加工，因排产的问题导致不能在短时间内拿到产品做结构、材料测试，严重拖延了产品的交付工期、上市周期。而如今加入了 SLA 技术的快速铸造有效解决了这一问题，一般情况下，使用快速铸造加工的铸件在两周内就可以完成测试件交付，用户在完成对铸件的测试后，在短时间内就可判断接下来是修改设计，还是用传统方式批量铸造。

## 任务评价

组装平台组件及其他部件任务学习评价表见表 3-3。

表 3-3　组装平台组件及其他部件任务学习评价表

| 序号 | 评价目标 | 评价标准 | 配分 | 自我评价 | 小组评价 | 教师评价 | 备注 |
|---|---|---|---|---|---|---|---|
| 1 | 认识平台组件及其他部件的零部件构成 | 各零部件名称的掌握情况 | 20 | | | | |
| 2 | 了解各部件的规格与作用 | 各部件作用的了解情况 | 30 | | | | |
| 3 | 掌握平台组件及其他部件的组装方法 | 能否完成平台组件及其他部件的组装 | 35 | | | | |
| 4 | 了解组装平台组件及其他部件的操作规范 | 组装过程中是否存在损坏零部件的情况 | 10 | | | | |
| 5 | 掌握工、量具的使用规范 | 工、量具使用完后是否规范放置 | 5 | | | | |
| 合计 | | | 100 | | | | |

## 任务 4　认识 LCD 3D 打印机的应用与材料

### 任务目标

1. 认识主板与线路连接。
2. 掌握 LCD 3D 打印机的操作。
3. 了解 LCD 3D 打印机使用的材料。
4. 了解 LCD 3D 打印机的应用。

### 任务引入

LCD 3D 打印机的操作相对来说较简单，但是因为树脂材料的特殊性，在操作使用设备时需要重点关注树脂耗材的收集与保存。液态树脂耗材流动性较好，如果没有小心地进行收集处理，很容易导致打印平台、料槽的树脂耗材滴溅到 3D 打印机的缝隙中。若长时间有树脂渗入缝隙中不处理，会导致缝隙中的树脂被固化，在维修或拆装时，无法将相邻的两个结构拆开。如果渗入的树脂过多，有可能会滴溅到内部的板卡部分，导致设备被烧毁。

LCD 3D 打印机凭借着相对低廉的价格，在教育、创客领域得到了许多人的青睐。在教育领域，LCD 3D 打印机因为操作简单、精度高、设备占用空间小，非常适合机械设计、工业设计等相关专业的教学使用，有助于完善课程体系，增加了更多教学成果输出方向。2020 年以前，增材制造技术在创客领域应用最多的是 FDM 3D 打印机，一直到 2021—2022 年间，随着技术、生产工艺的迭代价格持续走低，再加上 FDM 3D 打印机的打印精度无法满足创客领域的应用需求后，越来越多的创客开始使用 LCD 3D 打印机来完善自己的作品。在无数的创客中，有的是间接使用增材制造技术制作板卡外壳，有的是直接使用增材制造技术完成自己的创意设计，各种各样的用途不断丰富着增材制造技术的应用方向。

### 任务实施

#### 1. 认识主板与线路连接

LCD 3D 打印机主板是 3D 打印机的中枢部件，起着连接、支持和控制各组件的重要作用。它提供电源供应并连接风扇、LCD 屏幕、Z 轴限位开关、网卡等各种组件。主板上的总线系统允许数据在各个相关组件之间传输，并提供控制信号来协调它们的操作。此外，部分类型的主板还支持扩展功能，如扩展卡、存储设备和外部设备。总体来看，LCD 3D 打印机主板是 LCD 3D 打印机各组件之间的桥梁和协调者，用于确保各组件正常运作和相互配合（见图 3-67）。

1）将 Z 轴限位开关、风扇、LED 光源连接至主板时，需要注意接口的位置，避免插错接口导致设备损坏。在整个接线过程中，遵循相关的安全规范，不要随意触碰裸露的电路部分，避免短路或触电风险（见图 3-68）。

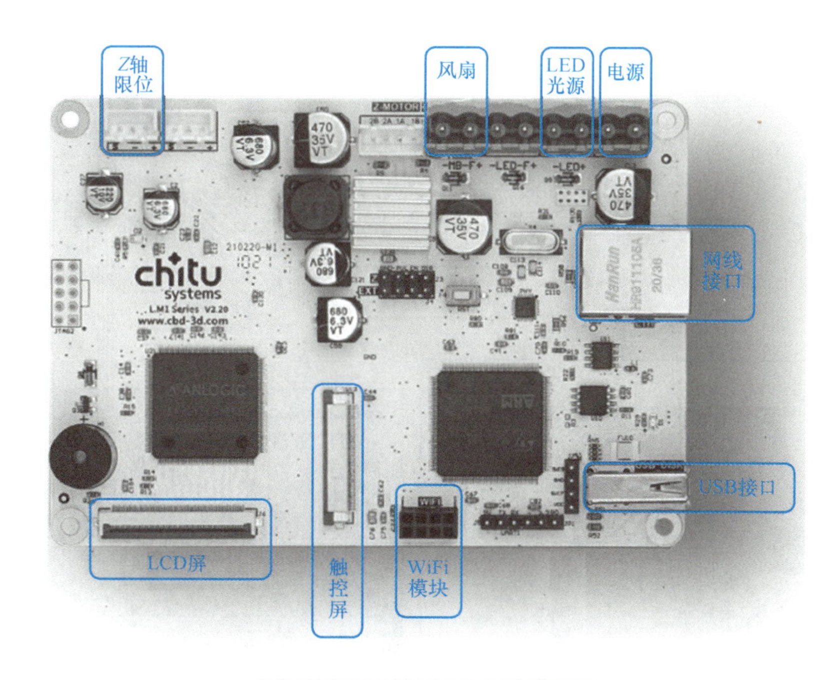


图 3-67　LCD 3D 打印机主板

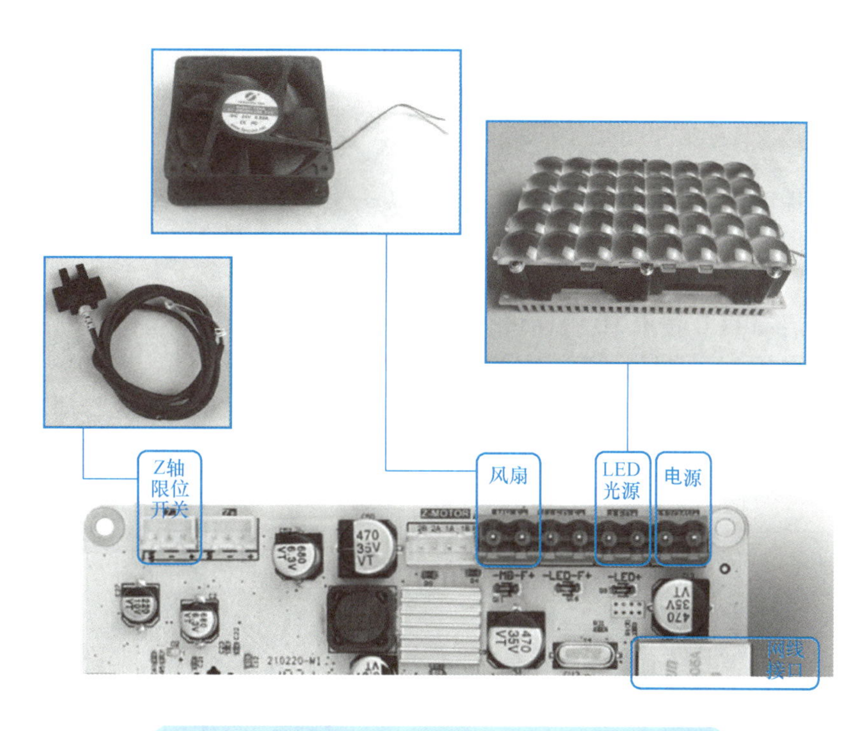


图 3-68　Z 轴限位开关、风扇、LED 光源线路连接

2）将 LCD 屏和触控屏连接至主板时，首先打开主板排线卡槽上的卡扣，并确保显示屏排线和主板上的接口都是无尘的。其次在连接排线时，要确保它与主板上的接口对齐，不对齐插入可能会导致排线损坏或接口接触不良。再者，在插入和固定排线时，务必轻柔操作，避免过度用力或扭曲排线，损坏内部的线路或连接点。完成连接后，仔细检查排线是否牢固固定在主板上，没有松动或扭曲现象；轻轻拉动排线，确保它不会轻易脱落（见图 3-69）。

## 2. LCD 3D 打印机的操作

以 LCD 技术增材制造技术平台（见图 3-70）为例介绍 LCD 3D 打印机的操作。LCD 技术增材制造

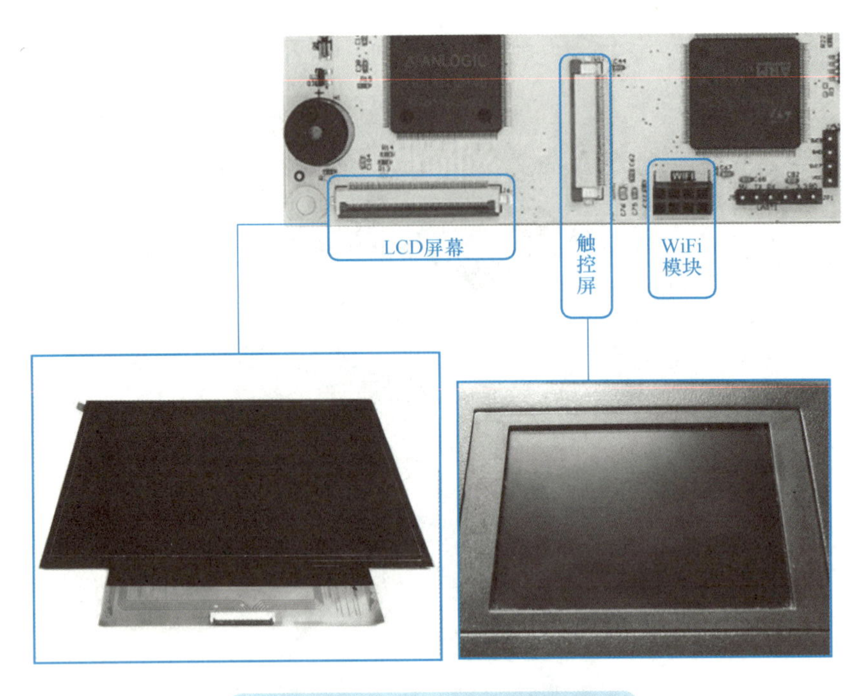


图 3-69　LCD 屏、触控屏线路连接

平台主要由 LCD 3D 打印机、摄像头、工控机、按键接口区、零部件收纳柜等部分构成。

1）LCD 3D 打印机同时具备了拆装练习和操作打印两种功能。

2）摄像头有 500 万像素，通过网络连接后，可以远程查看组装情况；也可以在设备开始打印工作后，观察打印进度。

3）工控机用于文件切片、观看组装视频等。

4）零部件收纳柜用于存放组装完成前 LCD 3D 打印机零部件和耗材。

（1）按键与接口（见图 3-71）

1）启动按钮用于启动 LCD 技术 3D 打印机。

2）USB 接口可以在插入 U 盘后，读取 U 盘中的数据，进行脱机打印。

3）通过急停开关可切断电源，停止设备运转，达到保护人身和设备的安全作用。

4）操作面板采用 3.5 英寸（1in = 0.0254m）智能全彩触摸屏，在屏幕中可完成对 LCD 3D 打印机的操作（见图 3-71）。

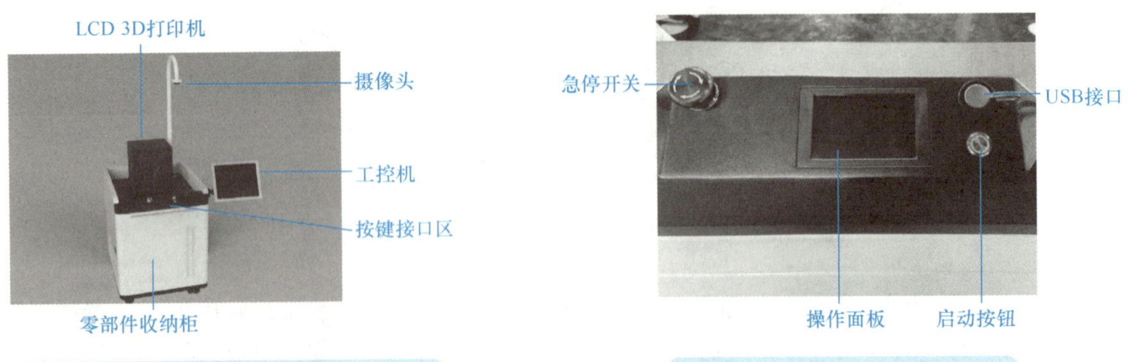


图 3-70　LCD 技术增材制造技术平台

图 3-71　操作区域按键与接口

5）电源接口位于设备的正后方，电源输入 100 ~ 240V。

6）散热孔位于设备左、右两侧，用于设备内部 LED 光源的散热。

（2）打印过程

1）将 U 盘插入打印机 USB 接口处。

2）在打印机操作面板上找到“打印”界面，选择需要打印的模型文件（见图 3-72）。

3）确认模型缩略图后，单击开始打印按钮（见图 3-73）。

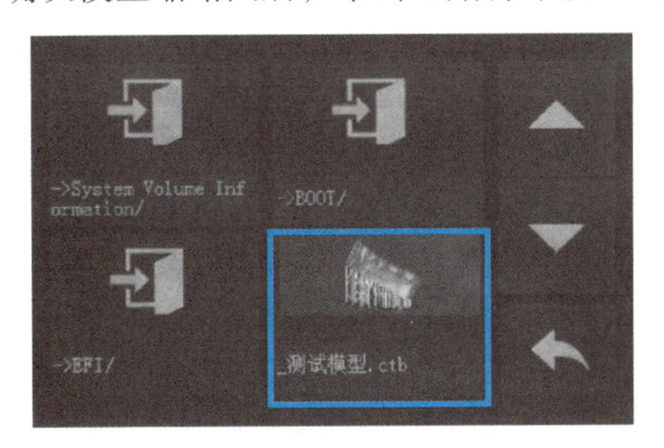


图 3-72　选择模型

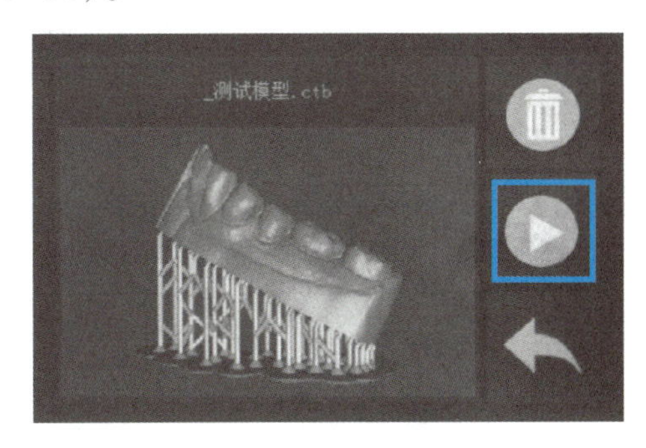


图 3-73　开始打印

（3）设备调试——调平过程

1）设备启动后，单击操作面板中的上移按钮，将打印平台抬升（见图 3-74）。

2）将两侧的料槽固定螺母旋松（见图 3-75）。

图 3-74　抬升平台

图 3-75　旋松料槽固定螺母

3）取下料槽（见图 3-76）。

4）旋松位于打印平台上方的 4 颗平台调平螺母（见图 3-77）。

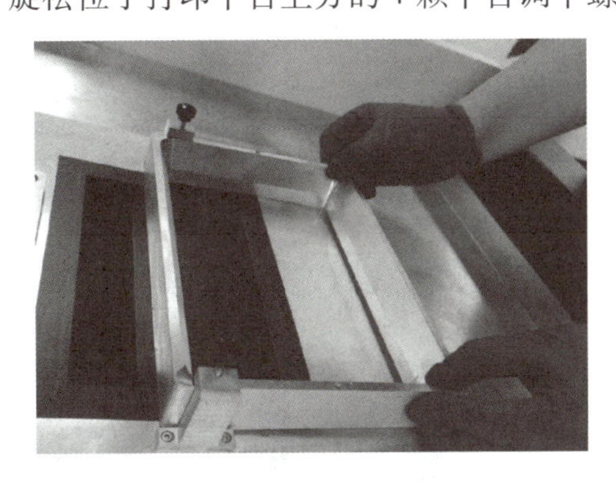

图 3-76　取下料槽

图 3-77　旋松平台调平螺母

5）在打印平台下方，LCD 屏幕的上方放一张 A4 纸（见图 3-78）。

6）单击复位按钮，将打印平台复位至 LCD 屏幕上方（见图 3-79）。

7）确保打印平台压住 A4 纸后，按住平台，将旋松的 4 个平台调平螺母拧紧（见图 3-80）。

8）用适中的力朝前方拉动纸张，确保纸张不会被轻易拉出即可（见图 3-81）。

9）单击操作面板中的抬升按钮，将打印平台向上抬升（见图 3-82）。

10）将打印平台抬升至合适的高度后，装回料槽，并将两侧的料槽固定螺母拧紧，调平工作完成（见图 3-83）。

图 3-78　放置 A4 纸

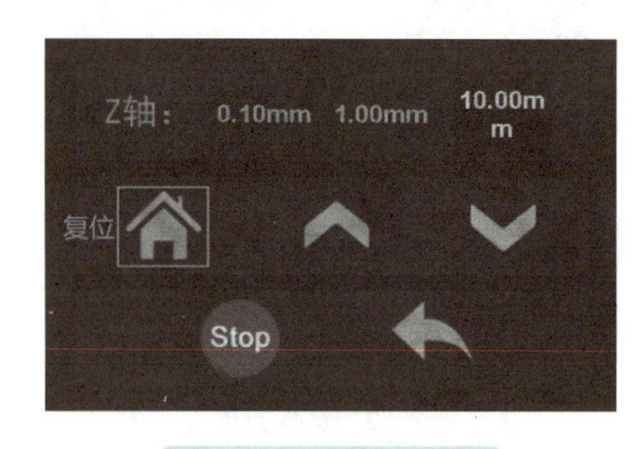


图 3-79　单击复位按钮

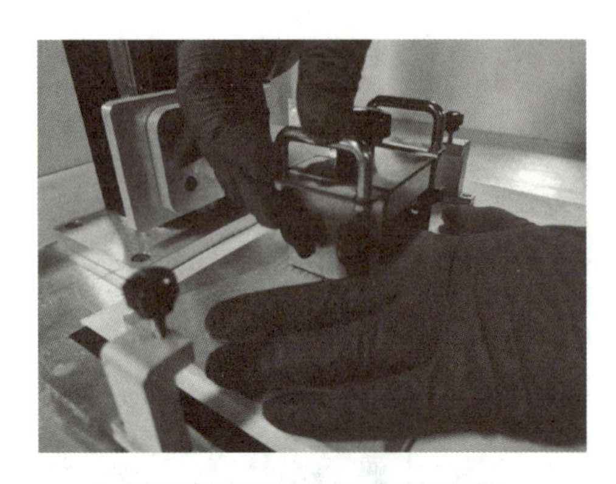

图 3-80　拧紧平台调平螺母

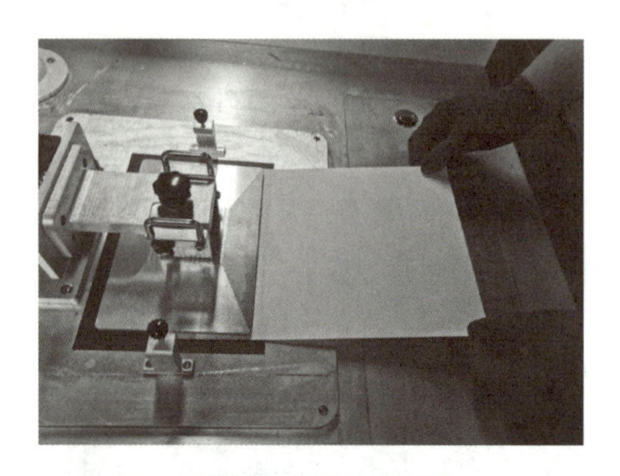

图 3-81　拉动纸张

图 3-82　抬升打印平台

图 3-83　拧紧固定螺母

（4）设备调试——添加树脂

1）单击上移按钮，将打印平台上移（见图 3-84）。

2）将光敏树脂沿料槽一角缓慢倒入料槽中。倒入过程中可以稍作停顿，等待流平后继续倾倒（见图 3-85）。

3）添加的光敏树脂液面不要超过料槽最底部垂直于离型膜的边框，以免打印时光敏树脂溢出料槽（见图 3-86）。

### 3. LCD 3D 打印机使用的材料

LCD 3D 打印机所使用的材料是一种对紫外光敏感的高分子树脂材料，在未经过光固化时，树脂呈现透明或者半透明

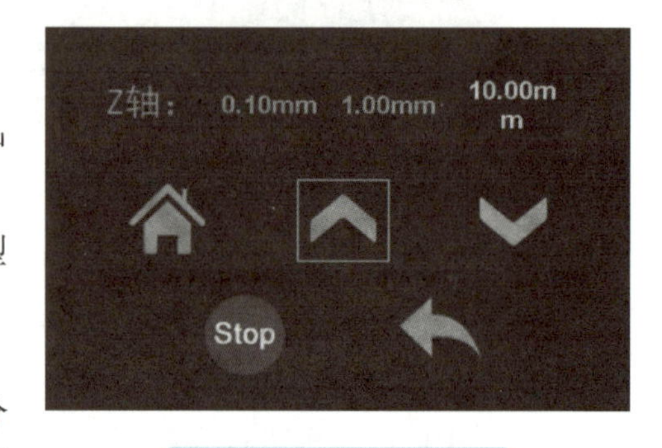


图 3-84　打印平台上移

的液态；在经过光线照射后，能快速发生光聚合反应使树脂从液态转化为固态。树脂主要由3部分构成：光引发剂、活性稀释剂、光敏预聚物。光敏树脂作为进行光固化3D打印的重要载体，其材质本身的强度、柔韧度决定了所加工出制品的力学性能。甚至可以说，树脂材料能否进一步突破，是限制当下LCD光固化技术发展的主要问题。

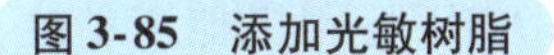

图 3-85 添加光敏树脂

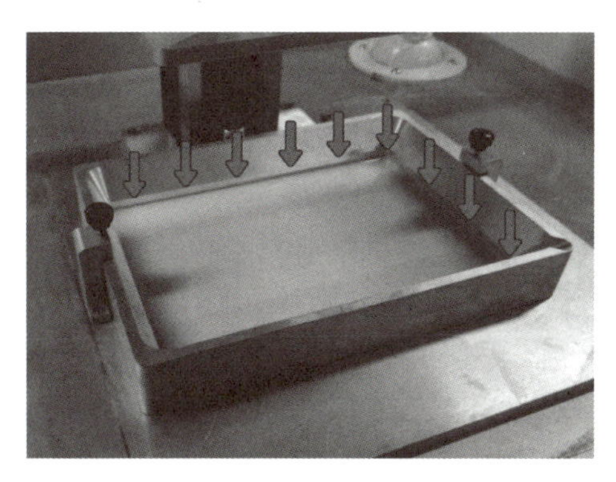

图 3-86 添加上限

（1）材料特性 在光固化技术发展之初，所能使用的符合固化条件的光敏树脂材料种类较少。当时的光敏树脂虽然能够被紫外光固化，但是材料收缩性强，打印加工出的零部件存在较为严重的形变，力学性能、耐温性存在明显的不足，整体性能较差。为了解决这些问题，以大学、科研院所为主的群体开展了光敏树脂材料的改性研究。

理想中的光敏树脂材料应具备以下特性：在进行光固化打印之前的液态树脂状态，要保证其在常温下的基本稳定性，如不容易被氧化、不容易挥发等；在进行光固化打印加工时，除了基本的耐收缩性，还需要其在被紫外光照射时有较好的光学响应性；在光固化加工完成后，需要具备良好的力学性能和稳定的光固化加工精度。

这些特性实际上对应了使用者生产加工时的不同要求。抗氧化性和耐挥发性保证了耗材的稳定，不会伤害加工人员，也有利于控制自然损耗，节省成本。耐收缩性是为了保证在光固化打印加工时的成功率，打印件不会因为打印过程中收缩率过高导致打印件主体、支撑结构收缩变形，甚至打印失败。光学响应性是为了加快打印速度，光敏树脂的光学响应性越好，光固化3D打印机的固化时间就越短；响应性越差，打印时间就越长。力学性能决定了使用光敏树脂加工出的零件是否符合实际使用的要求，如果力学性能过差，由该工艺制造的零件就很难有较好的应用方向。加工精度决定了使用光固化工艺打印的零件细节是否丰富、细致，同时还决定了多个零件是否具有装配的可能性，因为如果加工精度过低，会导致零件组装时，互相之间的间隙过大或者过小。

随着材料学的不断发展，具备各种性能特点的光敏树脂被逐渐研发出来。有两种在光敏树脂中具有不同热稳定性的阳离子光引发剂，一种是含六氟磷酸根的硫鎓盐，它可以增加树脂体系的稳定性，但是反应活性较差；另一种是六氟锑酸根的硫鎓盐，它具有高的反应活性，但随时间的增加导致树脂不稳定。而两种以上的阳离子引发剂共同使用，可以起到性能上的互补，兼顾了液态树脂的热稳定性和固化成形物的力学性能。

六氟锑酸根的硫鎓盐因反应活性高，被广泛应用于环氧化合物等组分的光固化反应中，但由于锑元素存在毒性，使其应用范围受到限制。所以，在3D打印光敏树脂中，使用无锑的光引发剂逐渐被重视，在光固化成形树脂中使用六氟磷酸三芳基硫鎓盐，可以通过3D打印得到既有良好初始强度又无毒性的器件。

（2）材料的制备与测试

1）制备。光敏树脂材料的制备，对其内在要求和外部环境要求都很高，不同成分的添加量需要严格控制，外部环境也需要辅助配合，否则很容易导致材料制备失败。在无紫外光的环境中，将树脂材料、光引发剂、催化剂等成分按照合适的比例添加至高速搅拌机，使各种成分在高速搅拌机中充分混合，随后使用超声振荡器，充分去除已经搅拌完成树脂材料中的气泡。这时，就得到了混合均匀的光敏树脂材料。

2）测试。混制好的光敏树脂材料不能直接使用，需要进行测试。首先，要测试材料的黏度，一般会使用旋转黏度计进行测量；随后，取5次重量一致的树脂使用紫外光进行照射固化，并记录其固化时间，计算平均值后进行记录；最后，使用3D打印机以特定参数打印哑铃状测试样条，进行拉伸冲击性能测试。如果有其他性能要求，还需要对收缩率、弹性等参数进行测试。完成以上测试，且各项参数指标都符合目标要求后，光敏树脂才制备完成。

### 4. LCD 3D打印机的应用

1）LCD光固化增材制造技术在教育领域的应用。随着增材制造行业的不断发展，3D打印机的使用门槛也在逐年降低，越来越多的人可以将3D打印机与自己的工作、业余爱好相互结合。而教育领域担负着未来行业人才的培养工作，市场、行业中的软、硬件都是学生们需要掌握的学习内容之一。

传统的3D打印机的尺寸较大，单台设备的造价高昂，并不适合用于学校这种人数较多的基础实践教学环境。LCD 3D打印机的诞生，恰好就满足了这一需求。随着该技术的不断迭代，设备制造工艺得到了进一步的优化，使硬件成本降低，设备价格也相应降低。LCD 3D打印机加工精度高，最小的单层厚度能做到0.05mm，单从打印精细度来看，能够满足大部分的加工需求。采用了LCD工艺的3D打印机因为硬件的原因，整体的尺寸也不会太大，不需要准备过大的场地单独放置。设备的操作简单，非常适合以熟练操作流程、掌握软硬件的操作方法为主的基础教学。

在教育领域，LCD 3D打印机除了可以协助完成基本的教学内容外，还可以用于公共实训室的建设。影视动画、环境艺术设计、工业设计等设计类专业的学生在毕业时需要制作毕业作品来展示自己多年的学习成果，传统的制作方法大多是使用黏土、卡纸、亚克力板等基础材料进行组合，对于一些更具创意的结构和形象往往很难呈现。LCD 3D打印机提供了更多的设计展现方式，出现了传统方式与3D打印相结合的作品，以及单独使用3D打印的毕业作品（见图3-87）。

图3-87　3D打印毕业作品

2）LCD光固化增材制造技术在艺术相关行业的应用。增材制造技术在动漫、影视等相关领域的应用普及度较高。许多影视剧中应用增材制造技术制作道具、服装服饰、场景等，动漫中也有应用增材制造技术制作用于衍生品开发的动漫形象的。

传统的影视舞台美术道具主要是手工制作的，使用黏土、油泥、太空泥、木头、泡沫等材料来造型，批量化的道具制作则需要制作硅胶模具，翻制成树脂或者石膏，再进行表面处理，打磨或者着色。由于一般的影视制作周期较短，大多3～5个月，加之道具制作效果由人员的艺术涵养与手头功夫决定，所以影视舞台美术道具的质量参差不齐，大多表面粗糙、造型简单，特别对于科幻或者玄幻类电影，难以满足特写镜头对细节的要求，也很难应对复杂对称道具的要求。一旦面对要求对称且复杂的道具制作，道具的制作精良程度便是摆在道具制作者面前的难题。一些特殊的道具（如复杂的头冠头饰），若单纯靠人力去解决，费时且费力。再如精致的佛头，对于道具制作者便有着极高的要求，如果是严肃的历史剧，那么道具应该是高度还原的。三维扫描技术的出现完美解决了此类问题。3D打印经常与三维扫描协同作业，通过扫描产品实物的3D外形来获取数字化设计的3D模型，是一种更加快捷、方便获取三维模型的方法。

有了三维扫描的加持，增材制造技术制作影视道具又增加了更多的优势。例如，制作流程短，可以为剧组节省很多时间；几乎没有复杂度的限制，制作成品适合近距离拍摄，可以更完美还原美术指导和导演的要求，提升视觉效果和质感；容错率较高，传统手工制造道具，一旦失误就需要重新制造，而3D打印的道具即使是损坏了，也只需要重新打印即可。

增材制造技术在电影美术和定格动画中的应用已经越来越普及和成熟，其应用方向主要体现在以下几个方面：

① 角色的表情制作。传统定格动画制作中，角色的面部表情制作受到技术手段落后的制约，在表情的生动灵活性和制作的便利性上有很大的缺陷。

增材制造技术解决了这个由来已久的技术难题。在计算机中创造角色的三维造型，然后通过骨骼绑定等便捷的三维手段，创造出动画表情。这项技术在动画《鬼妈妈》中使用，完全替代了传统的手工制偶技术（见图3-88）。影片中有21个角色，超过207000个面部表情。影片的制作和拍摄工期仅仅用了两年时间，比传统的手工制偶工艺提升了2～3倍的制作速度。

图3-88 《鬼妈妈》剧照

② 场景道具打印。短片《Chase Me》是一部全部使用增材制造技术的试验之作。不仅是角色身体和表情，片中的场景和道具也全部由3D打印机制作，对传统的制景技术进行了完美的细节补充和时间流程上的优化。

## 知识拓展

### 光敏树脂复合材料

光敏树脂是光固化3D打印工艺的主要实体材料与重要物质基础，也是当前制约光固化增材制造技术发展与进步的主要瓶颈。目前，大部分3D打印光敏树脂制品均存在力学强度低、韧性较差等问题。针对以上问题，研究人员大多采用分子结构设计、配方优化、填充改性等方法对光敏树脂进行增强、增韧改性。

光固化3D打印工艺自由度高，选用的增强纤维及光敏树脂可以丰富产品类型。并且在一定条件下，3D打印光固化和热固化均可以相互配合有效进行，实现双固化的效果。光热双固化所用的树脂基体一般是光敏树脂与热固性树脂的混合物，紫外光起到辅助快速固化的作用。树脂在加热状态下熔融并与纤维混合均匀，再使用紫外光辅助快速固化，合成复合材料。由于光热双固化使用热固性树脂与光敏树脂共混物，因此能供选择的树脂基体相对较多，在光固化3D打印中应用更为广泛。

目前，光敏树脂的改性有很多方向的尝试，其中较为成熟的有增强拉伸度和抗冲击性的树脂、增强弯曲强度和拉伸强度的树脂、增强拉伸强度和模量的光敏树脂等。

现阶段，玻璃纤维和碳纤维是树脂基复合材料的主要增强纤维材料。玻璃纤维（GF）以玻璃为原料，经过高温熔制、拉丝等工艺制成，其种类繁多，大多具有绝缘性好、耐热性好、耐蚀性强等特点，是复合材料中常用的增强材料。而碳纤维（CF）是由碳元素组成的一种纤维，具有耐高温、抗摩擦、导电、导热及耐腐蚀等特性，其沿纤维轴方向有很高的强度和模量，能够作为优良的增强材料与树脂复合，制造成先进复合材料，在航空航天等领域得到广泛应用。此外，如凯夫拉纤维及竹纤维等纤维增强材料的复合材料也在不断开发中。

将碳纤维加入光敏树脂材料中后，虽然会对材料本身的黏度造成影响，但将碳纤维与光敏树脂复合在一起得到的新材料与传统光敏树脂相比，拉伸强度提高了 100%，冲击强度提高了 60% 左右。同时，纤维增强树脂基复合材料还具有比强度与比模量高、结构可设计性好、耐蚀性强等优点。因此，在光敏树脂中加入碳纤维为光敏树脂在工业上的应用提供了更多的可能性。

综合来看，通过对光敏树脂合成阶段改性提高打印件的力学性能主要存在以下两个问题：一是对光敏树脂的改性需要兼顾其成形性与力学性能，加入增强型填料会对光敏树脂的某些性能（如黏度、光敏度等）产生影响；二是增强型填料在液态光敏树脂中难以混合均匀，对其进行改性过程较为复杂且难以通过表面特征去判断改性结果的具体情况。例如，在液态光敏树脂中加入短切碳纤维，同样面临纤维在树脂中难以混合均匀的问题。

## 任务评价

认识 LCD 3D 打印机的应用与材料任务学习评价表见表 3-4。

表 3-4 认识 LCD 3D 打印机的应用与材料任务学习评价表

| 序号 | 评价目标 | 评价标准 | 配分 | 自我评价 | 小组评价 | 教师评价 | 备注 |
|---|---|---|---|---|---|---|---|
| 1 | 掌握 LCD 3D 打印机的操作与线路连接 | 能够操作 LCD 3D 打印机进行打印，同时了解线路的连接方法 | 20 | | | | |
| 2 | 了解 LCD 3D 打印机的材料 | 光敏树脂材料性能特点的了解情况 | 30 | | | | |
| 3 | 了解 LCD 3D 打印机的应用 | LCD 3D 打印机应用的了解情况 | 35 | | | | |
| 4 | 了解 LCD 3D 打印机的操作规范 | 操作设备进行打印过程中是否存在违规的情况 | 10 | | | | |
| 5 | 掌握工、量具的使用规范 | 工、量具使用完后是否规范放置 | 5 | | | | |
| 合计 | | | 100 | | | | |

4

# 项目4 SLM 3D 打印机的装调与应用

## 项目简介

无论是熔融沉积成形技术还是光固化成形技术，采用这两种工艺加工的零部件只有极少一部分可以直接在工业领域应用，这是由工艺类型和所使用材料导致的。FDM 3D 打印机不论是材料挤出结构还是运动结构都是由纯机械零部件构成的，相比采用了光学元器件的其他增材制造技术，所打印出的零部件势必会出现均匀横纹。这种横纹与市面上常见工业品外观有较大差别，会给人一种粗糙的观感。从材料的角度来说，不论是熔融沉积成形技术所使用的丝状耗材，还是光固化成形技术使用的液态树脂，加工出的零部件都无法脱离塑料制品的范畴。其打印件在强度、柔韧性、耐蚀性等综合性能上都无法满足工业品加工的需求。而激光选区熔化（selective laser melting，SLM）技术凭借着所使用材料的出色性能，填补了 3D 打印在工业领域的应用空白。

SLM 技术利用高能激光束将金属或合金粉末逐层熔融，可以打印出具有良好力学性能、高耐磨性和耐蚀性的金属部件，致密度和精度高，因此广泛应用于航空航天、汽车、医疗器械和模具制造等行业。此外，SLM 技术还具有材料选择的优势。除了常见的铝合金、钛合金和不锈钢，还有多种金属材料可用于 SLM 3D 打印，如镍合金、铜合金和钴铬合金等。材料的多样性使得 SLM 技术可适用于更多应用领域。

在高端制造领域，如汽车零配件、航空航天、模具制造和个性化医疗等领域，SLM 技术已经成功地解决了传统制造工艺无法处理的复杂结构和特殊材料的制造难题。SLM 技术通过精确控制激光以确保熔化和凝固过程，实现了高精度、高质量的零部件的增材制造。这项技术的应用不仅提升了制造工艺的效率和精度，还为制造业带来了巨大的发展机遇和创新空间。特别是在个性化医学领域，SLM 技术的应用可以实现定制化的康复器械和植入物的制造，为患者提供更好的治疗方案，提高了康复患者的生活质量。随着 SLM 技术的不断发展和创新，将继续为制造业的发展带来无限的活力和可能性。

除了 SLM 技术外，还有很多可以加工出金属制品的增材制造技术类型，如电子束熔化、直接能量沉积、金属粉末挤出成形、金属粉末烧结等。SLM 技术是金属 3D 打印中应用范围最广、设备保有量最大的金属增材制造技术类型。因此，本项目以 SLM 3D 打印机为基础进行拆装学习，通过对设备的实际拆装，认识、熟知各个部分的结构与功能，尽可能做到在运用过程中完成对知识的掌握。

## 项目框架

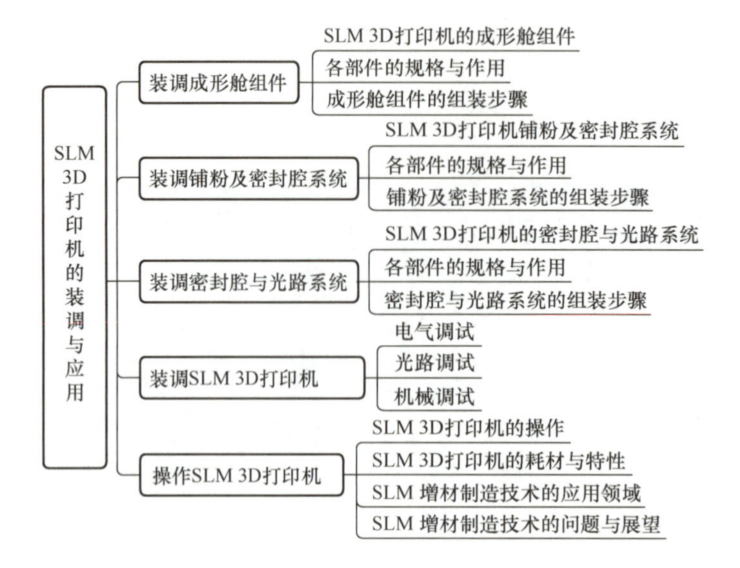


## 素养育人

### 1. 什么是社会责任感

社会责任感是指个人或组织对社会和环境负有的一种道德和伦理责任感。具体包括以下几个方面：

1）关注社会问题。具有社会责任感的人会主动关注社会上存在的问题，如贫困、环境污染、社会不公平等，认识到这些问题对社会和个人造成的影响。

2）承担责任。具有社会责任感的人会意识到自己有责任为社会问题负责，不仅关注问题的存在，还主动承担起解决问题的责任。

3）积极参与。具有社会责任感的人会积极参与到解决社会问题的行动中，通过自己的力量和能力，为社会做出积极的贡献，推动社会的进步和发展。

4）可持续发展。具有社会责任感的人会关注长远的可持续发展，不仅解决眼前的问题，还要注重出现问题的根本原因，以确保社会的可持续发展。

### 2. 为什么要提高社会责任感

社会责任感是社会进步和发展的重要推动力，当个人或组织具备社会责任感时，他们会积极参与社会事务，推动社会问题的解决，促进社会的公平、正义和可持续发展。社会责任感能够促进社会的凝聚和团结，当个人或组织具备社会责任感时，他们会关注他人的需求和利益，主动承担社会责任，增强社会的互助和合作精神，从而促进社会的和谐与稳定。具备社会责任感的个人或组织往往会被社会所认可和尊重，他们通过积极参与社会事务，为社会做出贡献，树立了良好的社会形象，赢得了社会的信任和支持。社会责任感的提高有助于个人实现自身的价值和意义，通过关注和参与解决社会问题，个人能够体现自己的社会意识和价值观，实现对社会的贡献，同时也获得了成就感和满足感。社会责任感的提高有助于推动可持续发展，关注环境保护和社会公益事业，采取可持续的行动和决策，有助于保护地球资源，减少环境污染，实现社会、经济和环境的协调发展。

### 3. 如何培养社会责任感

培养社会责任感是一个持续的学习和实践过程，通过了解国家历史和文化知识，提高国家和民族认同感；关注时事新闻，了解国内外动态，关注与生活相关议题；积极参与社会活动，投身志愿者活动，为社会做出贡献；学会换位思考，理解他人需求，关心他人感受；培养良好道德品质，遵守法律法规，诚实守信，尊重他人，关爱环境；提高自身能力，努力学习，提升能力素质，为社会发展做出贡献；关注弱势群体，关心他们的权益，提供支持；在社交媒体传播正能量，引导他人关注社会问题；反思与改进，不断提升自己，努力成为有社会责任感的人；培养团队精神，在团队中发挥自身积极作用，共同实现目标。通过这些社会实践和学习体验，逐渐提高社会责任感。

## 任务1 装调成形舱组件

### 任务目标

1. 认识 SLM 3D 打印机的成形舱组件。
2. 了解各部件的规格与作用。
3. 掌握成形舱组件的组装方法。

### 任务引入

成形舱是 SLM 3D 打印机中的重要组成部分之一。成形舱既是承载耗材的容器，又是负责材料加工的主要部件，在其中进行着粉末材料的熔化和层层堆积，通过与其他部件的配合逐步构建出 3D 打印成品。甚至可以说，成形舱的设计和性能直接影响打印的成功率。

通过认识 SLM 3D 打印机成形舱中的组件，以及在操作成形舱的组装过程中逐步掌握某些关键零部件对成形舱组装的影响。同时，能够在实操过程中知道通过哪些必要性操作可以增强成形舱的整体性能，在后期实际操作设备或者 3D 打印成品检验时，能够发现问题，从而保证 SLM 3D 打印机加工过程的连续性和稳定性。

### 知识与技巧

#### 1. SLM 3D 打印机的成形舱组件

作为核心部件之一的成形舱，主要由成形舱基板、伺服电缸、侧板、长侧板、基板、粉末回收导向块、粉末回收挡板、毛毡、打印基础板、金属机主体、L 形限位板、内置角槽、铝型材横梁、成形舱组件组成。通过这些零部件的互相配合，组装完成的成形舱即可按照系统规定的顺序进行抬升、下降，逐步完成加工、供料等工作（见图 4-1）。

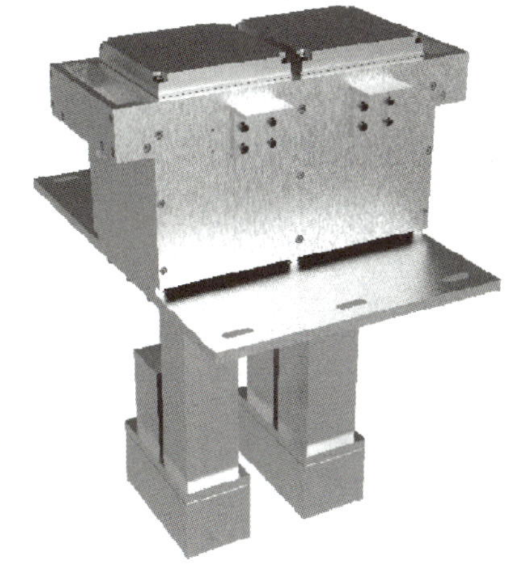

图 4-1 SLM 3D 打印机的成形舱

成形舱需要具备一定的耐热性、耐磨性和化学稳定性，用来承受高温熔化粉末的环境。此外，成形舱的加工设计还要考虑到打印过程中产生的热应力、热膨胀和材料堵塞等因素，这些因素可能会导致成形舱的活塞卡顿或其他问题的出现，从而影响打印过程的连续性和可靠性。

成形舱为密封结构，因此在实际组装设备过程中需要进行特殊处理。例如，在钢板之间涂密封胶，以确保在打印过程中不存在泄漏的问题。成形舱内部主要是由工作缸和铺粉缸组成的，工作缸是负责打印加工的区域。在开始打印后，刮刀将金属粉末从铺粉缸运送到工作缸基板的上层，顶部的激光根据工艺软件中规划的路径熔化基板上的粉末状耗材。

#### 2. 各部件的规格与作用

成形舱组件的组装核心是成形舱基板，处于成形舱的中间位置，用于连接下方的伺服电缸和上方的腔体、激光器部分。下方的伺服电缸是一种具有伺服控制功能的电动执行器。它由电动机、减速器和编码器等组成，能够实现高精度、高可靠性的运动控制。伺服电缸通常用于自动化设备和机械系统中，用来实现定位、位置控制和力控制等功能。与传统的气动和液压执行器相比，伺服电缸具有更好的控制性和可编程性，能够更好地满足复杂运动控制需求。

成形舱上方的3块侧板共同组成了工作缸和铺粉缸的一部分，而基板安装板是后续用来承载基板的，需要使用电缸锁紧螺母将其固定在成形舱基板上（见图4-2）。

图4-3中的2块长侧板和图4-2中的3块侧板共同组成了工作缸和铺粉缸的空间；毛毡需要安装在基板安装板和打印基础板之间，其主要作用是为了隔离工作缸和铺粉缸中的粉末耗材，防止在上下移动的过程中，粉末耗材漏入下方的空间内，影响3D打印机的正常运行；打印过程中溢出或者处于工作缸和铺粉缸之外的金属粉末耗材，通过两侧的粉末回收导向块进行回收。

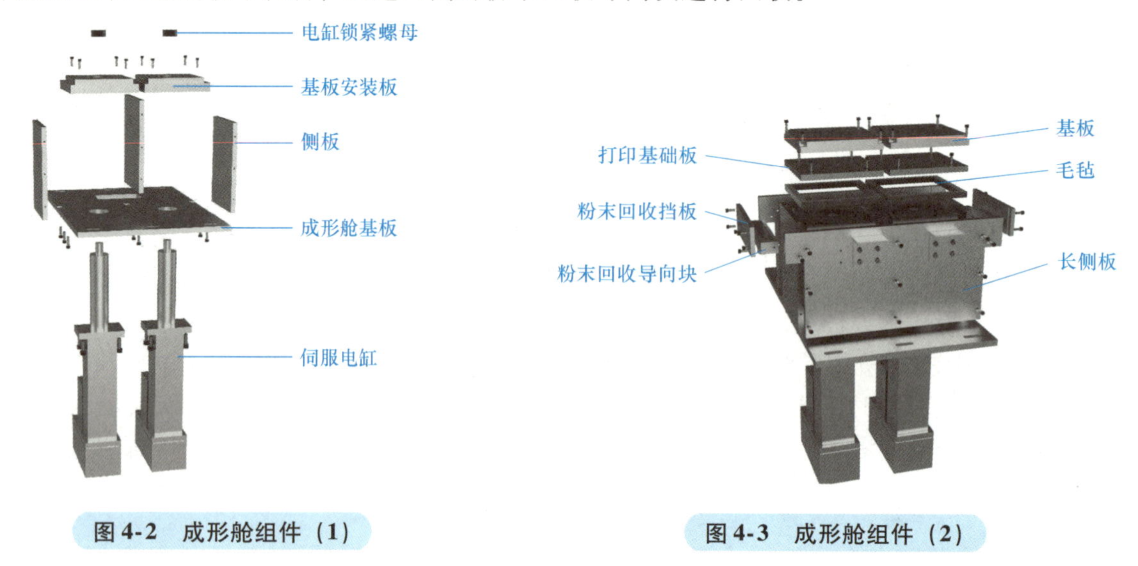


图4-2 成形舱组件（1）

图4-3 成形舱组件（2）

## 任务实施

成形舱组件的组装步骤如下：

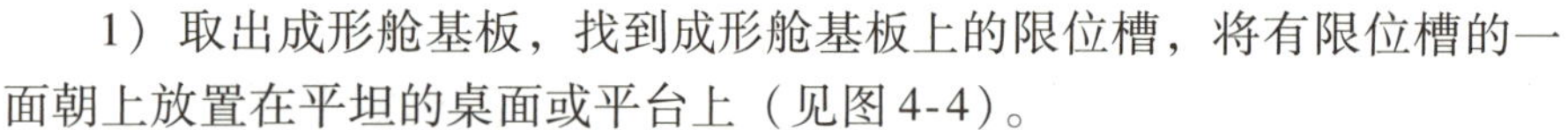

1）取出成形舱基板，找到成形舱基板上的限位槽，将有限位槽的一面朝上放置在平坦的桌面或平台上（见图4-4）。

成形舱组件的组装方法动画

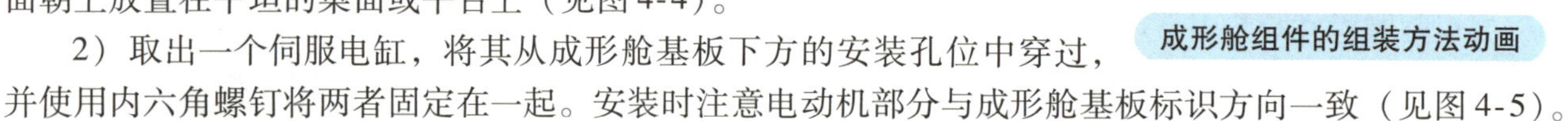

2）取出一个伺服电缸，将其从成形舱基板下方的安装孔位中穿过，并使用内六角螺钉将两者固定在一起。安装时注意电动机部分与成形舱基板标识方向一致（见图4-5）。

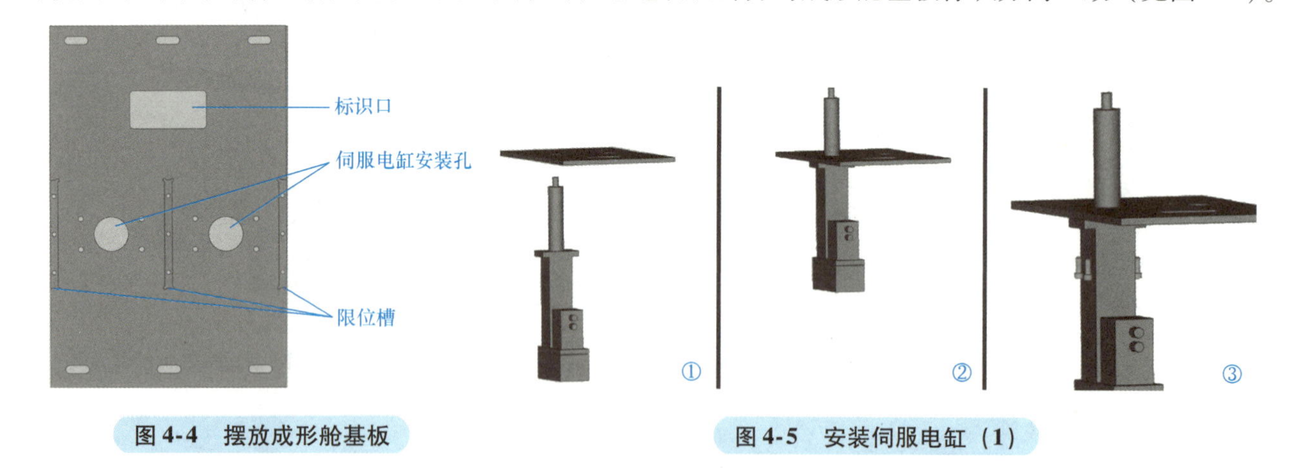


图4-4 摆放成形舱基板

图4-5 安装伺服电缸（1）

3）按照同样的方法，安装另一个伺服电缸，使用内六角螺钉固定（见图4-6）。

4）将侧板安装在成形舱基板的对应槽位上，使用螺钉对两者进行固定，将剩余的侧板依次安装至成形舱基板上并固定（见图4-7）。

5）将两个基板安装板分别安装在对应的伺服电缸上部（见图4-8）。

6）取出前后两个长侧板并将其与侧板组装在一起，使用内六角螺钉进行固定。在实际生产组装时，为了保证两个缸体的密封性，需要在侧板与长侧板之间的连接面处涂抹密封胶后再进行拼装，在拆装实

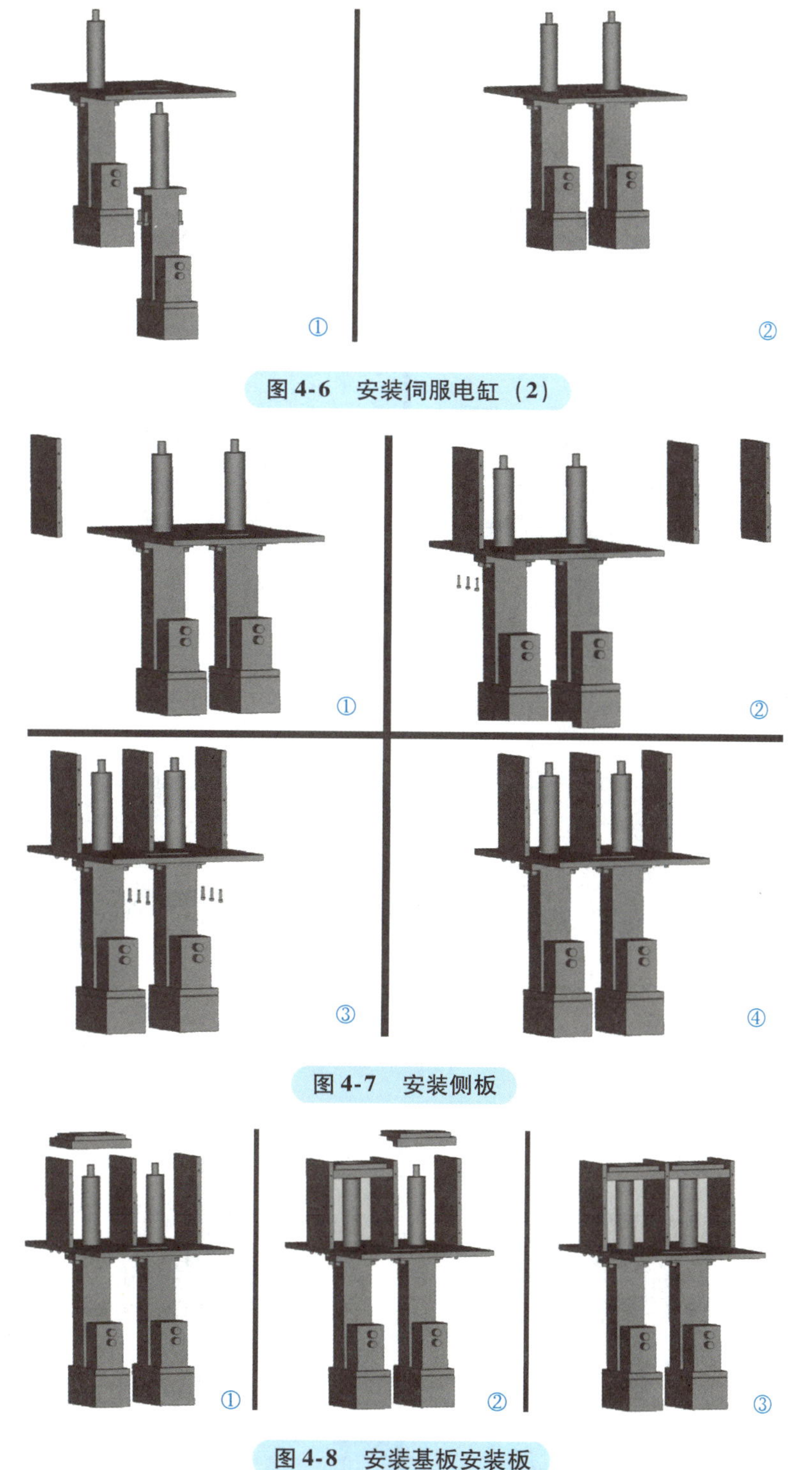

图 4-6 安装伺服电缸（2）

图 4-7 安装侧板

图 4-8 安装基板安装板

训的过程中则不需要涂抹密封胶（见图 4-9）。

7）将粉末回收导向块安装在长侧板上，使用内六角螺钉固定（见图 4-10）。

8）安装粉末回收挡板，使用内六角螺钉固定。安装另一侧的粉末回收导向块和粉末回收挡板，使用内六角螺钉固定（见图 4-11）。

9）将电缸锁紧螺母安装在伺服电缸顶部，同时拧紧电缸锁紧螺母上部的顶丝，保证基板安装板不会倾斜。随后依次安装毛毡、打印基础板，使用内六角螺钉将打印基础板固定在基板安装板上（见图 4-12）。

10）将基板安装在打印基础板上，将剩余部分按照上面的步骤完成组装。至此，SLM 3D 打印机成形舱组装完成（见图 4-13）。

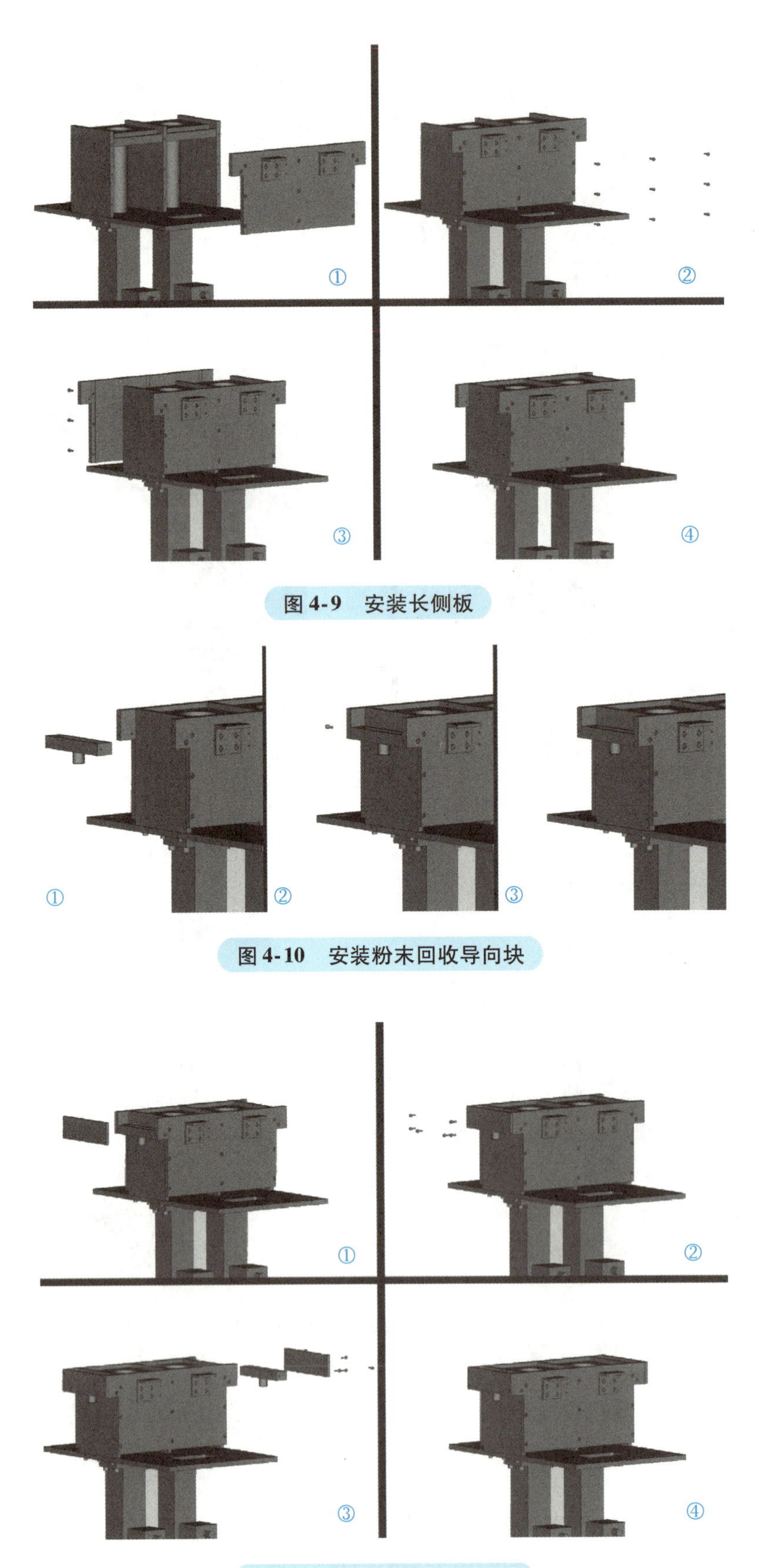

图 4-9　安装长侧板

图 4-10　安装粉末回收导向块

图 4-11　安装粉末回收挡板

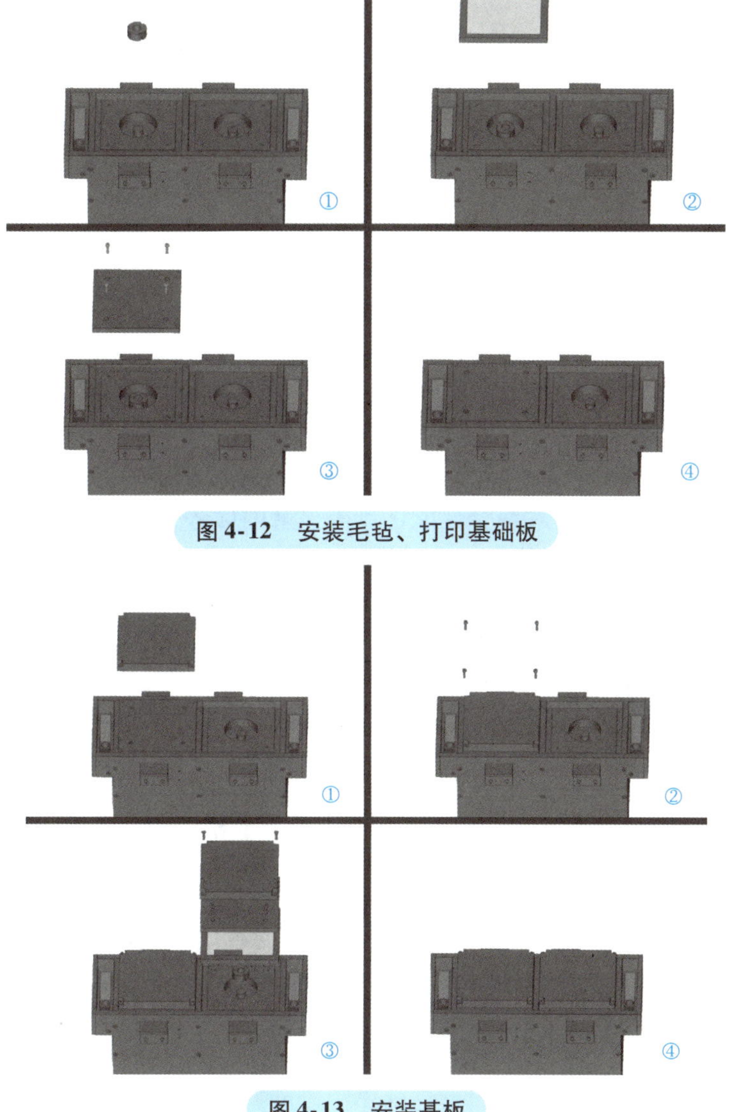


图 4-12　安装毛毡、打印基础板

图 4-13　安装基板

## 知识拓展

### 1. SLM 技术的由来

SLM 技术诞生于 1995 年的德国，德国弗劳恩霍夫陶瓷技术和系统研究所（Fraunhofer IKTS）是能够追溯到的最早展开研究激光完全熔化金属粉末成形的科研单位，并在世界范围内第一次提出了 SLM 技术的概念。同年，德国 EOS 公司制造了第一台 SLM 3D 打印机。其基本的加工逻辑是利用高能激光热源将金属粉末完全熔化后快速冷却凝固成形，激光束会精确地熔化粉末以构建物体的一层，然后平台会下降一段距离，一层新的粉末会覆盖在先前的层上，激光束再次熔化并构建新的一层。该过程将反复进行，直到完整的物体构建完成。该技术最大的优势在于无需后处理工序就可以直接获得结构与性能兼备的实体零件，制造周期相对较短（见图 4-14）。

图 4-14　正在加工中的 SLM 3D 打印机

目前欧美发达国家和地区在 SLM 设备的研发及商业化进程上处于世界领先地位。德国 EOS 公司已经成为全球最大、技术领先的激光粉末烧结增材制造系统的制造商。美国 3D Systems、德国 Concept Laser、德国 TRUMPF 等公司也都具备一定实力并开发出自己的 SLM 设备。

国内 SLM 设备的研发与欧美发达国家和地区相比，整体性能相当，但在设备的稳定性方面略微落后。目前国内 SLM 设备研发单位主要包括华中科技大学、华南理工大学、西北工业大学和北京航空制造研究所等。

### 2. SLM 技术的优势

1）SLM 技术能够制造出几乎任意形状的金属零件，包括具有复杂内部结构和空腔的部件，这是传统制造方法无法实现的。

2）相对于激光选区烧结（SLS）技术，SLM 技术解决了 SLS 技术制造金属零部件的复杂工艺难题。

3）SLM 技术可以近净成形复杂形状的金属零件和模具，致密度和精度高，已在人工义齿及复杂模具镶块的快速制造方面获得工业应用。

4）相对于传统铣削、锻造及电加工等方法，SLM 技术在生产形状复杂、小批量的零件时，具有制备工艺简单、节约材料、开发周期短和综合性能优良等显著的优势。

5）在汽车零配件、模具、武器装备、个性化医学、航空航天零部件等高端制造领域，SLM 技术解决了传统制造工艺难以加工甚至无法加工的一些结构和材料的制造难题，为制造业的发展带来了无限活力。

### 3. SLM 3D 打印机存在的问题

目前使用 SLM 技术制作的零件经常存在显微形貌差、致密性差、力学性能达不到要求等问题。这主要是因为扫描速度、铺粉厚度、激光功率这 3 个工艺参数的实际值与设置的理想值存在一定误差，归根于 SLM 3D 打印机存在一些问题。目前 SLM 3D 打印机存在的主要问题可归纳如下：

1）振镜调节精度低，定位不准确，导致激光的扫描速度出现误差，且扫描轨迹也会出现误差，影响成形件的质量与精度。

2）机架质量大，设备笨重，相关的支撑件与连接件承受载荷大，容易发生损坏。

3）电动机需要带动铺粉装置往复运动，电动机轴因此承受交变应力，长时间工作后易发生疲劳损坏。

4）铺粉装置工作时不稳定，振动幅度大，导致铺粉厚度出现误差。在铺设含有硬杂质颗粒的金属粉末时，刮板会与杂质颗粒发生硬性碰撞，导致铺粉层有凹坑并损伤刮板。

5）成形舱内黑烟清除效果差，激光扫描金属粉末时成形舱内产生的黑烟会黏附到透镜上，导致激光通过透镜后功率衰减严重，激光照射到金属粉末上时功率不足，激光功率出现误差，严重时甚至还会造成透镜爆裂。

## 任务评价

装调成形舱组件任务学习评价表见表 4-1。

表 4-1　装调成形舱组件任务学习评价表

| 序号 | 评价目标 | 评价标准 | 配分 | 自我评价 | 小组评价 | 教师评价 | 备注 |
|---|---|---|---|---|---|---|---|
| 1 | 认识 SLM 3D 打印机的成形舱组件 | 各零部件名称的掌握情况 | 20 | | | | |
| 2 | 了解各部件的规格与作用 | 各部件作用的了解情况 | 30 | | | | |
| 3 | 掌握成形舱组件的组装方法 | 能否完成成形舱组件的装调 | 35 | | | | |
| 4 | 了解装调成形舱组件的操作规范 | 组装过程中是否存在损坏零部件的情况 | 10 | | | | |
| 5 | 掌握工、量具的使用规范 | 工、量具使用完后是否规范放置 | 5 | | | | |
| 合计 | | | 100 | | | | |

# 任务2　装调铺粉及密封腔系统

## 任务目标

1. 认识SLM 3D打印机铺粉及密封腔系统。
2. 了解各部件的规格与作用。
3. 掌握铺粉及密封腔系统的装调方法。

## 任务引入

SLM 3D打印机中的铺粉系统是用于将金属粉末均匀地覆盖在打印区域表面的系统。它的主要作用是为打印过程提供金属粉末，并确保粉末层的厚度和均匀性。铺粉系统通常由工作缸、粉缸、刮刀等组成，通过几个部分的互相配合将金属粉末均匀地从粉缸刮送至工作缸区域。

密封腔是指工作缸（打印区域）周围的封闭空间。在SLM 3D打印过程中，打印区域需要保持一定的气氛环境，以确保金属粉末的熔化和凝固过程能够安全、顺利进行。在SLM 3D打印前，需要通过气氛循环系统降低密封腔内的氧气含量，并充入惰性气体（如氩气、氮气等）用于减少金属粉末在打印过程中产生的氧化还原反应。密封腔可以保持惰性气体的循环，并有效降低其逸出量，从而维持适当的气氛环境。在打印过程中，会产生黑烟，黑烟会影响设备使用的稳定性，直接导致打印质量变差，严重的还会导致透镜损坏、模型打印失败。通过气氛循环系统可以尽可能地滤除密封腔内的黑烟，保证设备的正常运行。

## 知识与技巧

### 1. SLM 3D打印机铺粉及密封腔系统

SLM 3D打印机铺粉及密封腔系统由金属机主体、导流罩、风管、落粉管、立板、铺粉导轨组件、刮刀转接板、刮刀组件、刮刀架、成形舱组件、横梁、铝型材连接件组成。这些结构的共同作用保证了设备的正常运行。铺粉系统主要用于金属粉末的逐层铺放，通常采用铺粉辊或者刮刀（金属、陶瓷和橡胶等材质）的形式，在每层激光扫描前，铺粉机构在传动机构驱动下将送粉缸提供的粉末铺送到工作缸平台上。铺粉机构的工作特性（如振动幅度、速度和长期稳定性等）直接影响零件成形质量（见图4-15）。

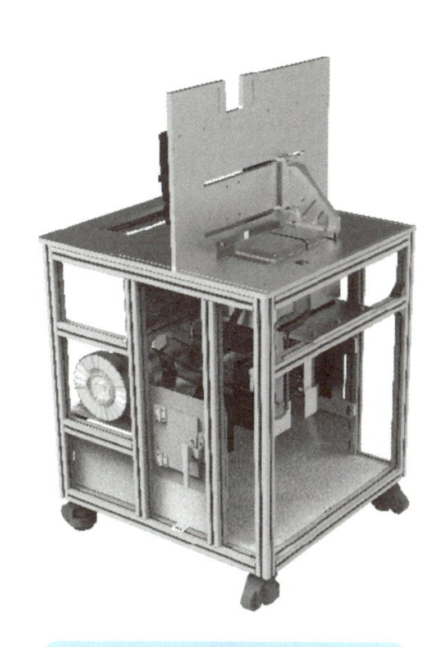

图4-15　铺粉及密封腔系统

密封腔系统是实现SLM成形的空间，在里面需要完成激光逐道逐层熔化和送粉、铺粉等关键步骤。密封腔一般需要设计成密封状态，有些情况下如成形纯钛等易氧化材料还需要设计成可抽真空的容器。

金属粉末中含有碳元素以及一些其他的杂质元素，当激光扫描金属粉末时会产生黑烟。特别是在低速扫描时，激光能量输入大，产生的黑烟量也大，若粉末长期反复使用，则会产生更多的黑烟。被扫描的金属粉末附近温度非常高，产生向上流动的热气流，黑烟会随着底部的热气流向上飘散。黑烟会给设备及加工过程带来一系列的问题，黑烟很容易黏附在成形面正上方的透镜上，导致激光透过镜片时功率衰减严重，镜片很快发热、发烫甚至爆裂。透镜被污染后还会使激光入射粉末时的功率不足，激光功率工艺参数误差较大，影响熔池的沉积层形貌与孔隙率，导致成形件的物理和力学性能达不到要求。若黑烟没有被及时清除、在成形舱内飘荡，还会黏附在前门的透明玻璃上，影响操作员的视线。由于隔离装置的隔烟效果难以达到100%，黑烟会进入到动力装置，增大导轨与滑块之间的摩擦系数，使摩擦力变大，降低传动效率。若黑烟飘落到送粉缸未加工的金属粉末表面，与粉末混合在一起，则会使粉末被污染。

气体净化系统主要就是为了解决黑烟的问题。气体净化系统可以实时去除成形舱中的烟气，保证成形气氛的清洁度。另外，为了控制氧含量，还需要不断补充保护气体，有些还需要控制环境湿度。

### 2. 各部件的规格与作用

在 SLM 3D 打印机铺粉及密封腔系统的组装过程中，需要先将组装完成的成形舱组件安装至金属机主体，使用横梁和铝型材连接件辅助进行安装固定。金属机主体部分以基本的框架结构为主，与 SLM 成形工艺相关的结构较少，因此不需要进行单独拆分（见图 4-16）。

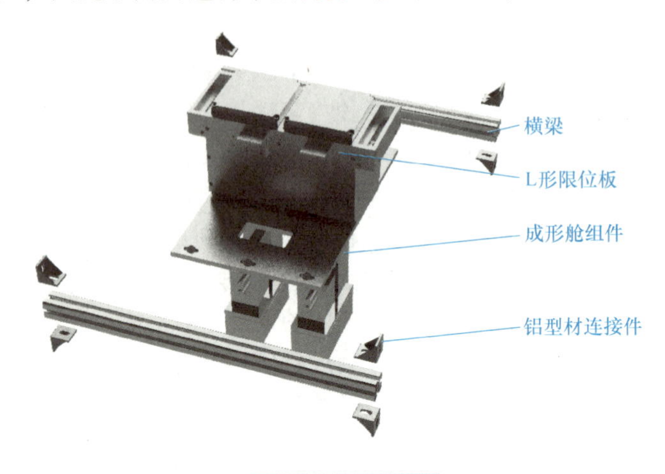


图 4-16 连接件

导流罩由进气罩和排气罩两部分组成，进气罩负责吹出风向水平的气流，将工作缸加工过程中产生的黑烟吹向排气罩方向，排气罩负责将吹过来的黑烟收集。风管 2 的主要作用是负责将离心风机的出风口和导流罩中的进气罩连接在一起，保证将风机中的气流运送至进气罩。风管 1 是用于连接排气罩和滤芯的管路，将排出的气体运送至滤芯进行过滤，导流罩和风管都是整个气体内循环模块中不可或缺的一部分。落粉管是进行粉末回收的管路，共有两根。一根顶部连接工作缸集粉口，底部连接至粉末回收腔的顶部，负责打印过程中溢出耗材的自动回收和打印完后剩余耗材的回收。另一根顶部与粉缸集粉口连接，底部连接至另一个粉末回收腔用于收集调平、清理过程中不慎滑落进去的耗材（见图 4-17）。

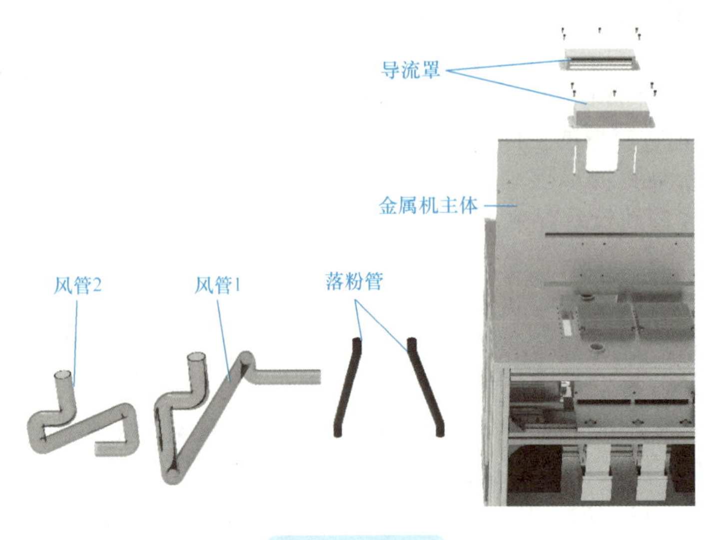


图 4-17 管路

刮刀组件由刮刀压板 A、刮刀压板 B、铺粉刮刀组成。两个刮刀压板将铺粉刮刀夹紧，再使用内六角螺钉进行固定（见图 4-18）。

铺粉导轨组件是整个铺粉系统的核心组件之一，由导轨和电动机组成，主要用于保证刮刀及相关零部件的移动。刮刀转接板 A 和刮刀转接板 B 的作用是将刮刀架转接固定至铺粉导轨组件。立板严格意义上属于设备框架结构的一部分，主要用于承载、固定铺粉导轨组件，同时还作为成形舱前后两端的中间连接结构存在。刮刀组件的主要作用是将粉末耗材从粉缸刮送至工作缸，同时将工作缸上方的粉末铺平，因为粉末的厚度、平整度直接决定了打印制品的质量，所以刮刀组件也是在正式打印前需要调试的组件之一。通过刮刀架和刮刀转接板的中转连接，将刮刀组件转接至铺粉导轨组件，保证刮刀组件可以根据系统的要求进行移动（见图 4-19）。

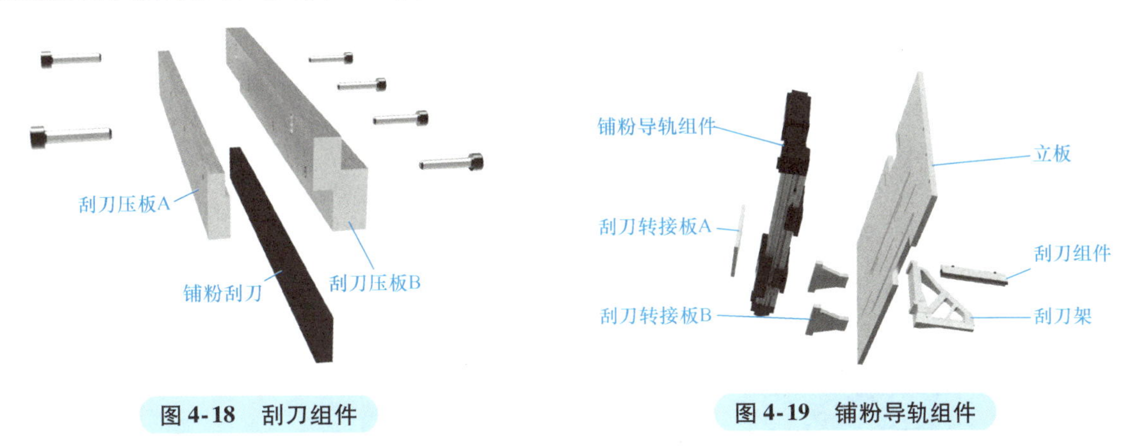


图 4-18 刮刀组件

图 4-19 铺粉导轨组件

## 任务实施

铺粉与密封腔系统的组装方法动画

铺粉与密封腔系统的组装步骤如下：

1）组装前的准备。首先将需要用到的 T 形螺母组装起来，随后组装横梁和铝型材连接件（见图 4-20 和图 4-21）。

2）取出装调完成的成形舱组件，将其从底部安装在金属机主体部分的铺粉系统基础板上，确保成形舱组件中的 L 形限位板与铺粉系统基础板紧密贴合在一起。同时，注意成形舱组件的安装方向。使用铝型材连接件将横梁固定在金属机主体部分的框架结构上，保证横梁的上部紧贴在成形舱基板的下部，使用十字螺钉旋具将左右两侧的铝型材连接件螺母全部拧紧（见图 4-22）。

3）使用 M6 的 T 形螺母将成形舱组件与横梁连接在一起（见图 4-23）。

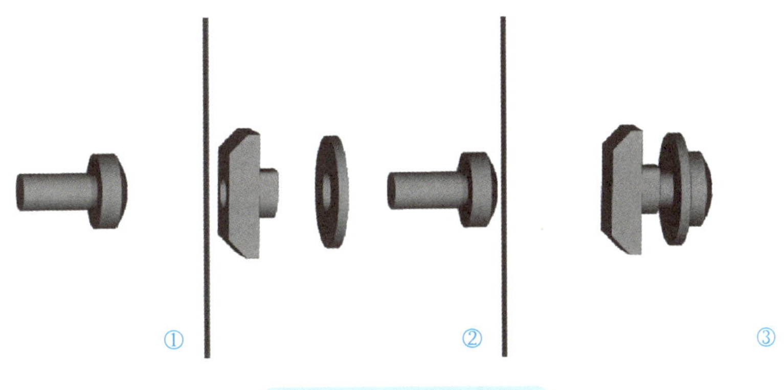


图 4-20 组装 T 形螺母

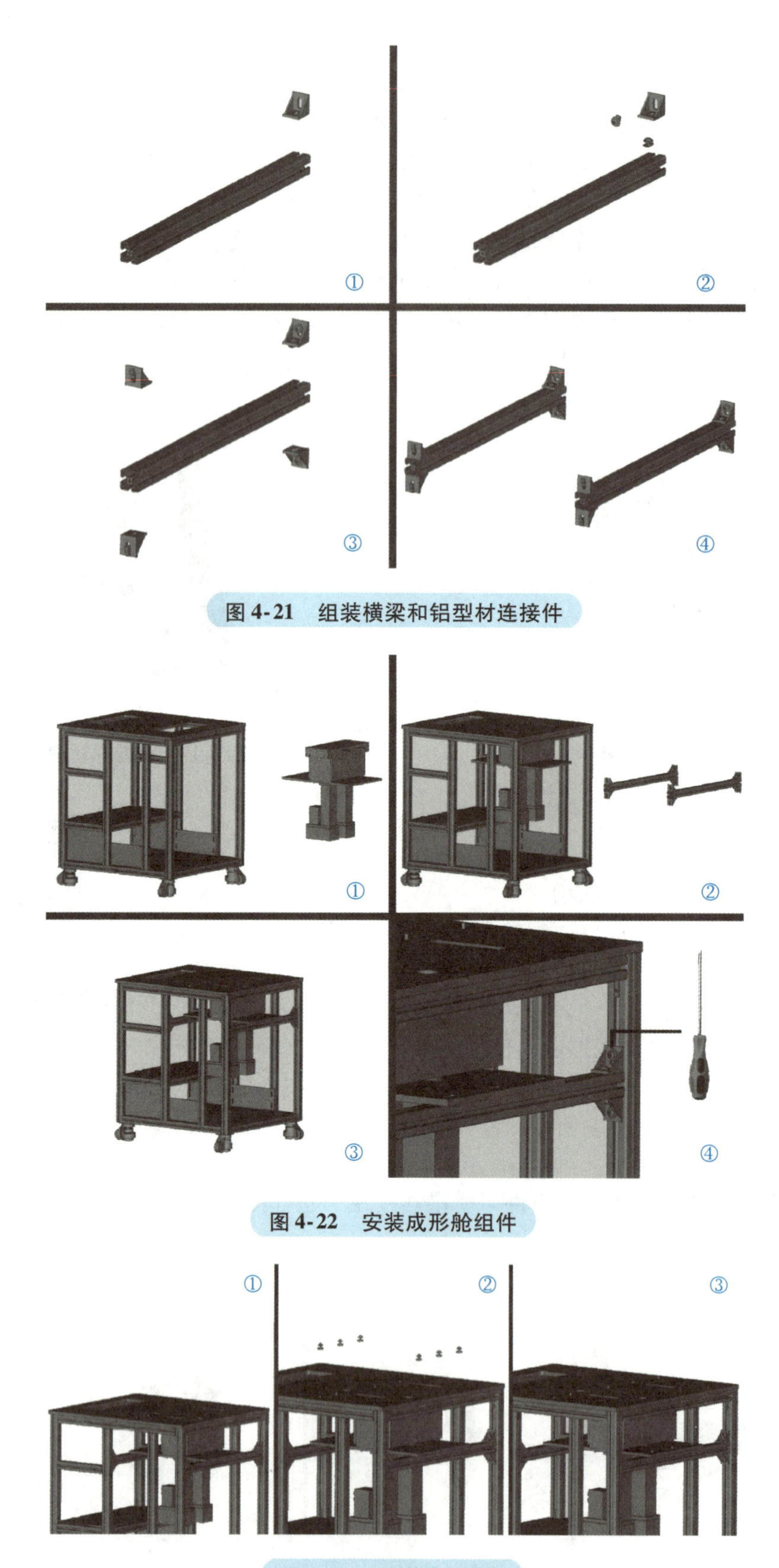

图 4-21　组装横梁和铝型材连接件

图 4-22　安装成形舱组件

图 4-23　安装固定横梁

4）安装落粉管。将落粉管的一端固定在右侧的粉末回收导向块接口上，另一端固定在落粉口管接头上，参考以上步骤继续安装左侧的落粉管（见图 4-24）。

5）安装风管。将风管 1 的一端安装在气体循环接口上，另一端安装在滤芯进气口上。将风管 2 的

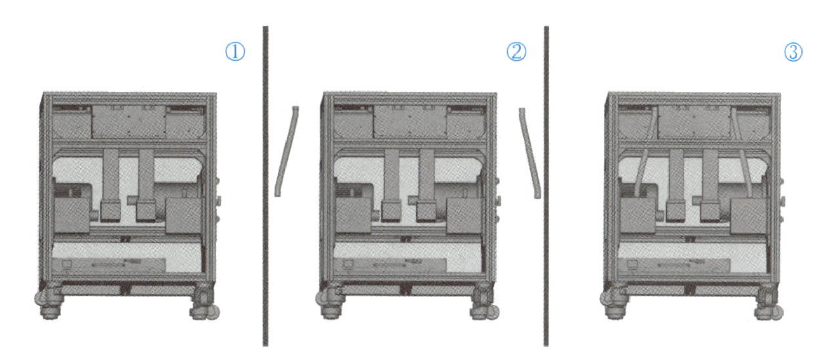


图 4-24　安装落粉管

一端安装在后侧的气体循环接口上，另一端安装在离心风机的出风口上（见图 4-25）。

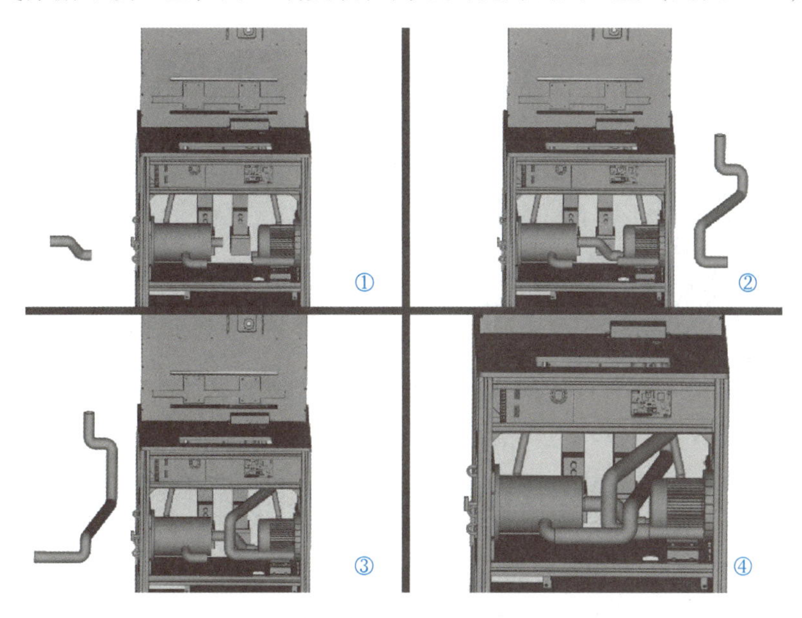


图 4-25　安装风管

6）将导流罩安装在铺粉系统基础安装板上（见图 4-26）。

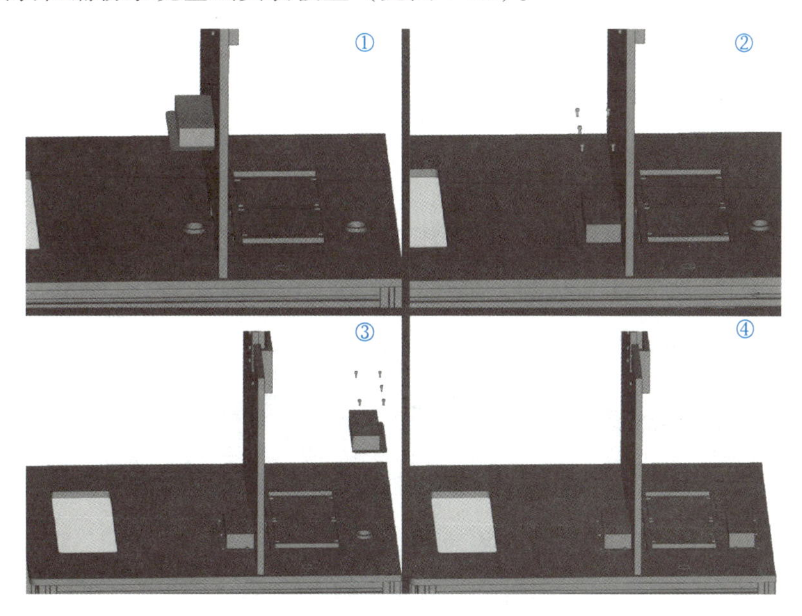


图 4-26　安装导流罩

7）将铺粉导轨组件安装在立板上，安装时注意拧紧铺粉导轨固定座上的螺钉（见图4-27）。

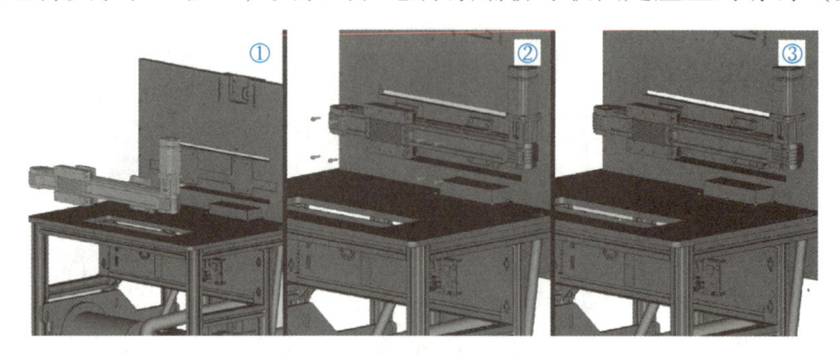


图4-27　安装铺粉导轨组件

8）将刮刀转接板A安装至铺粉导轨组件上（见图4-28）。

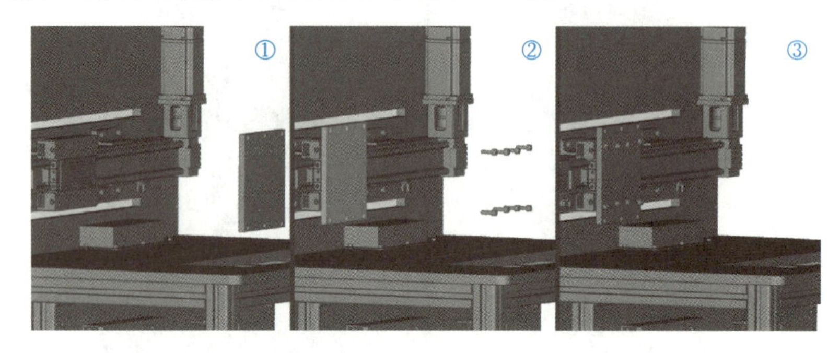


图4-28　安装刮刀转接板A

9）将两个刮刀转接板B安装在刮刀转接板A上（见图4-29）。

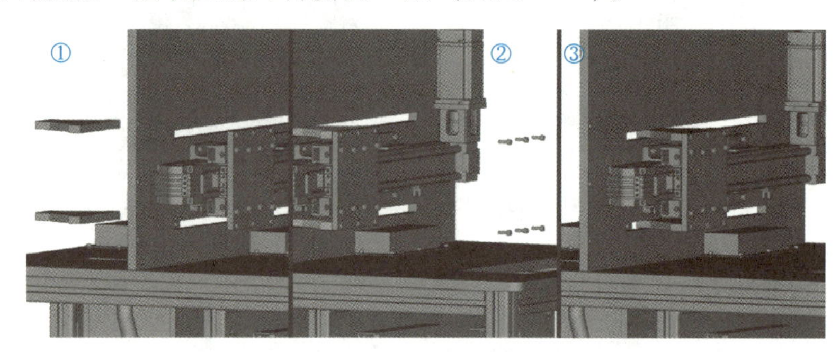


图4-29　安装刮刀转接板B

10）将刮刀架安装在刮刀架转接板B上（见图4-30）。

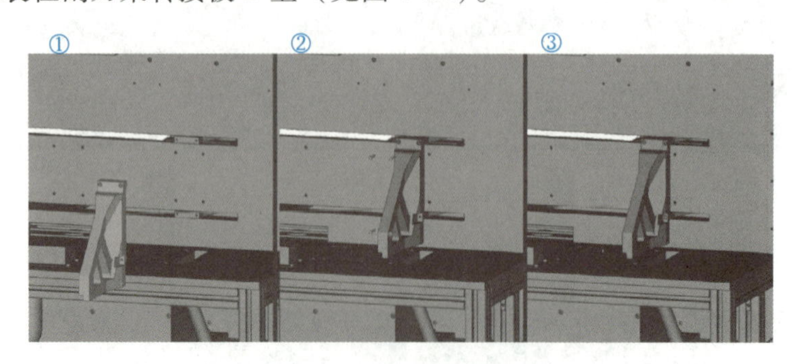


图4-30　安装刮刀架

11）将铺粉刮刀安装在刮刀压板A和刮刀压板B之间，组成刮刀组件（见图4-31）。

12）将刮刀组件安装至刮刀架（见图4-32）。

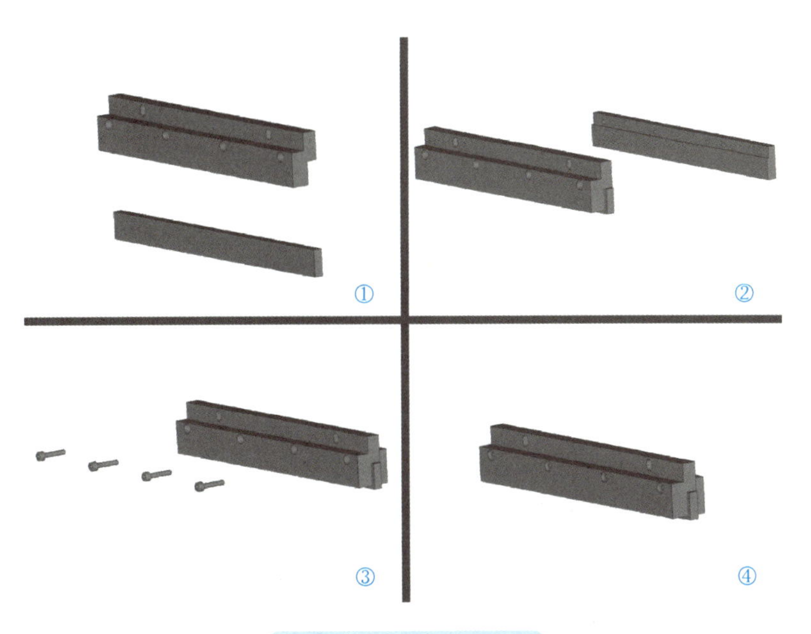


图 4-31 组装刮刀组件

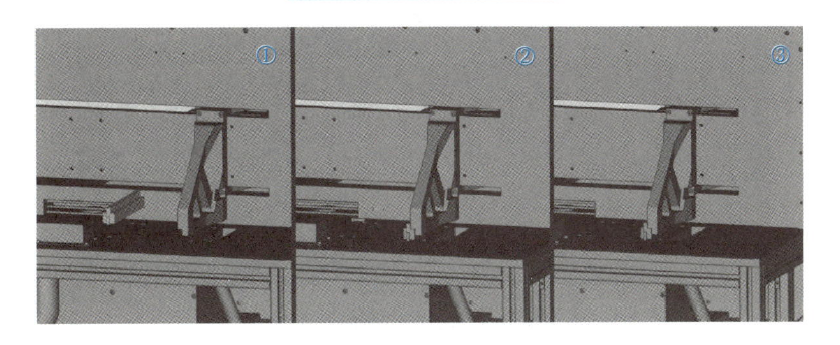


图 4-32 安装刮刀组件

13）铺粉及密封腔系统组装完毕（见图 4-33）。

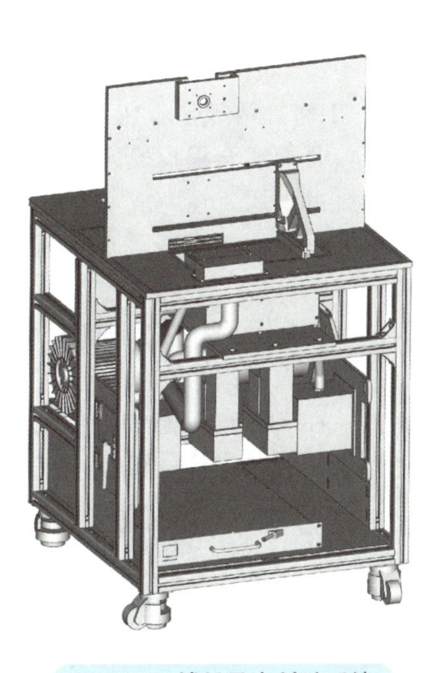

图 4-33 铺粉及密封腔系统

## 知识拓展

### 1. SLS 技术背景

激光选区烧结（selective laser sintering，SLS）技术是由美国德克萨斯大学机械工程专业的卡尔·罗伯特·德卡德发明。德卡德在 1987 年与他人共同创立了 Desk Top Manufacturing（DTM）Corp 公司，专门为制造商和服务机构提供快速原型制作和制造系统。1988 年，德克萨斯大学成功制作出第一台 SLS 3D 打印机，并申请了这项技术的专利。1992 年，这项专利被授权给了 DTM 公司，同年，该公司成功推出商用 SLS 3D 打印机 Sinterstation 2000。由于先发优势和可观的市场前景，DTM 公司随后又推出了 Sinterstation 2500 和 Sinterstation 2500 Plus，并拥有多项 SLS 技术及周边衍生技术的专利。为获得较为先进的 SLS 技术，3D 打印行业的巨头 3D Systems 公司于 2001 年收购了 DTM 公司（见图 4-34）。

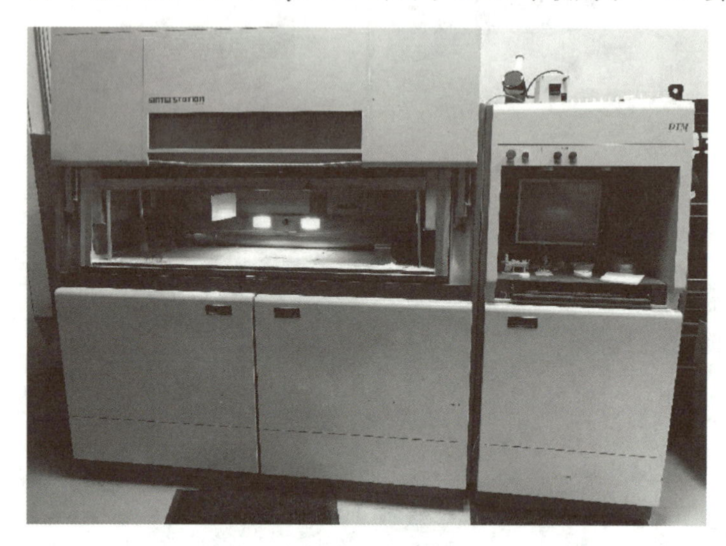


图 4-34　DTM 公司推出的 Sinterstation 2000

我国是在 1994 年开始研究 SLS 技术的，现已有多家单位具备 SLS 3D 打印设备的研发、生产能力，如华中科技大学、北京隆源自动化成型系统有限公司、南京航空航天大学、西北工业大学、湖南华曙高科技股份有限公司等。

### 2. SLS 技术工作原理

SLS 3D 打印设备的核心包括粉末缸和工作缸两部分。在工作缸底部，活塞（也称送粉活塞）上升，并通过铺粉辊将粉末均匀地铺在工作缸上。计算机会根据模型的切片数据控制激光束在二维扫描轨迹中选择性地烧结固体粉末材料，从而形成零件的一层。在完成一层后，工作活塞会下降相应的层厚度，并铺上新粉。接下来，控制激光束再次扫描并烧结这一新层。通过不断重复这个过程，逐层叠加，直到形成完整的三维零件。

SLS 工艺采用半固态液相烧结机制，其中粉体并未完全熔化。尽管这种方法在一定程度上减少了成形材料积聚的热应力，但是由于成形件中存在未熔固相颗粒，导致了一些工艺缺陷，如高孔隙率、低致密度、拉伸强度差以及表面粗糙度值较高。在 SLS 半固态成形体系中，固液混合体系的黏度通常较高，这会降低熔融材料的流动性，并产生通过激光对粉末状金属材料加工特有的球化现象。球化现象不仅会增加成形件的表面粗糙度值，还会导致铺粉装置在已烧结层表面后续铺粉层时遇到困难，从而妨碍 SLS 加工过程的顺利进行。

由于烧结后的零件强度较低，因此需要进行后处理以提高其强度。此外，制造的三维零件常常存在强度不高、精度较低以及表面质量较差的问题。在 SLS 刚出现时，相对于其他的快速成形方法，该技术具有一定优势，如广泛的成形材料选择范围以及比较简单的成形工艺（无须使用支撑结构）。然而，由于激光是其成形过程中的能源，激光器的应用增加了成形设备的成本。2000 年后，激光快速成形设备的迅速发展，特别是先进的高能光纤激光器的使用和铺粉精度的提高，确保粉体完全熔化的激光选区熔化（SLM）工艺逐渐受到人们的关注。从金属粉末加工质量来看，SLM 技术已经超越了 SLS 技术。

### 3. SLS 技术与 SLM 技术的对比

虽然 SLS 和 SLM 都属于增材制造工艺，都是利用激光逐层对粉末材料进行扫描，都可以完成内部复杂几何结构的加工。但是，它们之间还存在着一定的区别。

1）SLM 技术是将金属粉末完全熔化，加工成致密度、力学性能较高的金属制件；而 SLS 技术是将金属粉末部分熔化，形成烧结结构，后续需要送进烧结炉二次加工，制件的重量相对较轻，致密度较低。

2）由于 SLM 技术需要将金属粉末完全熔化，所以需要更高功率的激光器和更高的温控系统；而 SLS 技术对设备硬件的要求相对较低。

3）从应用方向来看，SLS 技术适用于制造陶瓷和金属零件，而 SLM 技术适用于制造金属和金属合金零件；SLS 技术广泛应用于汽车、航空航天、医疗器械等领域，而 SLM 技术广泛应用于精密机械、模具等制造领域。

## 任务评价

装调铺粉及密封腔系统任务学习评价表见表 4-2。

表 4-2 装调铺粉及密封腔系统任务学习评价表

| 序号 | 评价目标 | 评价标准 | 配分 | 自我评价 | 小组评价 | 教师评价 | 备注 |
|---|---|---|---|---|---|---|---|
| 1 | 认识 SLM 3D 打印机装调铺粉及密封腔系统的组成 | 各零部件名称的掌握情况 | 20 | | | | |
| 2 | 了解各部件的规格与作用 | 各部件作用的情况了解 | 30 | | | | |
| 3 | 掌握装调铺粉及密封腔系统的装调方法 | 能否完成装调铺粉及密封腔系统的组装 | 35 | | | | |
| 4 | 了解装调铺粉及密封腔系统的操作规范 | 组装过程中是否存在损坏零部件的情况 | 10 | | | | |
| 5 | 掌握工、量具的使用规范 | 工、量具使用完后是否规范放置 | 5 | | | | |
| 合计 | | | 100 | | | | |

# 任务 3 装调密封腔与光路系统

## 任务目标

1. 认识 SLM 3D 打印机密封腔与光路系统。
2. 了解各部件的规格与作用。
3. 掌握密封腔与光路系统的装调方法。
4. 掌握光路系统的装调方法。

## 任务引入

SLM 3D 打印机的密封腔内部结构在前面的任务中已经完成，本任务的主要内容是密封腔的前密封板、密封盖板等结构框架的组装，在完成与内部结构的组装后，才能组成一个完整的 SLM 3D 打印机密封腔。密封腔内既包含工作缸、粉缸这种用于加工的区域，又包含了刮刀、铺粉导轨等实现铺粉功能的部件，同时根据本身密封的特性，还可以通过气管充入惰性气体，保证加工过程的安全性，在风管和导流罩的配合下，将加工过程中产生的黑烟清除掉。由于大部分工作都需在密封的环境下完成，因此在进行结构框架部分组装时，更应该从细节出发，确保每一个零部件之间连接得足够紧密，增加后续密封测试通过的概率。

SLM 3D 打印机的光路系统主要由激光器、准直器、激光振镜、场镜组成。光路系统的基本工作流程：激光器发射的激光束经光纤传输到激光头，从激光头射出后经准直器进行收束与扩束；经过扩束的激光束入射到 X、Y 振镜片上，用软件控制伺服电动机使两片振镜片分别沿 X、Y 轴偏转，调整振镜片的反射角度，以控制激光束的照射位置；用场镜聚焦，将激光束缩小为均匀的圆形光斑照射聚焦在粉床表面，粉末颗粒通过吸收激光能量而升温熔化；随着激光束的移动，在体积力和表面张力的驱动下，熔池内的熔融液体相对流动，而激光束后沿的液相熔池因能量的减少和扩散持续凝固，实现制件成形。因此对于 SLM 3D 打印机而言，激光器所产生的激光光束质量直接决定着最终制件的成形质量。

## 知识与技巧

### 1. SLM 3D 打印机的密封腔与光路系统

SLM 3D 打印机密封腔的外部结构是由密封盖板、工业摄像机、加固板、前密封侧板、加固板、前密封板、密封舱门、后密封侧板、后密封板等部件组成。通过这些部件的组合，逐渐构建起一个完整的密封腔结构。

与密封腔相比，光路系统作为 SLM 3D 打印机的核心之一，更复杂一些；不论是激光器还是准直器、激光振镜、场镜，原本都有着各自的应用领域，当这些组件被共同安置在同一台打印机中时，就必须通过精准的设计来保证它们之间的协作。在 SLM 3D 打印过程中，光路系统不仅会被用来完成激光器与打印耗材之间的加工作业，还要控制激光器的运行状态、能量强度和输出光束质量，并在激光器与打印头之间形成稳定的激光路径，从而保证打印出来的成品具有更好的质感与表面纹理（见图 4-35）。

目前，工业领域常使用的激光器有：$CO_2$气体激光器、ND－YAG 固体激光器、半导体激光器和光纤激光器。$CO_2$激光器具有良好的可靠性和激光光束质量，但是也存在着设备体积大、结构复杂、维修困难等缺点。半导体激光器与 ND－YAG 激光器具有体积小、转换效率高、可靠性好等特点，不同点在于 ND－YAG 激光器光束质量高于半导体激光器。光纤激光器拥有着最好的激光光束质量，但是其价格优势不明显。为了保证最好的光束质量，这里选用的是光纤激光器（见图 4-36）。

图 4-35 密封腔与光路系统

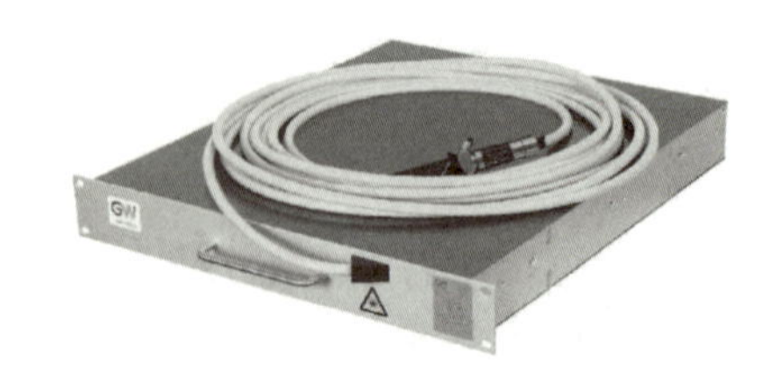

图 4-36 光纤激光器

直接从光纤发射的光束相比于经过准直器的光束有更大的发散角，会导致更多的光能量损失，不利于传输和耦合，对于 3D 打印的加工精度、加工效率都有很大的影响。准直器可将光束准直、扩束，同时也可以将光束聚焦为一定尺寸大小的光斑，这样可以确保激光束在打印过程中保持稳定和聚焦，从而获得高质量和高精度的制件。

在 3D 打印初期，大多设备采用的都是机械式 X、Y 轴移动扫描。其响应速度较慢、误差较大，无法满足 SLM 技术的发展需求，逐渐被扫描振镜系统取代（见图 4-37）。扫描振镜系统由高速伺服电动机驱动微小反射镜片偏转，可实现二维快速移动扫描，迅速成为 SLM 设备的标准配置。相对于机械式 X、Y 轴移动扫描，扫描振镜系统主要存在以下优点：

1）镜片偏转很小的角度就可以实现机械式 X、Y 轴移动扫描大移动量的效果，利用两个镜片的空间组合，可实现大幅面的扫描，设计结构更加紧凑。

2）镜片偏转的转动惯量很低，通过计算机控制和高速伺服电动机能显著降低激光扫描延迟，提高系统的动态响应速度，具有更高的效率。

3）扫描振镜系统的原理误差可以通过计算机控制的补偿系统调节，具有更高的精度。

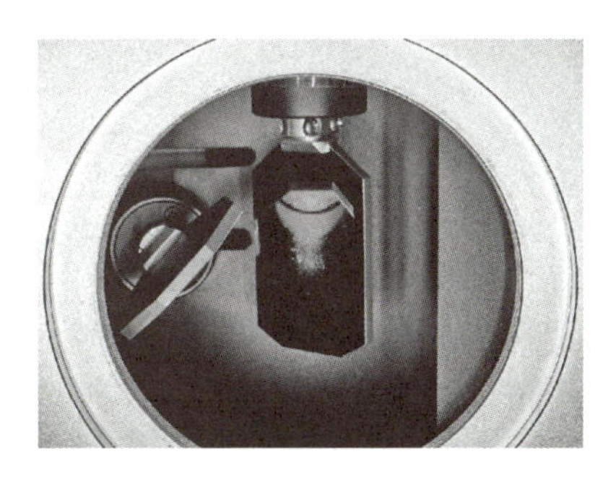

图 4-37　扫描振镜系统

扫描振镜系统的诸多优点，使其在激光加工、激光测量、生物医学等多个领域得到广泛发展。一套完整的扫描振镜系统由振镜头、控制卡和软件驱动组成。

振镜头由两个振镜和伺服电路组成，硬件组件包括：架固定框、X 轴扫描电动机、Y 轴扫描电动机以及几个反射镜。激光的射出孔设置在外支顶架，X 轴扫描电动机侧面。透镜位于安装孔的正下方，计算机控制振镜的探头信号完成预先设计的动作。反射镜安装在扫描电动机的主轴上，电动机转动带动反射镜偏转，扫描电动机的旋转角度（有限定范围）通过传感器实时检测，即伺服电路通过接收驱动电压信号来控制扫描电动机转动。

在光学系统中，场镜是一种常见的透镜或透镜组，有两种类型：

一种是传统意义上的场镜，也称为 Field Lens。它通常是一个单独的透镜，用于调整光线在光学系统中的传播方向。场镜位于光学系统的输入或输出端，用于扩展或收束光束。它的作用是校正像差、调整视场曲率或控制光束直径以获得更好的光学性能。

另一种是平场聚焦镜，也称场镜或 F－Theta 镜头。这种场镜通常用于激光刻录、激光打标和激光切割等应用中。它由多个透镜组成，可以实现在扫描平面上形成近似平坦的焦点，即使在扫描过程中，不同位置的光束也能够聚焦在同一焦平面上。这种设计使得激光束能够均匀地分布在整个扫描区域，从而实现精确的刻录、打标或切割。

尽管这两种场镜在中文语境中都称为场镜，但它们的作用和设计原理却大相径庭。传统的场镜主要用于光学系统的校正和调整，而平场聚焦镜主要用于激光加工领域，以实现加工过程中焦点的平坦性和高精度。

普通透镜的焦平面是个曲面，这样不利于扫描雕刻，为了解决这个问题，于是就有了平面透镜（Flat Lens）。然而，传统的平场透镜产生的图像与透镜焦点和扫描角正切成比例，这意味着当扫描角度线性变化时，图像不会线性移动，这也可能导致制造错误，于是就有了场镜（F－Theta），这些镜头产生的图像高度与焦距和扫描角成线性比例。

### 2. 各部件的规格与作用

密封腔的组装以各种类型的板状结构为主，因为任务 2 中的立板将密封腔分隔为前后两个部分，所以在进行外壳框架结构的组装时也需要对前后两部分分开组装。在组装前半部分时，前密封侧板和前密封板是主要的支撑框架结构，后续的密封结构都需要在此基础上进一步组装，也因为其本身的重要性，还需要在前密封侧板和前密封板的内侧安装加固板 C、加固板 A，确保其具备足够的稳定性。密封腔门是在组装完成后，密封腔内与外界环境接触的唯一窗口，因此在安装时要注意保证其基本的密封性；同时，合页部分在组装时也要尽可能紧固，防止在长时间使用后，合页松动导致密封性降低。密封盖板 1 是密封腔前部分的顶盖，后续会在密封盖板 1 上安装扫描振镜系统、在线式氧气检测仪、准直器、工业摄像机。工业摄像机是用于工业检测的高分辨率彩色数字摄像机，主要用于观察打印过程中密封腔内的情况（见图 4-38）。

密封腔的后半部分的腔体结构与前半部分类似，也是以后密封侧板、后密封板为基础进行组装，加固板 B 和加固板 D 辅助固定，密封盖板 2 负责将后半部分的顶部密封（见图 4-39）。

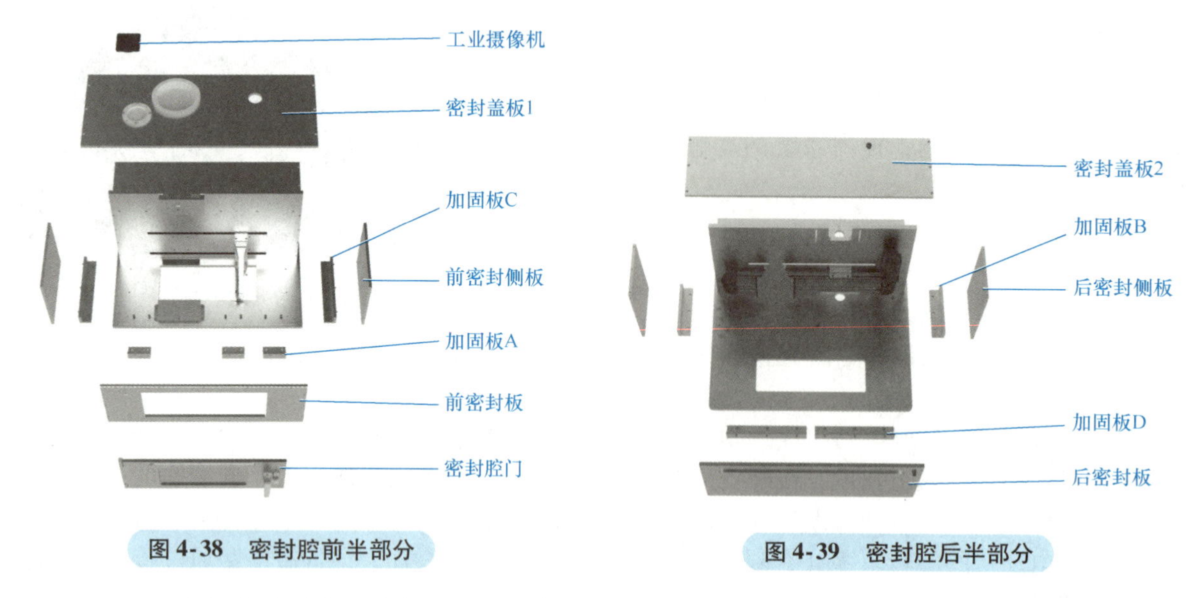


图 4-38 密封腔前半部分

图 4-39 密封腔后半部分

SLM 3D 打印机光路系统的内部组装较为复杂，因此在本次的组装过程中并不需要对激光器、准直器、激光振镜、场镜本身进行组装，但仍需要了解其基本的工作原理，确保在对 SLM 技术进一步研究时具备一定的理论基础。光路系统除了认识最重要的激光器、准直器、激光振镜、场镜四个部分外，还需要认识其他辅助的配件。

水冷管是光路系统中不可或缺的部分，在打印机工作时，激光器、激光振镜与激光头需要水冷控制温度，水泵通过水冷管将水冷机中的水引导至上面需要冷却的部件中，吸收完部件内的热量后，高温水继续通过水冷管流回水冷机散热，降温后继续按照上面的步骤进行循环。惰性气体管的主要作用是将保护气体送入密封腔内，通过对密封腔内送入保护气体（氮气、氩气等），排除腔体内的空气，用来确保在 SLM 3D 打印机打印过程中与氧气隔绝，防止在加工过程中的高温粉末产生氧化反应，惰性气体还可以帮助稳定激光的焦点和功率，提供更准确和质量更高的打印过程，减少由于包括氧气等其他气体在内的环境因素所引起的打印品质变化。在线式氧气检测仪又称氧表，用于探测收集密封腔内氧气浓度，并在显示密封腔内氧气浓度的同时，将收集到的数据传输给主控单元，在控制软件中就可以直接读取、使用监测的数据（见图 4-40）。

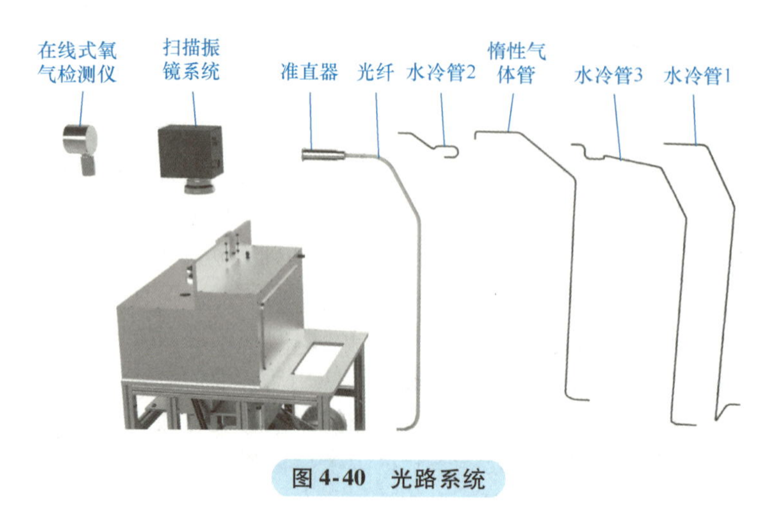


图 4-40 光路系统

## 任务实施

密封腔与光路系统的组装步骤如下：

因为密封腔的密闭特性，在实际装配时，密封腔的各个密封板之间的连接面需要粘贴密封条以后再拼装，以保证密封腔的整体密封性，但在练习时不作此要求。

密封腔与光路系统的组装方法动画

1）将3个加固板A安装至成形舱基板上，并使用内六角螺钉固定（见图4-41）。

2）安装加固板B（2个）、加固板C（2个）和加固板D（2个），并使用内六角螺钉固定。（见图4-42、图4-43和图4-44）。

3）分别安装位于左右两侧的两个前密封侧板，使用内六角螺钉将加固板C、立板后侧与前密封侧板进行连接、固定（见图4-45）。

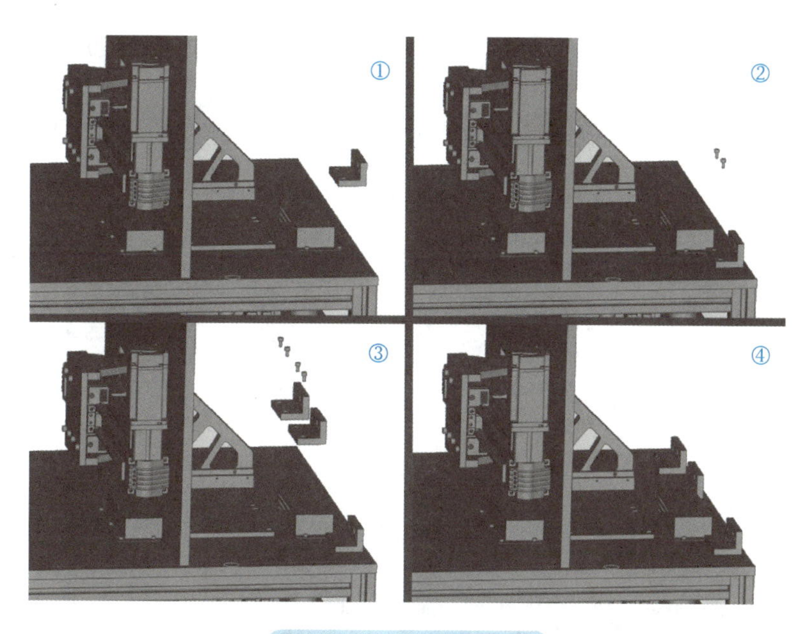


图4-41　安装加固板A

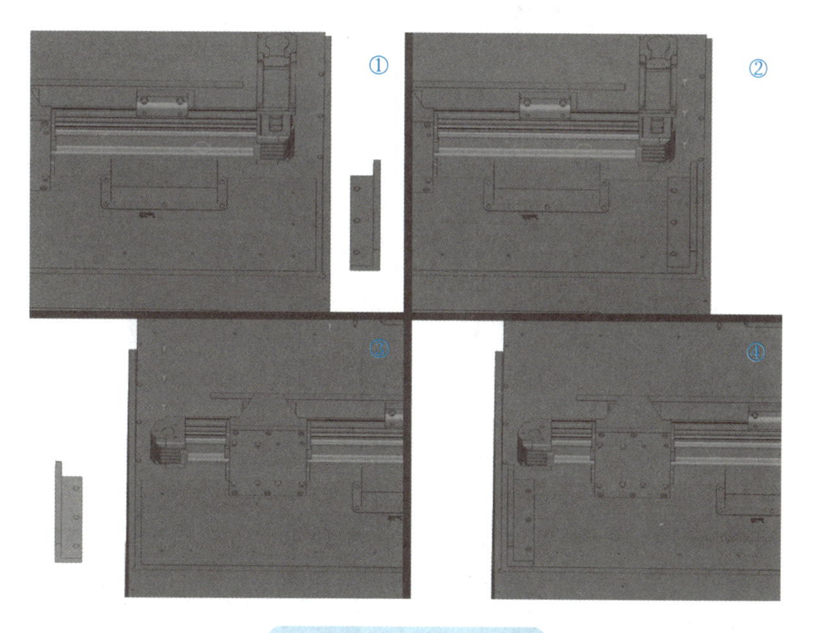


图4-42　安装加固板B

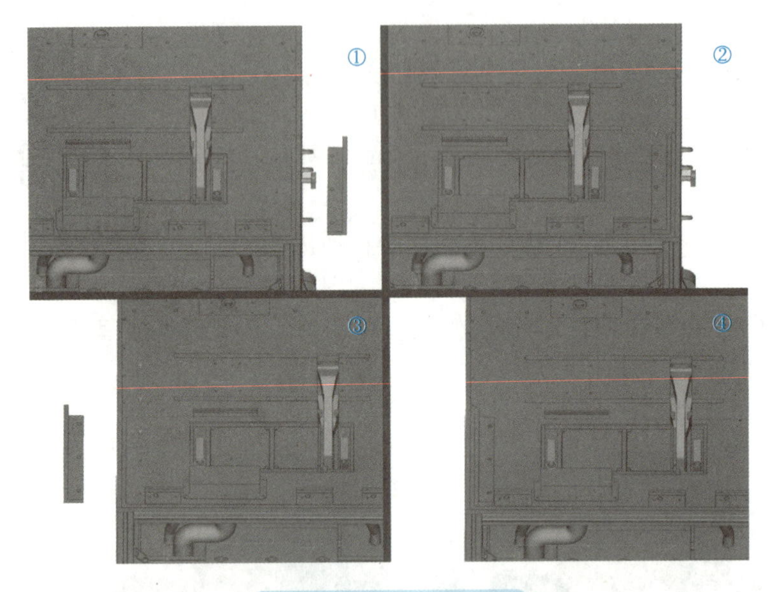


图 4-43　安装加固板 C

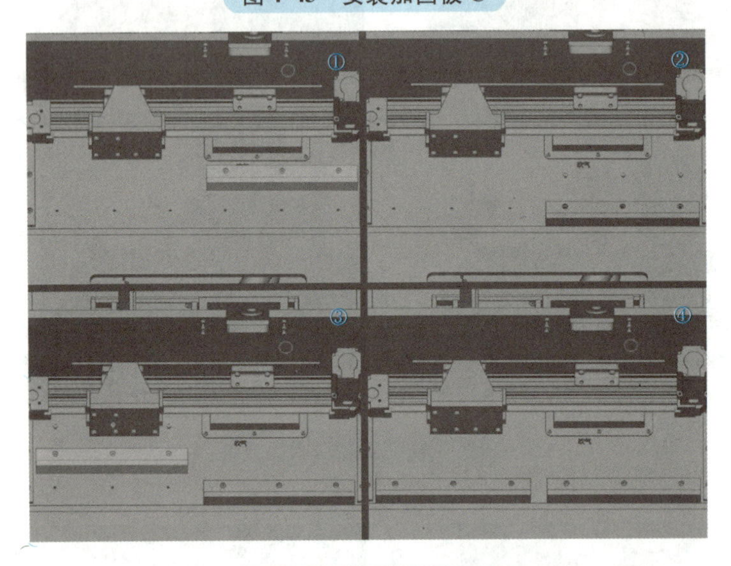


图 4-44　安装加固板 D

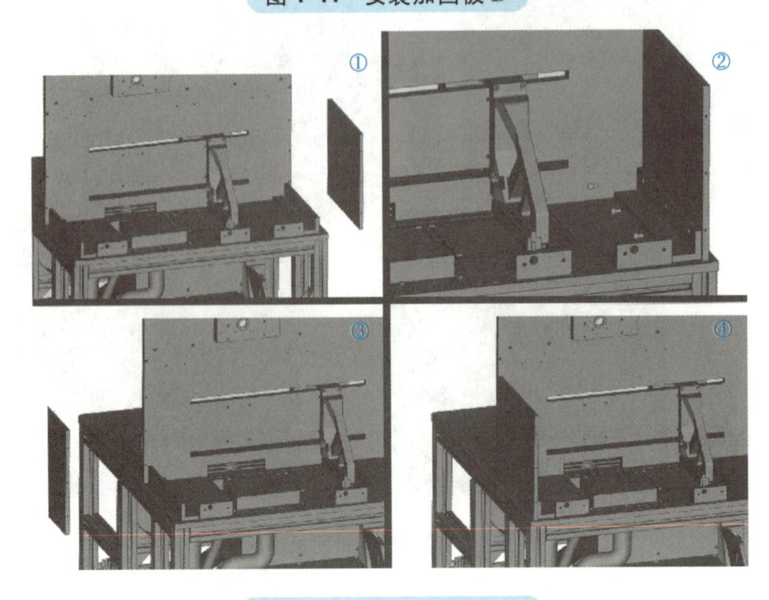


图 4-45　安装前密封侧板

4）将前密封板固定在前密封侧板上，使用内六角螺钉对左右两侧进行固定（见图4-46）。

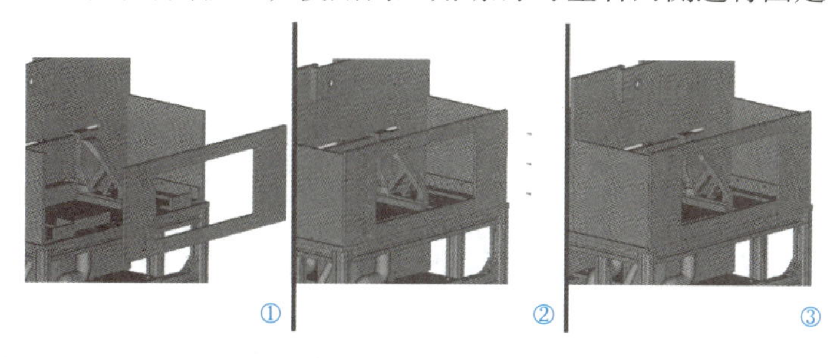

图4-46　安装前密封板

5）安装并拧紧加固板A和前密封板之间的固定螺钉（见图4-47）。

图4-47　固定前密封板

6）安装并拧紧后密封侧板和加固板B之间的固定螺钉，然后拧紧立板上的固定螺钉（见图4-48、图4-49）。

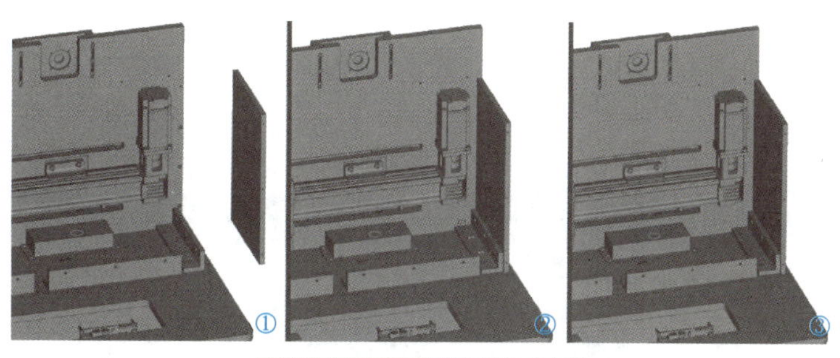

图4-48　安装后密封侧板

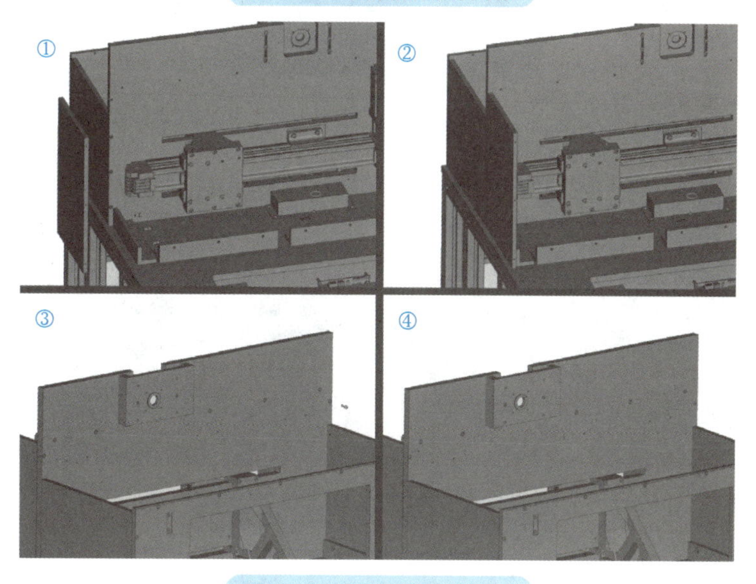

图4-49　固定后密封侧板

7）安装后密封板。将后密封板和后密封侧板使用内六角螺钉固定在一起。随后拧紧加固板 D 与后密封板相连的内六角螺钉，将两者进行固定（见图 4-50 和图 4-51）。

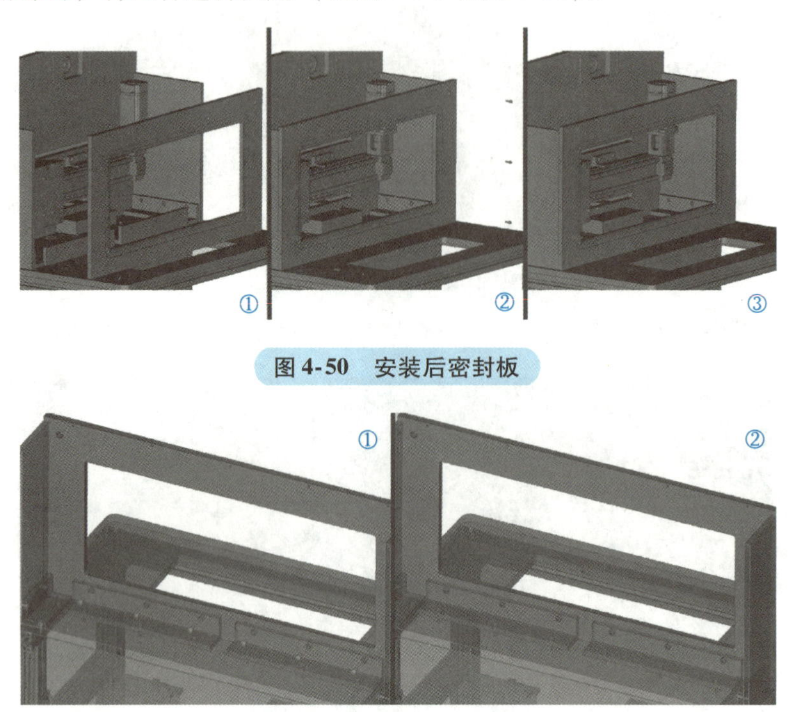


图 4-50　安装后密封板

图 4-51　固定后密封板

8）安装后密封板盖板，使用内六角螺钉进行固定（见图 4-52）。

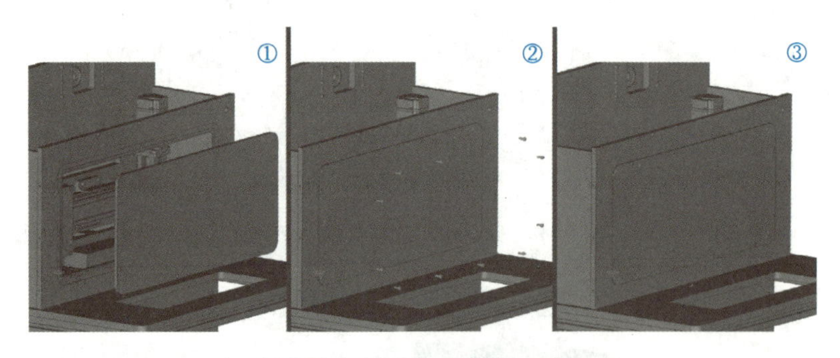


图 4-52　安装后密封板盖板

9）组装密封舱门锁（见图 4-53 和图 4-54）。

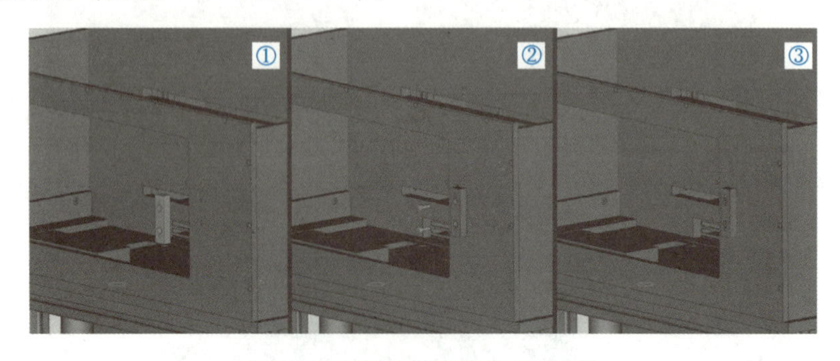


图 4-53　组装密封舱门锁（1）

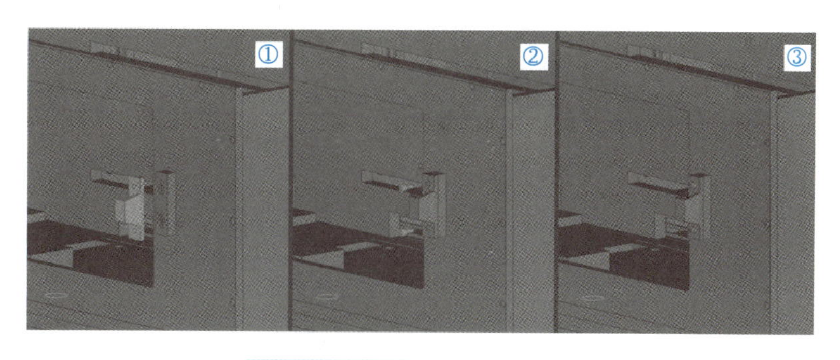

图 4-54　组装密封舱门锁（2）

10）将颌转轴安装至密封舱门，并从内部使用内六角螺钉将转轴固定至前密封板（见图 4-55 和图 4-56）。

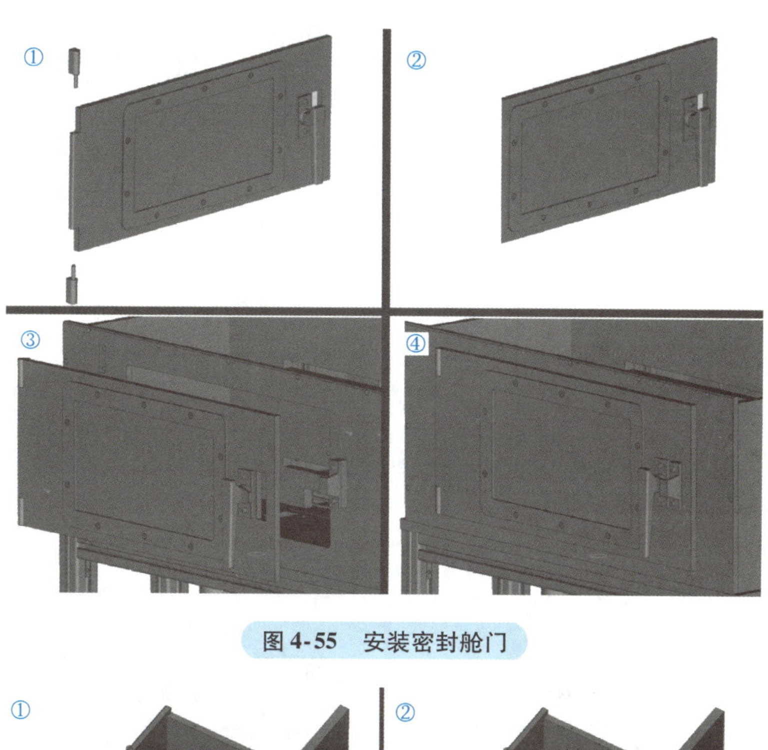

图 4-55　安装密封舱门

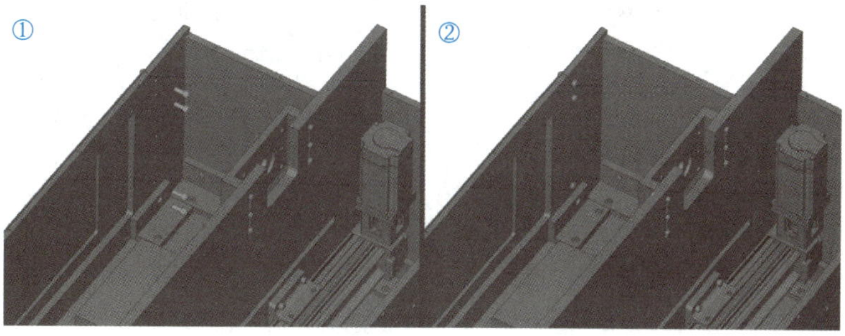

图 4-56　固定密封舱门

11）将密封盖板 2 安装在后密封侧板上，使用内六角螺钉进行固定。密封盖板 2 前后的螺母同样需要固定（见图 4-57 和图 4-58）。

12）安装密封盖板 1，在其左右两侧使用内六角螺钉进行固定（见图 4-59）。

13）使用内六角螺钉对前密封板和密封盖板 1 进行固定，使用 L 形连接板对立板和密封盖板 1 进行连接固定（见图 4-60）。

14）安装振镜组件和氧表。使用内六角螺钉将振镜组件与立板进行固定，使用专用扳手将氧表安装至密封盖板 1 的氧表孔位上（见图 4-61）。

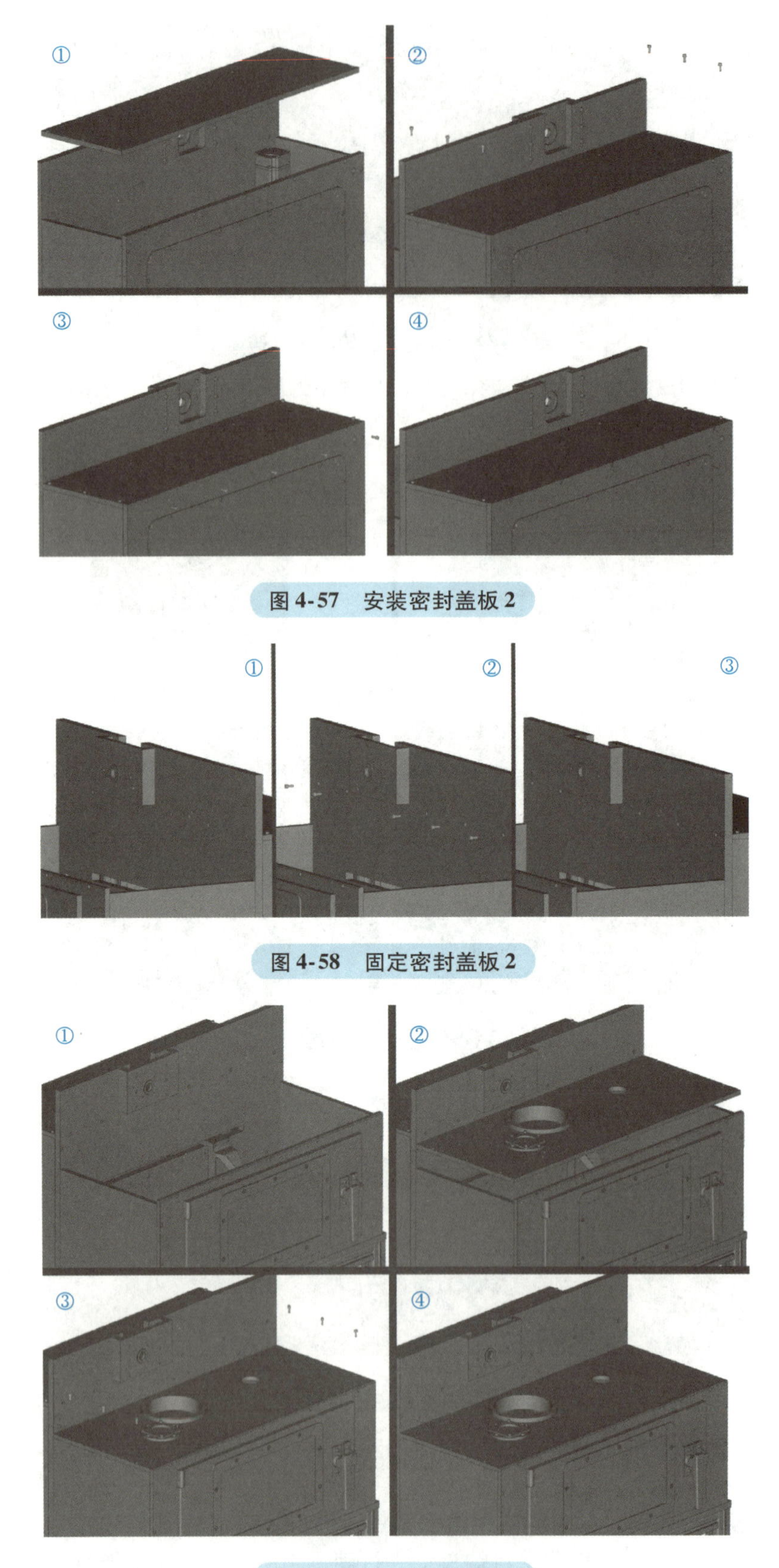

图 4-57　安装密封盖板 2

图 4-58　固定密封盖板 2

图 4-59　安装密封盖板 1

15）进行外壳部分的安装。按照流程图，逐步进行外壳部分的安装与固定（见图 4-62 ~ 图 4-65）。

16）组装完成（见图 4-66）。

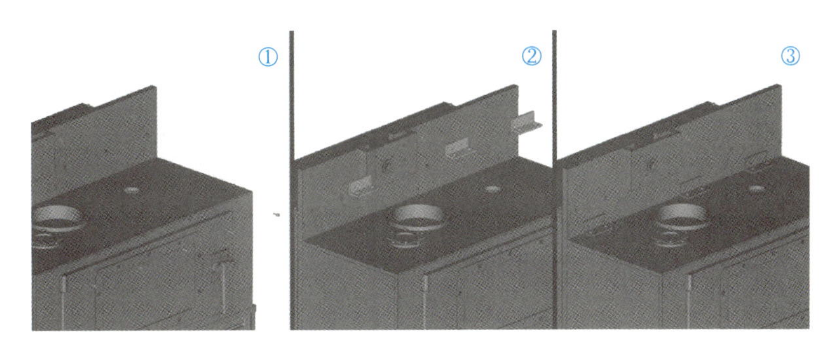


图4-60　固定密封盖板1

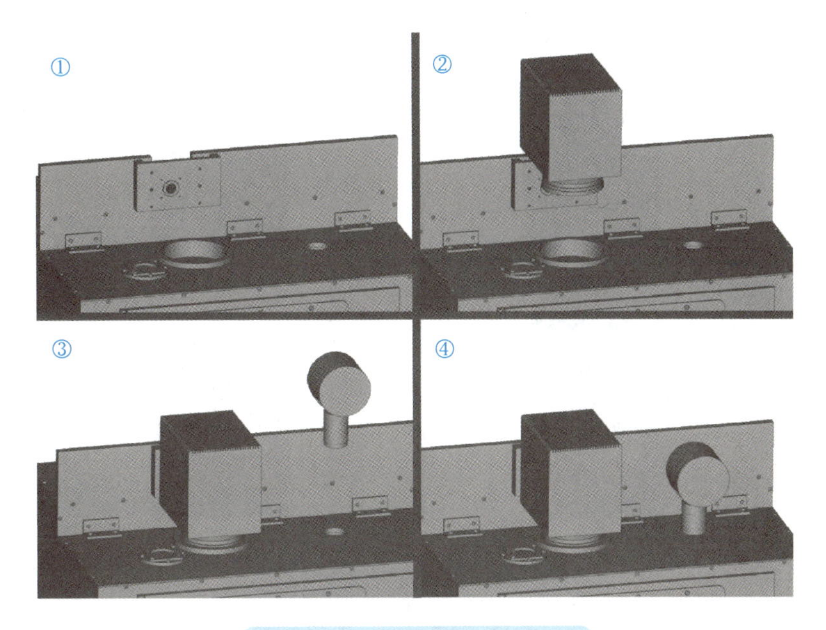


图4-61　安装振镜组件和氧表

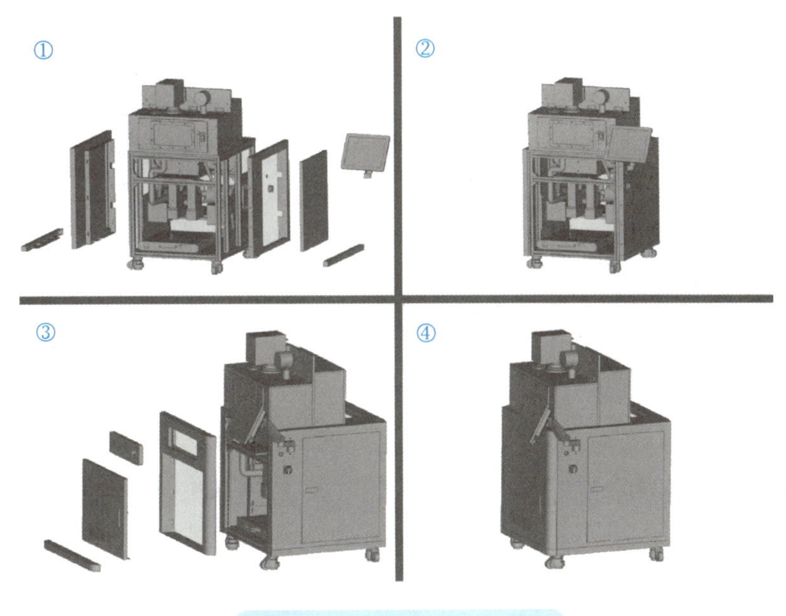


图4-62　安装设备外壳（1）

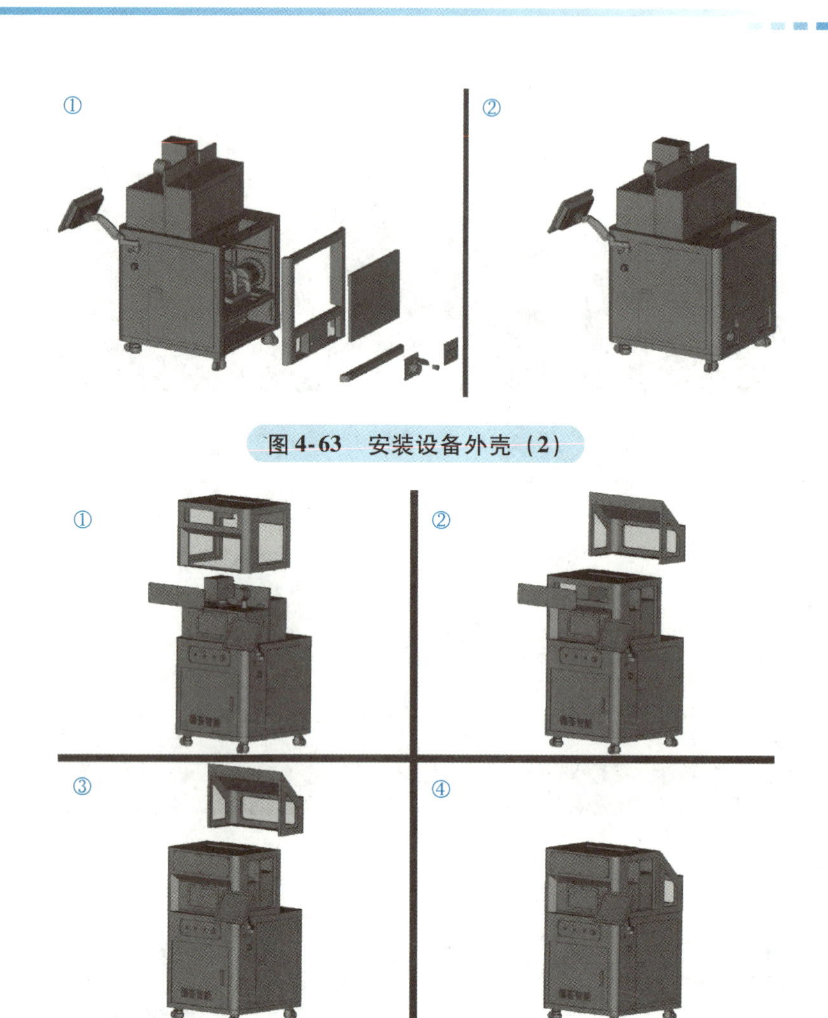

图 4-63 安装设备外壳（2）

图 4-64 安装设备外壳（3）

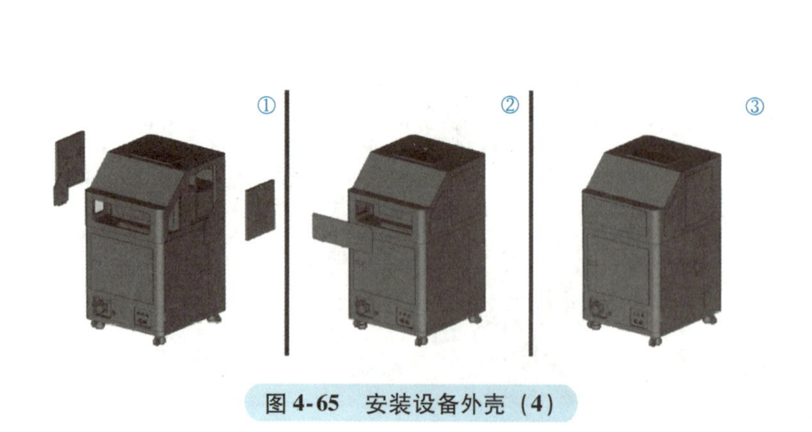

图 4-65 安装设备外壳（4）

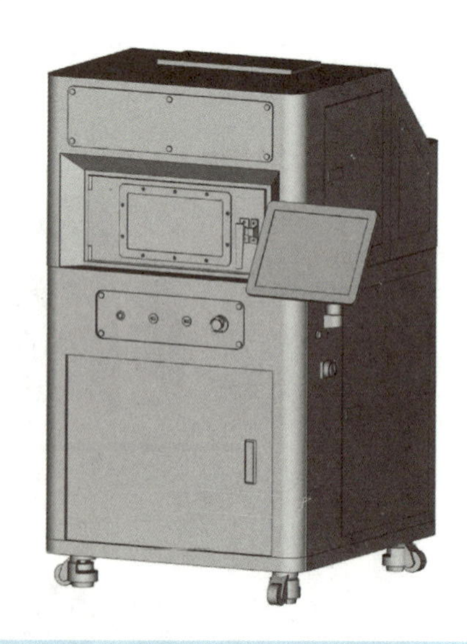

图 4-66 SLM 3D 打印机组装完成效果

## 知识拓展

### 1. 光路系统

最早的激光应用可以追溯到 20 世纪 60 年代。激光技术在当时主要应用于科学研究领域，特别是光学和光谱学研究。激光的首次成功实验在 1960 年，由西奥多·梅曼使用了一种被称为铬铍宝石激光的装置。这一成功实验开创了激光技术的新篇章，后续的研究扩展了激光的类型以及其在各个领域的应用。

在激光切割和焊接方面，光路系统在激光切割和焊接中起着关键作用。它可以通过透镜、反射镜等光学元件来引导和聚焦激光束，将激光能量准确地集中在工件上，实现精确地切割和焊接。其次，在激光打标和雕刻方面，光路系统可以将激光束引导到要打标或雕刻的表面上，通过精确控制激光束的聚焦和位置来实现高精度的打标和雕刻作业。这种技术广泛应用于制造业、珠宝业、医疗器械标记等领域。

在激光测量与传感方面，光路系统的光学元件可以用于设计和构建激光测量和传感系统，如激光测距仪、激光扫描仪和激光雷达等。这些系统可以通过激光光束的反射或散射来获取目标对象的几何形状、距离和运动信息。而在医疗领域，激光眼科手术中使用的激光束需要经过精确的光路系统进行调节和聚焦，以达到治疗和矫正效果。此外，光路系统在科学研究中也扮演着重要的角色。例如，在光学实验室中，通过设计和调整光路系统，可以实现激光干涉、光谱分析、光学实验等多种研究和测量应用。

### 2. 惰性气体

惰性气体在 SLM 3D 打印机中使用的目的是防止金属粉末与氧气反应，从而减少可能产生的氧化反应（见图 4-67）。除了在 SLM 3D 打印机中使用外，惰性气体还有其他应用。

图 4-67　氮气罐

在某些金属焊接和切割过程中，如氩弧焊、等离子切割等，使用惰性气体可以隔绝空气中的氧气和水蒸气，防止金属与氧气、水蒸气发生反应，这有助于提高焊接或切割的质量和强度。在进行粉末冶金工艺时，惰性气体常用于控制反应介质中的氧气和水含量，防止金属粉末在加热和合成过程中氧化或产生不良的反应。惰性气体可以提供稳定的反应环境，确保冶金产品质量。

在某些材料的退火过程中，惰性气体可以防止材料表面氧化，同时保持材料中的退火气氛的稳定性，这有助于降低材料的氧化损失和保持材料的纯度。在电子元件的制造和封装过程中，惰性气体可防止电子元件（如半导体器件）与氧气、水蒸气发生不良反应，降低元件损坏概率和提高产品质量。在高温处理和制备过程中，惰性气体可以用于保护材料免受氧化或其他不良反应的影响。例如，高温炉中的材料处理，利用惰性气体可以减少材料的氧化和损失。

### 3. 水冷系统

水冷系统主要用于冷却激光器以及其他可能产生热量的部件，为这些部件提供可靠的温度控制和散热机制，从而保证设备的效率和稳定性（见图 4-68）。

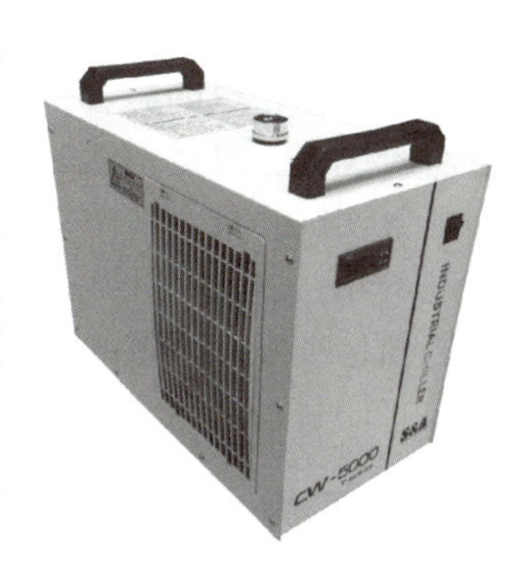

图 4-68　水冷机

水冷系统广泛应用于对设备或工艺进行加热和冷却。通过循环水或其他冷却介质来控制设备温度，可以确保设备在工作时保持稳定的温度范围，避免过热和过冷造成的损坏。在激光切割和焊接过程中，激光器会产生大量热量，需要通过水冷系统来及时冷却激光器的光学和电子部件，以保持其正常工作温度。因此，水冷系统可帮助稳定激光器的性能，提高切割、焊接质量和效率。

水冷系统在电子设备、计算机、服务器、发动机等需要散热的设备中广泛应用。通过冷却循环水或其他冷却介质，水冷系统可以有效地吸收设备产生的热量，并将其冷却后的介质循环回设备，实现高效的散热。在某些化学反应和实验中，需要精确控制反应体系的温度，水冷系统可以通过调节循环水的温度来控制反应容器的温度，保证反应体系的稳定性和可控性。一些医疗设备，如核磁共振（MRI）机、CT 扫描仪等，工作时会产生大量的热量，需要通过水冷系统来冷却设备，确保其正常运行和长时间稳定工作。

## 任务评价

装调密封腔与光路系统任务学习评价表见表4-3。

表4-3　装调密封腔与光路系统任务学习评价表

| 序号 | 评价目标 | 评价标准 | 配分 | 自我评价 | 小组评价 | 教师评价 | 备注 |
|---|---|---|---|---|---|---|---|
| 1 | 认识SLM 3D打印机密封腔与光路系统的组成 | 各零部件名称的掌握情况 | 20 | | | | |
| 2 | 了解各部件的规格与作用 | 各部件作用的了解情况 | 30 | | | | |
| 3 | 掌握密封腔与光路系统的装调方法 | 能否完成密封腔与光路系统的组装 | 35 | | | | |
| 4 | 了解密封腔与光路系统的操作规范 | 组装过程中是否存在损坏零部件的情况 | 10 | | | | |
| 5 | 掌握工、量具的使用规范 | 工、量具使用完后是否规范放置 | 5 | | | | |
| 合计 | | | 100 | | | | |

# 任务4　装调SLM 3D打印机

## 任务目标

1. 熟悉电气调试的原因及方法。
2. 熟悉光路调试的原因及方法。
3. 熟悉机械调试的原因及方法。
4. 了解其他金属3D打印工艺。

## 任务引入

光路调试是指对打印机的光学系统进行调整和优化，以确保激光光束能够准确地照射到预先规划好的耗材位置上，这包括调整激光源的参数、光束整形元件的位置和角度、光束对准参数、光斑质量等。光路调试的目的是实现精确的光束控制，以获得高质量的打印结果。

机械调试是指对打印机的机械结构和运动系统进行调整和校准，以确保设备的运动精度和稳定性，这包括调试电动机的驱动和步进角度、校准导轨的平直度和传动装置的精度，以及检查运动部件的连接和运动轨迹等。机械调试的目的是实现打印平台的准确运动，以保证打印的精度和细节。

电气调试是指对打印机的电气系统进行调整和检查，以确保电源供电稳定、控制系统正常工作和安全系统可靠，这包括调试电源系统的连接和电压输出、检查控制系统的连接和通信、校准传感器的准确性，以及检查安全系统的功能和紧急停止开关等。电气调试的目的是保证打印机的电气系统正常运行，以确保打印过程的稳定性和安全性。

## 任务实施

### 1. 电气调试

（1）电气调试的内容及原因

1）检查电源线路、电源接口和电源开关的连接情况，以及测量电源输出的电压和电流。稳定的电源供电是SLM 3D打印机正常工作的基础，能够确保各个电气设备和元器件正常运行。电气调试还涉及调试3D打印机的控制系统，包括主控板、驱动器和传感器等。通过检查控制系统的连接和通信，以及校准传感器的准确性，能够确保控制系统正常接收和处理指令，实现精确的运动控制和打印过程的监测。

2）调试打印机的电动机和运动系统。如调整电动机的驱动和步进角度，以及校准导轨的平直度和传动装置的精度。通过调整和校准这些参数，可以确保打印平台的运动精度和稳定性，从而实现打印的精度和细节。

3）调试打印机的温控系统。如加热器、温度传感器和温度控制器等。通过检查温度传感器的准确性和稳定性，调整加热器的功率和温度控制器的参数，可以确保打印材料的温度稳定和均匀，从而保证打印质量和材料性能。

4）调试打印机的安全系统。如紧急停止开关、过载保护装置和防护罩等。通过检查安全系统的连接和功能，确保在紧急情况下能够及时停止设备的运行，保护操作人员和设备的安全。

（2）电气元器件连接指南（见表4-4）

表4-4 电气元器件连接指南

| 分类 | 电气元器件 | 连接指南 |
| --- | --- | --- |
| 总电输入及开关系统 | 空气开关 | 连接总电输入的380V进电三相相线与零线，输出三根相线与零线，相线与零线之间电压为220V |
| | 转换开关 | 安装在连接交流接触器信号端处 |
| | 急停旋钮 | 安装在连接交流接触器信号端处 |
| | 启动开关 | 安装在空气开关与二级220V端子排之间 |
| | 交流接触器 | 输入端连接空气开关，输出端连接220V端子排。信号端连接5V信号控制通断接触器 |
| | USB接口 | 与工控机USB接口相连 |
| 强电部件 | 工控机 | 经适配器连接220V端子排 |
| | 显示器 | 电源连接220V端子排，信号端连接主控机 |
| | 激光器 | 电源连接220V端子排，RS232通信接口连接工控机USB接口，信号接收端连接光栅隔离器与激光继电器 |
| | 24V开关电源 | 一端接入220V进电，24V输出连接端子排 |
| | 过滤继电器 | 电流输入端连接220V端子排，电流输出端连接调频器，信号端连接运动控制器 |
| | 调频器 | 电源端过滤继电器，输出端连接离心风机 |
| | 离心风机 | 电源输入端连接调频器 |
| 弱电部件 | 振镜 | 电源连接24V端子排，信号接收端连接振镜板卡 |
| | 振镜板卡 | 通信接口连接工控机USB接口，信号输出端一端连接振镜，一端连接光栅隔离器 |
| | 光栅隔离器 | 信号输入端连接振镜板卡，信号输出端连接激光器信号输入端 |
| | IO采集卡 | 通信接口连接工控机USB接口，信号接收端连接氧气检测仪 |
| | 运动控制器 | 电源连接24V端子排，通信端口连接工控机网线接口 |
| | 粉缸驱动器 | 电源连接24V端子排，信号接收端连接运动控制器对应接口，信号输出与供电端连接粉缸电缸 |
| | 工作缸驱动器 | 电源连接24V端子排，信号接收端连接运动控制器对应接口，信号输出与供电端连接工作缸电缸 |
| | 刮刀驱动器 | 电源连接24V端子排，信号接收端连接运动控制器对应接口，信号输出与供电端连接刮刀电动机 |
| | 粉缸限位开关 | 电源连接24V端子排，信号输出端连接运动控制器对应接口 |
| | 工作缸限位开关 | 电源连接24V端子排，信号输出端连接运动控制器对应接口 |
| | 刮刀前限位开关 | 电源连接24V端子排，信号输出端连接运动控制器对应接口 |
| | 刮刀后限位开关 | 电源连接24V端子排，信号输出端连接运动控制器对应接口 |
| | 激光继电器 | 电流输入端连接24V端子排，电流输出端连接激光器使能，信号端连接运动控制器 |
| | LED灯带 | 电源连接24V端子排 |
| | 工业相机 | 通信端连接工控机USB接口 |

（3）电气调试方法

1）通电前检测。当设备电气部件按以上接线路线连接完成后，不可给设备直接供电，要按照以下步骤进行逐步检测，确认无误后再进行供电。

① 线路连接是否正确。检查线路连接情况是进行通电前检测的重要步骤。检查连线是否正确，实际线路连接是否与所给出的电路连接指南一致，避免错线、少线、多线等情况。检查的方法通常有两种：第一种，可以根据电路连接指南，检查已完成连接的线路，按照一定的顺序逐一检查连接好的线路；第二种，按照实际线路对照线路连接指南，以部件为中心进行查线，把每个部件的线路连接情况依次查清，检查每条连线是否与电路指南上一致。为了防止出错，对于已查过的线通常应在电路指南上做出标记。在检查时，还可以使用指针万用表欧姆档蜂鸣器直接测试部件接线处，有助于发现接线不良的地方。

② 部件的线路连接情况检查。端子排之间是否存在短路，连接处有无接触不良的情况，空气开关、转换开关、启动开关等开关类部件开闭对应连接是否正确等，应在正式通电之前进行检查。若检查不到位，将可能造成电源、电路烧坏，部件损坏等严重后果（见图 4-69）。

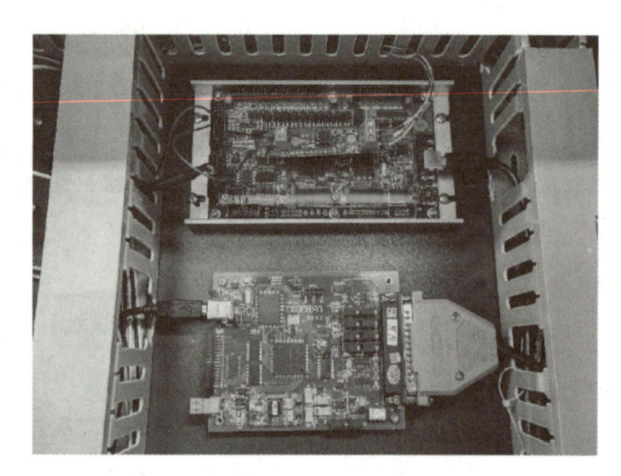

图 4-69　部件的线路连接情况检查

因此，在正式通电之前，应使用万用表测试连接点之间的通断情况，检测开关不同状态下的通断情况，检查每一处的连接是否牢固。检查无误后再进行后续操作。

③ 输入总电压检测。使用万用表对连接设备总电闸处的电压进行检测，确定相线与相线之间的电压为380(1 ±5%)V，零线与相线之间的电压为 220(1 ±5%)V。

2）通电后检测。

① 通电后观察。通电后不要立即开启设备。依次打开空气开关、转换开关、启动开关，时刻观察电路有无异常现象，如有无冒烟现象、异常气味、部件是否发烫等。如果出现异常现象，应立即关断电源，待排除故障后再通电。

② 继电器及部件功能检测。设备完全开启后，对设备功能进行检测。打开设备，观察设备内灯带是否正常。开启过滤器，旋转变频器旋钮调节离心风机功率，测试过滤系统相关部件是否正常工作。升降工作缸、粉缸与移动刮刀，观察运动系统相关部件是否正常。观察氧表与工控机端氧气含量显示是否正常。若出现异常，应立即关断电源，对线路连接进行检查，排除故障后再次进行通电测试。

本调试过程遵循 GB 19517—2009《国家电气设备安全技术规范》、GB 50150—2016《电气装置安装工程　电气设备交接试验标准》、GB 50254—2014《电气装置安装工程　低压电器施工及验收规范》、GB 50169—2016《电气装置安装工程　接地装置施工及验收规范》、GB/T 14285—2023《继电保护和安全自动装置技术规程》等国家标准。

**2. 光路调试**

（1）光路调试的内容及原因

① 光路调试可以确保光源的稳定输出。激光源的功率、频率和模式需要调整到合适的范围，以确保激光能够稳定地输出。只有稳定的光源才能保证打印过程中的一致性和可重复性。

② 光路调试可以控制光束形状和尺寸。通过调整光束整形元件（如透镜、准直器等），控制激光光束的形状、尺寸和聚焦点，这对于在打印材料上精确照射光束非常重要，可确保打印的精度和细节。

③ 光路调试可以确保光束的准确性。光束对准时调整光束的位置和方向，使其能够准确地照射到打印平台上的指定位置。只有正确对准光束，才能保证打印的位置精度和打印层间精度（见图 4-70）。

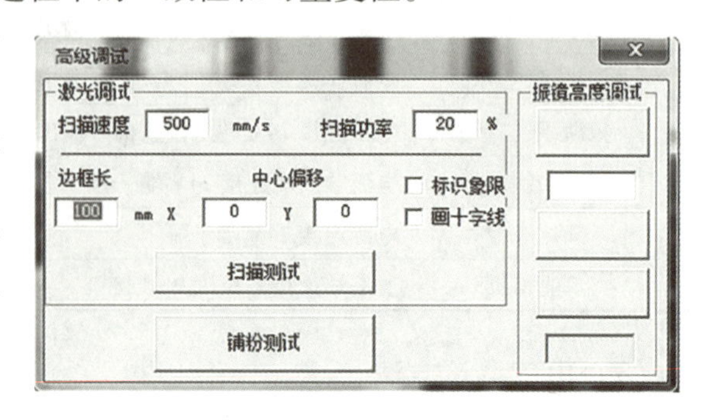


图 4-70　激光调试

④ 光路调试的过程中可以优化光斑质量。通过调

整光学系统的参数，可以优化激光在打印材料上形成的光斑质量。均匀、稳定的光斑有助于提高打印件精度和表面质量，校准光路稳定性。光路中的各个光学元件需要进行校准，以确保它们之间的相对位置和角度的准确性。光路的稳定性对于长时间打印和大规模生产非常重要。

（2）光路调试方法

1）焦距调整（显微镜）。

① 导入尺寸测试模型，打开密封舱门。

② 事前准备，在工作缸上安装基板。

③ 调整工作缸，使用百分表进行测量，使基板高度高于基准平面 1mm。

④ 关闭密封舱门，完成洗气操作。

⑤ 进行单层制造，载入模型，制造单轨道。

⑥ 待激光扫描完成后，将基板取出。

⑦ 将基板放置于特制工业显微镜上，测量单轨宽度。

⑧ 焦距合适的情况下，单轨宽度应在 100 ~ 120μm 之间。

⑨ 拧动准直器后侧旋钮，调节焦距。若所测宽度大于标准宽度区间，则缩小焦距；若所测宽度小于标准宽度区间，则扩大焦距。

⑩ 调整完成后，继续上述操作，直至所测单轨宽度落于标准宽度区间，焦距调整完成。

2）尺寸校准。

① 导入 25 点扫描测试模型，打开密封舱门。模型为间隔 32mm、5 × 5 点阵。

② 事前准备，在工作缸上安装基板。

③ 调整工作缸，使用百分表进行测量，使基板高度高于基准平面 1mm。

④ 准备一张激光测试纸，在其对角线处粘贴双面胶。

⑤ 将激光测试纸粘贴在基板上，按压平整。

⑥ 关闭密封舱门，调整激光功率为 10%，进行单层制造。

⑦ 单层制造完成后，打开密封舱门，取出激光测试纸。

⑧ 将对应目录文件夹下的 YB – 150C – 2D 文件复制到 Correct 软件安装目录对应文件夹下。

⑨ 打开 Correct 软件，在 file name 下拉菜单内选择 YB – 150C – 2D 文件（见图 4-71）。

⑩ 使用游标卡尺测量激光测试纸上打印的点阵，比对 25 点点阵测试模型的标准尺寸，依据 2 点之间距离为 32mm、3 点之间距离为 64mm、4 点之间距离为 96mm、5 点之间距离为 128mm 的标准，在 Correct 软件上通过移动单个点来进行调整，直至全部点位与标准点阵模型一致。在此过程中，注意保证实际打印出的同一行、同一列的点连成的线为直线，且列与列、行与行的点连接成的直线相互平行。

⑪ 将 Correct 软件安装目录对应文件夹下调整好的 YB – 150C – 2D 文件复制到对应目录文件夹下。

⑫ 重复上述操作步骤，直至打印出的点阵完全符合模型要求。

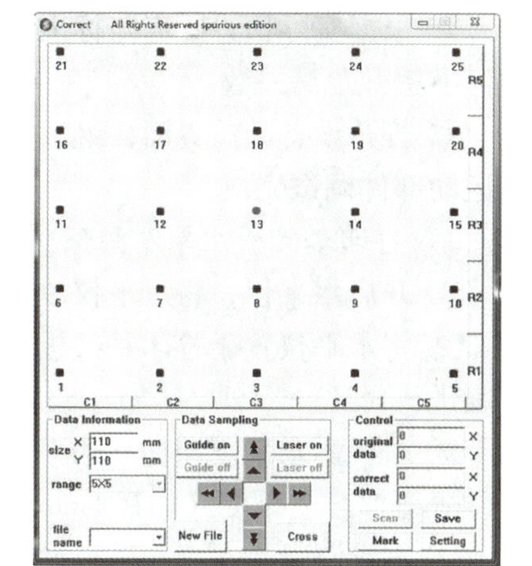

图 4-71　尺寸校准软件

### 3. 机械调试

（1）机械调试的内容及原因

进行机械调试是为了确保 SLM 3D 打印机的机械结构和运动系统能够正常运行，以保证打印平台的运动精度、稳定性和可靠性。

1）调整设备的运动系统。如电动机、导轨、传动装置等。通过调整电动机的驱动和步进角度，校准导轨的平直度和传动装置的精度，可以确保打印平台的运动精度和稳定性，这对于打印的位置精度、层间精度和表面质量非常重要。通过校准运动系统，可以减少运动误差和振动，从而提高打印质量、细节和表面光滑度。

2）检查机械结构的稳定性和刚性。通过检查运动部件的连接和运动轨迹，确保机械结构的稳定性，可以减少振动和变形，从而提高设备的稳定性和可靠性（见图4-72）。

图4-72 机械调试——运动系统检查

3）校准打印平台，以确保打印平台的水平度和垂直度。通过校准打印平台的水平度和垂直度，可以保证打印材料的均匀受热和打印层的精确堆叠，从而提高打印的质量和一致性。

4）调整运动系统的参数，如加速度和速度等，可以在保证打印质量的前提下，提高设备的生产率。

（2）机械调试的方法

1）运动部件调试。

① 打开设备调试界面，移动刮刀。

② 在刮刀移动过程中，用手触碰刮刀架，轻微用力，感受刮刀运动力度是否充足。

③ 若刮刀运动力度不足，甚至中途停止不动，则调节刮刀驱动器运动模式；直至刮刀运动不会因轻微外力而停止。

④ 升降工作缸与粉缸，观察移动是否顺畅。

⑤ 若升降过程中，出现阻塞与异响，则对基板安装板、毛毡与打印基础板进行调整，直至基板安装板能在缸体侧板内顺畅运行。

⑥ 将工作缸与粉缸降至下限位。

⑦ 使用游标卡尺，量出此时两缸深度。

⑧ 打开设备调试界面，将工作缸与粉缸抬升10mm，记为标准抬升距离。

⑨ 使用游标卡尺，量出抬升后两缸深度。

⑩ 用第二次量出深度减去第一次量出深度，得到工作缸与粉缸实际抬升距离。

⑪ 根据实际抬升距离与标准抬升距离之间的差值，调整两缸伺服驱动器参数，直至实际抬升距离与标准抬升距离一致。

⑫ 打开设备调试界面，继续测试几个不同的升降参数，确保每次实际距离与标准距离均一致，至此运动部件调试完成。

2）打印基础板水平度调整。

① 开启水平仪，将水平仪放置在铺粉系统基础板上，记录下水平仪X、Y参数，记为标准水平度。

② 将水平仪置于打印基础板上，分别在四角、中心等多个位置进行测量，将所测水平度与标准水平度进行对比。

③ 若所测水平度与标准水平度不一致，则拧动螺母，将打印基础板拆下，在基板安装板上水平较低位置增加合适厚度（如0.1mm、0.2mm、0.5mm等）的金属薄片，之后将打印基础板装回。

④ 继续测量水平度，进行调整，直至所测水平度与标准水平度一致。

3）工作缸与粉缸密封性相关调试。

① 关闭密封舱门，对密封舱进行洗气操作，并观察氧表所显示氧气含量。

② 若洗气完成后，氧气含量仍高于1%，则拆下打印基础板，对毛毡进行调整。

③ 通过修补、更换等方式，确保毛毡填满基板安装板上部与缸体侧板间空间，以防止密封舱内气体泄漏。

④ 将打印基础板装回，重新进行洗气操作，观察氧气含量。

⑤ 重复上述①~④的操作，直至洗气完成后氧气含量满足所需要求。

⑥ 将工作缸与粉缸下降50mm，倒入金属粉末直至完全填满。

⑦ 移动刮刀，将金属粉末铺平。

⑧ 静待一段时间，观察工作缸与粉缸是否有漏粉情况，其上金属粉末平面是否有漏斗形缺角产生。

⑨ 若产生缺角，则记录漏粉部位，拆下打印基础板，对毛毡进行调整。

⑩ 通过修补、更换等方式对漏粉部位毛毡进行填补。

⑪ 将打印基础板装回，重复上述⑥~⑩步骤的操作，直至漏粉状况完全消失。

⑫ 检测气密性与漏粉情况，直至两者所要求条件同时满足。

4）限位调整。

① 松弛电缸上下限位滑块。

② 打开设备调试界面，抬升粉缸与工作缸直至打印基础板与铺粉系统基础板置于同一平面。

③ 调整上限位滑块，将当前位置设为上限位。

④ 打开设备调试界面，将工作缸与粉缸下降至行程位。

⑤ 调整下限位滑块，将当前位置设为下限位。

本调试过程遵循GB/T 30574—2021《机械安全　安全防护的实施准则》、GB/T 8196—2018《机械安全　防护装置　固定式和活动式防护装置的设计与制造一般要求》、GB/T 19670—2023《机械安全　防止意外启动》、GB/T 16754—2021《机械安全　急停功能　设计原则》、GB/T 12265—2021《机械安全　防止人体部位挤压的最小间距》、GB/T 18569. 1—2020《机械安全　减小由机械排放的有害物质对健康的风险　第1部分：用于机械制造商的原则和规范》等国家标准。

以上3种调试都侧重于对打印结果的影响，而对于拆装训练设备来说，调试过程还可以检查设备制造、安装、调试运行的质量，验证设备正常工作的可靠性，这包括检查设备的机械部件、电气元件和控制系统是否按照规定的要求安装，设备的运行参数是否符合设计要求，以及发现设备潜在的问题。在设备运行过程中，可能会出现一些预料之外的问题，如设备故障、精度下降等。通过调试，可以找出问题的原因，并采取相应的措施进行解决。

## 知识拓展

### 其他金属3D打印工艺

除了本任务介绍的激光选区熔化（SLM）技术和前面提到的激光选区烧结（SLS）技术外，还有其他使用粉状耗材进行金属工件加工的技术，如激光近净成形（LENS）技术、电子束选区熔化（SEBM）技术、直接金属激光烧结（DMLS）技术。

**1. 激光近净成形（LENS）技术**

激光近净成形技术是在激光熔覆工艺基础上产生的一种激光增材制造技术，通过激光在沉积区域产生熔池并持续熔化粉末或丝状材料而逐层沉积生成三维物体。LENS技术由美国桑迪亚国家实验室（Sandia National Laboratory）于20世纪90年代研制，随后美国OPTOMEC公司将LENS技术进行商业开发和推广（见图4-73）。

图4-73　激光近净成形技术

因为LENS技术是由许多大学和机构分别独立进行研究的，因此这一技术有多种名字。LENS技术也称激光熔化沉积（laser metal deposition，LMD）技术，美国密歇根大学称为直接金属沉积（direct metal deposition，DMD）技术，英国伯明翰大学称为直接激光成形（directed laser fabrication，DLF）技术，我国西北工业大学黄卫东教授称其为激光快速成形（laser rapid forming，LRF）技术。美国材料与试验协会（ASTM）标准中将该技术统一规范为金属直接沉积制造（directed energy depositioin，DED）技术的一部分。

LENS技术是通过激光获得能量，采取预铺或同步形式在成形阶段添加材料，在基体上通过逐次熔覆得到三维实体金属工件的。LENS技术以当前快速成形技术为前提，能够实现金属粉末的高温冶金成形。该项技术对基材的热输入量少，热影响区较小，故基材的畸变小，成形零件与基材为冶金结合，强度高，熔覆层尺寸与所在区域能够利用计算机实施有效的控制。与传统制造工艺相比，LENS技术能够完成复杂形状的增材制造，减少了机械加工的工作量，节省材料，性价比高。除此之外，LENS技术还具有加工材料的选择面广、熔覆层组织致密，微观缺陷小、熔覆阶段能够进行合理的控制等优点，适于实现自动化操作。

LENS技术融合了数控、计算机、激光等技术，不仅是一种新型生产工艺，而且属于一门知识覆盖极其全面的学科，基本设施有激光设备、机器人管理系统、送粉装置、操作平台等。

### 2. 电子束选区熔化（SEBM）技术

SEBM技术创始于20世纪90年代初期。1997年瑞典Arcam公司成立，2003年3月第一台SEBM设备S12成功上市。2004年，清华大学林峰教授申请了我国最早的SEBM成形设备专利并开发了国内第一台实验室SEBM成形设备，最大成形尺寸为$\phi150\text{mm}\times100\text{mm}$。

SEBM技术与其他粉末熔化技术不同，SEBM技术使用高能电子束在金属粉末颗粒之间引发熔化。电子在加速电压的作用下加速形成高速电子束，电子束通过电磁透镜聚焦成一点，随后通过偏转透镜进行偏转，在计算机的控制下选择性地熔化金属粉末，从而实现零部件的快速成形。聚焦的电子束扫过粉末的薄层，在特定的横截面区域上引起局部熔化和固化，建立这些区域以创建实体。粉末材料在系统的作用下均匀地铺展在基板上，系统利用低电流和低扫描速度的散焦电子束对粉末进行预热，随后采用更大的电流和扫描速度对粉末进行熔化，熔化完成后平台下降一层厚的距离，再次进行铺粉—预热—熔化循环直至整个零部件在真空下成形完成。与SLM和DMLS技术相比，SEBM技术通常具有更快的构建速度、更高的能量利用率、更出色的力学性能。但是，如最小特征尺寸、粉末粒度、层厚度和表面质量之类的特征通常精度较差。还要注意的是，SEBM零件是在真空中制造的，该过程只能与导电材料一起使用。

### 3. 直接金属激光烧结（DMLS）技术

直接金属激光烧结技术是一种先进的金属加工技术，它利用高能激光束直接烧结金属粉末，将其逐层堆积形成所需的三维金属零件。该技术具有高精度、高效率和设计自由度高等优点，被广泛应用于航空航天、汽车制造、医疗器械等领域。与SLM技术相比，它们在原理和应用上有些相似，但也存在很多不同的地方。

相似之处是，DMLS技术和SLM技术都利用高能激光束瞬间加热金属粉末，将其熔化并逐层堆积形成金属零件；两种技术都可以使用多种金属粉末，如不锈钢、钛合金、铝合金等；DMLS技术和SLM技术都能制造出高精度的金属零件，具有较好的表面质量和尺寸精度。

不同之处在于，DMLS技术和SLM技术在工艺参数上有所不同。DMLS技术通常使用较高的激光功率和扫描速度，而SLM技术则更加注重参数的精细调节。在DMLS技术中，金属粉末通过铺粉辊或刮刀均匀分布在工作台上；而SLM技术中，金属粉末通过涂布或喷射等方式均匀分布在工作台上。从应用领域来看，由于工艺参数的不同，DMLS技术适用于制造大型零件和结构件，如用于航空航天领域；而SLM技术则更适合制造复杂的小型零件，如用于医疗器械和珠宝等领域。

DMLS的代表性设备是德国EOS公司开发的EOSINT M系列产品。德国EOS公司自20世纪90年代以来，便一直致力于金属粉末激光烧结快速成形系统的研制，该公司的DMLS设备利用精密激光烧结技术对各种金属粉末（如模具钢粉末、合金粉末等）进行逐层式扫描烧结处理，能制作出任意型腔的金属制品。因为有不同金属粉末及激光烧结参数可供选择，其产品多样性及质量可以满足目前塑料注射成形、铸造及锻造等行业的模具需求，被模具行业广泛应用。利用DMLS技术生产的带有异型水路的模具或镶件，可满足复杂结构模具的冷却要求，使模具设计者可以充分发挥其设计创意。

## 任务评价

装调SLM 3D打印机任务学习评价表见表4-5。

**表 4-5　装调 SLM 3D 打印机任务学习评价表**

| 序号 | 评价目标 | 评价标准 | 配分 | 自我评价 | 小组评价 | 教师评价 | 备注 |
|---|---|---|---|---|---|---|---|
| 1 | 熟悉电气调试的原因及方法 | 能否阐述出电气调试的原因及基本调试步骤 | 20 | | | | |
| 2 | 熟悉光路调试的原因及方法 | 能否阐述出光路调试的原因及基本调试步骤 | 30 | | | | |
| 3 | 熟悉机械调试的原因及方法 | 能否阐述出机械调试的原因及基本调试步骤 | 35 | | | | |
| 4 | 了解其他金属 3D 打印工艺 | 能否阐述不同金属 3D 打印工艺的异同点 | 10 | | | | |
| 5 | 掌握工、量具的使用规范 | 工、量具使用完后是否规范放置 | 5 | | | | |
| 合计 | | | 100 | | | | |

# 任务 5　操作 SLM 3D 打印机

## 任务目标

1. 熟悉 SLM 3D 打印机的操作。
2. 掌握不同的耗材与特性。
3. 了解 SLM 增材制造技术的应用领域。

## 任务引入

SLM 3D 打印机操作门槛相对较高。操作 SLM 3D 打印机需要对该技术的原理和工艺有一定了解，熟悉设备的操作界面、控制系统和安全操作规程。材料的选择和准备、工艺规划、模型准备以及后处理技能，也需要一定的技术背景和经验。在正式使用之前需要学习和实践才能熟练掌握操作 SLM 3D 打印机的技巧。

SLM 3D 打印机主要使用金属粉末作为耗材。常见的金属粉末包括不锈钢、钛合金、铝合金、镍合金等。这些金属粉末具有以下特点：

1）金属粉末的粒度控制对于打印质量至关重要。粒度的选择取决于所需打印零件的精度和表面质量要求。

2）不同金属粉末具有不同的物理和化学特性，如熔点、热膨胀系数、热导率等。选择合适的金属粉末可以满足打印零件的力学性能和功能要求。

3）金属粉末的均匀分布对于打印质量至关重要。均匀的粉末分布可以确保打印零件的密实性和一致性。

4）金属粉末可以通过回收和再利用来降低材料成本和浪费。回收后的粉末需要进行筛选和处理，以确保其质量和性能。

SLM 增材制造技术在多个领域都得到了广泛的应用。在航空航天领域中，SLM 技术用于制造复杂的发动机部件、涡轮叶片等。在汽车制造领域中，SLM 技术被用于制造发动机部件、底盘组件等，实现其轻量化设计。在医疗器械领域中，SLM 技术可定制人工关节、牙科种植体等。在能源领域中，SLM 技术应用于制造燃气涡轮、燃料电池组件等。此外，SLM 技术还在珠宝和艺术品、船舶、电子设备制造等领域得到应用。SLM 技术的优势在于可以实现高精度、复杂形状和个性化设计，为各行业带来更高的生产率和优化设计。随着技术的进一步发展，SLM 技术在更多领域的应用前景将不断扩大。

## 任务实施

### 操作 SLM 3D 打印机

SLM 3D 打印操作流程：

1）将三维模型切片成多个薄层，每一层都是零件的一个横截面投影。使用切片软件将模型转换为适合打印的格式，并设置打印参数。

2）选择适合的金属粉末并将其均匀分布在平台上，粉末的质量和分布均匀度对打印质量至关重要。进行打印之前，将工作台加热至适当温度，以确保粉末在激光照射下能够熔化并与下一层黏结。

3）激光束根据预先设定的路径和参数扫描金属粉末层，将其瞬间加热至熔点以上，使金属粉末颗粒熔融并与下一层黏结，激光束的位置和功率通常由计算机控制。重复进行激光烧结和粉末分布的过程，逐渐堆积形成完整的三维结构。

4）完成打印后，需要进行后处理，步骤包括去除多余的粉末、进行表面处理（如热处理、机械加工、抛光等），以及进行必要的质量检查。

SLM 3D 打印机的具体操作如下：

（1）设备启动

1）穿戴防护用品。在正式操作前需正确穿戴防护口罩、防护眼镜、防护手套和防护服。

2）安装气阀。使用活动扳手将气阀安装至惰性气体气罐上（见图 4-74）。

3）设备通电。将电源插头接入，打开总电源的空气开关（见图 4-75）。

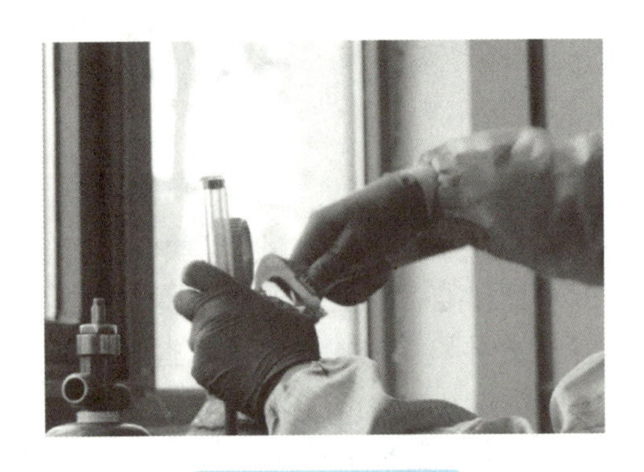

图 4-74　安装气阀

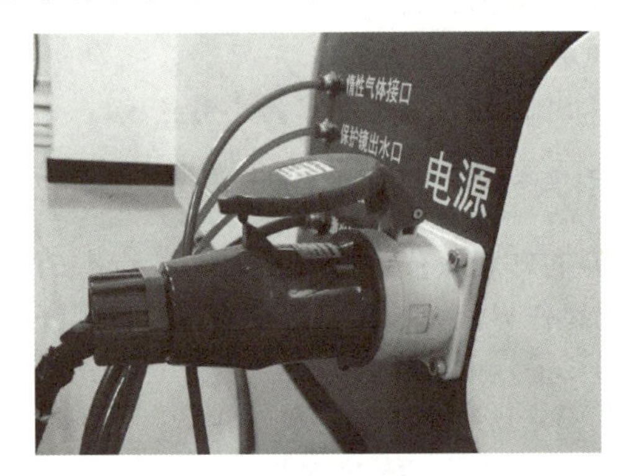


图 4-75　设备通电

4）检查气、水路接口。检查冷水机、气罐与设备连接的进出口是否紧密，确保管路不会轻易脱开。再向冷水机中添加蒸馏水或纯净水，启动冷水机（见图 4-76）。

5）上电启动。旋转位于设备右侧的通电开关，将旋钮旋转到“ON”位置，设备上电启动，工控机开机（见图 4-77）。

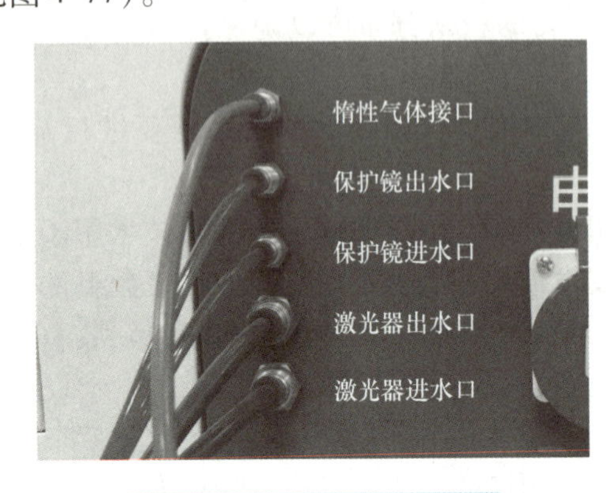


图 4-76　检查气、水路接口

图 4-77　上电启动

6）启动设备。单击位于设备下方的启动按钮，设备工作缸内照明灯点亮，设备处于待工作状态（见图4-78）。

（2）SLM设备的调试

1）添加耗材并预铺平。设备最右侧的为粉缸，用于填充粉末耗材；中间缸为工作缸，安装基板打印零件用；最左侧为粉末回收盒，用于回收使用完的粉末耗材（见图4-79）。

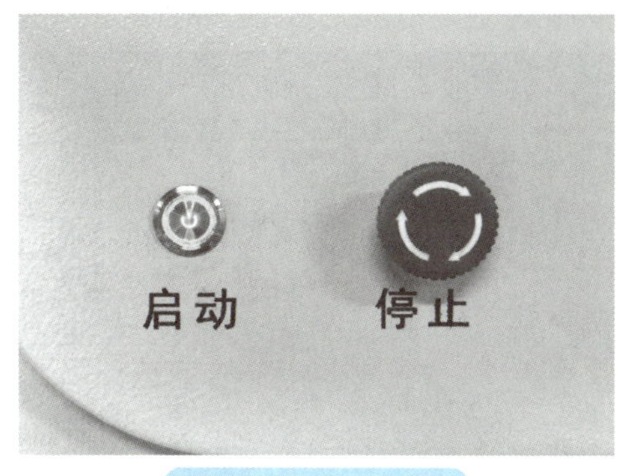


图4-78 启动设备

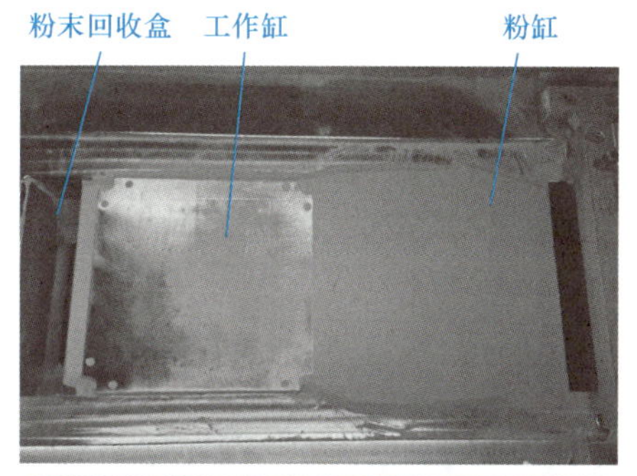


图4-79 工作缸、粉缸、粉末回收盒

将密封存储的粉末耗材添加到粉缸内，并将粉末预铺平（见图4-80和图4-81）。

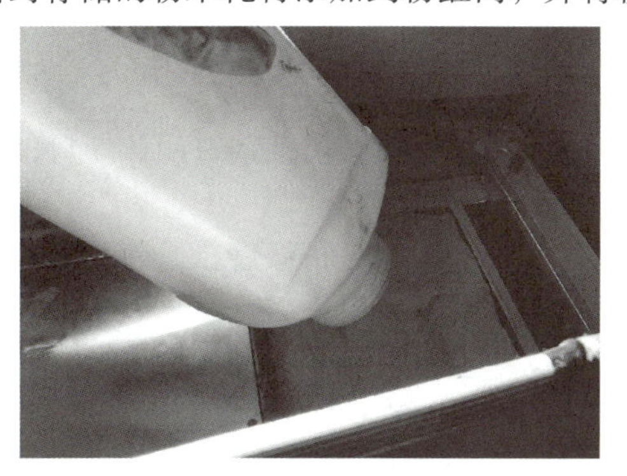

图4-80 添加耗材

图4-81 粉末预铺平

2）安装基板。SLM 3D打印机一般是将零件成形在基板上的，本次使用的是316L不锈钢材料，故选用与打印材料属性类似的304不锈钢基板。使用4个M4×15内六角螺钉将基板固定在工作缸上（见图4-82）。

3）组装刮刀。刮刀的作用是将粉缸中的金属粉末均匀地铺到工作缸基板上表面。一旦刮刀组装失误，直接会影响最终的打印结果，所以刮刀的组装尤其重要，一定要保证刮刀组装的准确性。刮刀组件分为刮刀座、橡胶刮刀、刮刀固定板及螺钉（见图4-83）。

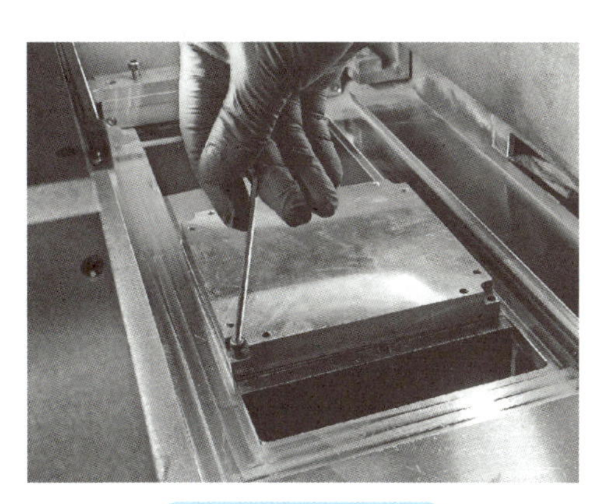

图4-82 安装基板

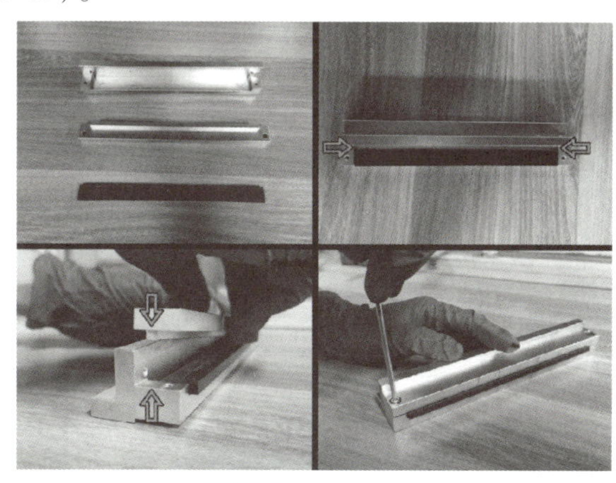

图4-83 组装刮刀

（3）调平

1）将刮刀组件通过螺钉安装到刮刀组件座上，调平基板（见图4-84）。

2）通过单击系统设置栏里的设备调试按钮，弹出设备调试对话框。单击“铺粉移动”中的移动按钮，铺粉刮刀移动。当刮刀移动到基板中间位置时，单击“铺粉移动”中的停止按钮，铺粉刮刀停留在基板中间（见图4-85）。

图4-84　安装刮刀

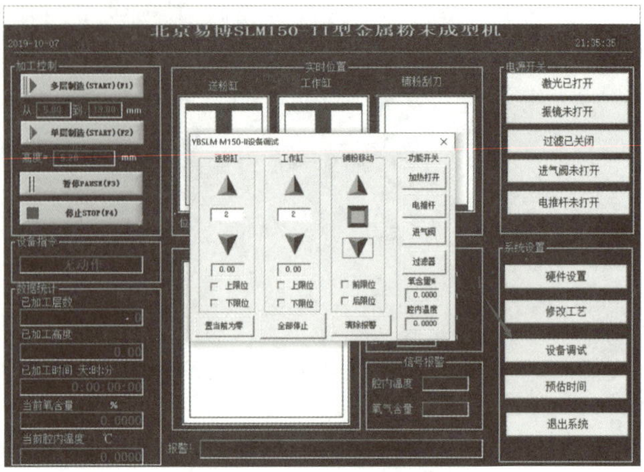

图4-85　移动刮刀

3）取出0.05mm厚的塞尺，将其塞入刮刀与基板中间，左右滑动，调整刮刀两侧螺钉，将刮刀与基板缝隙调整均匀（见图4-86）。

如果塞尺移动过程中感觉右侧过松，就需要将图4-87中的沉头螺钉稍微旋松，将顶丝拧紧，重复使用塞尺测试，直到左、中、右3个位置的松紧度一致即可（见图4-87）。

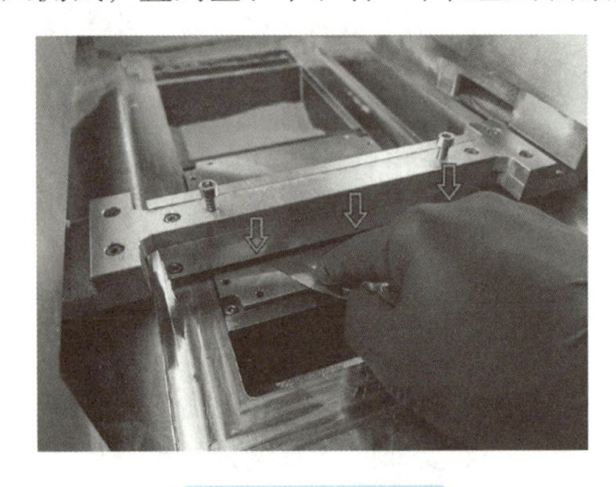

图4-86　塞尺测试

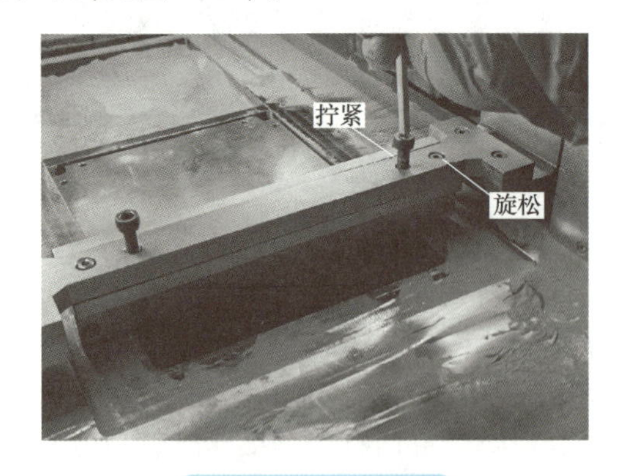


图4-87　刮刀调试

（4）洗气　在SLM 3D打印过程中，放置的金属粉末易被氧化，工作缸内需要填充惰性气体，此外打印316L不锈钢材料需要使用氮气作为保护气。

1）单击“进气阀未打开”按钮，打开进气阀门，开始进行气体置换，将工作缸内的氧气排出，填充氮气（见图4-88和图4-89）。

2）由于打印过程中激光将金属粉末内部分杂质熔融气化，产生黑烟，需要将黑烟过滤，单击“过滤已关闭”按钮，打开过滤器，在洗气过程中将过滤器内的氧气洗净。

3）观察设备工作缸上方的氧气传感器数值，当小于1%时，洗气工作完成（见图4-90）。

（5）打印

1）将需要打印的模型文件通过USB接口从U盘导入中控计算机内（见图4-91）。

图 4-88　打开气罐

图 4-89　调节气体流量

图 4-90　氧气传感器数值小于 1%

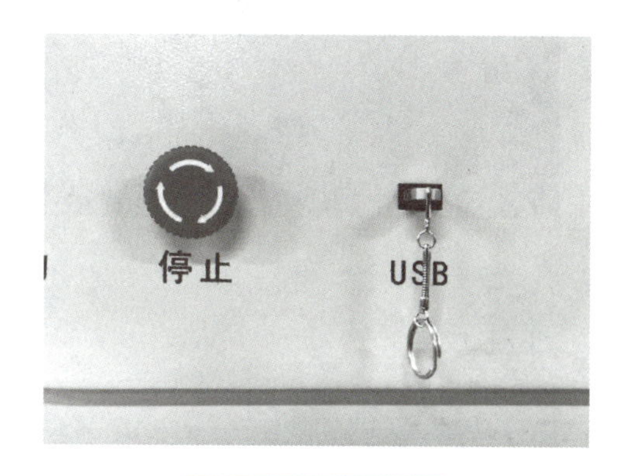


图 4-91　连接 U 盘

2）启动 IGAM－I 模型处理与控制软件（见图 4-92）。

图 4-92　IGAM－I 模型处理与控制软件

3）单击“打开”按钮，弹出“打开文件”对话框，选择要导入的模型，右上角预览确认模型后，将模型添加到操作平台上（见图 4-93）。

4）单击“支撑”按钮，打开“支撑参数设置”对话框，设置完支撑参数后，单击“确定”按钮（见图 4-94）。

5）硬件设置。单击系统设置中的“硬件设置”按钮，弹出“硬件设置”对话框，将对话框中的参

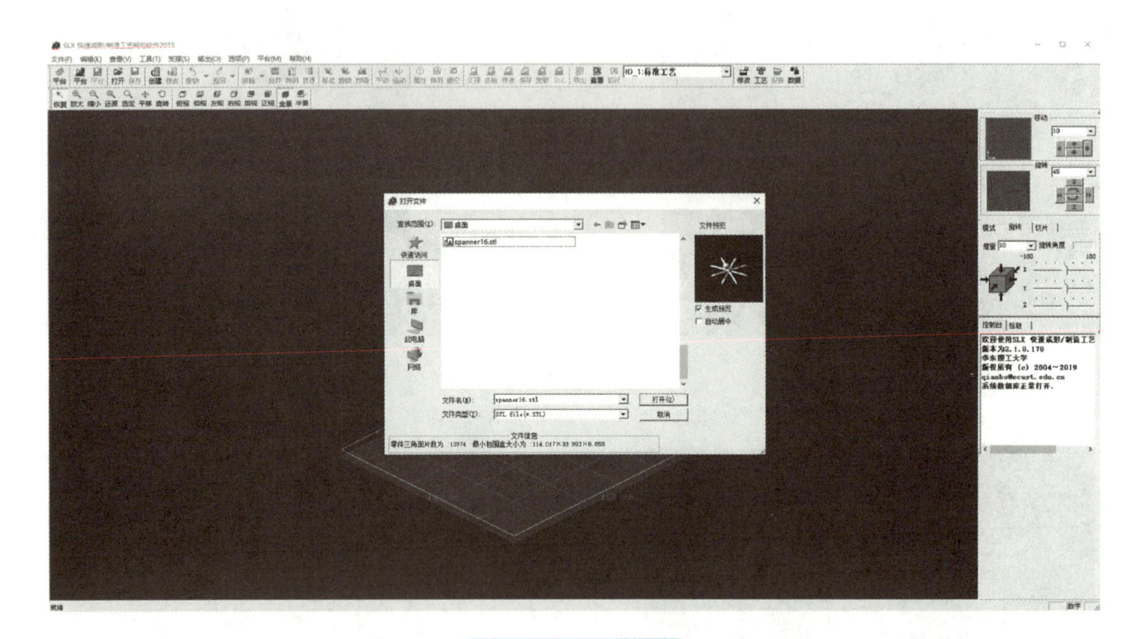

图 4-93　导入模型

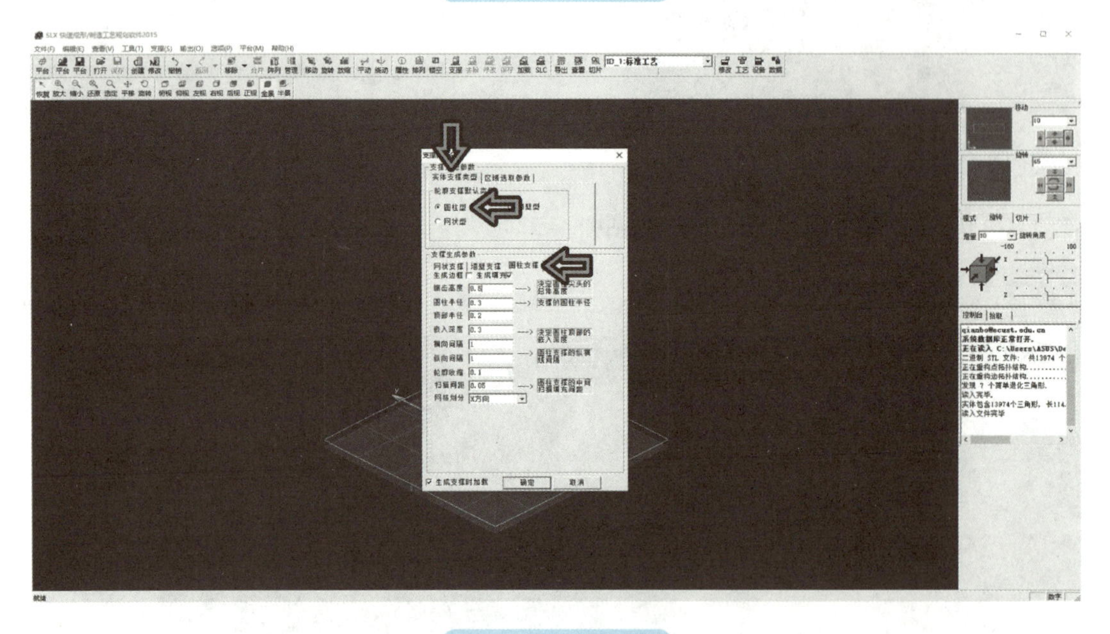

图 4-94　设置支撑

数设置为图 4-95 中的参数。其中，“加工层厚”为切片厚度，即每次加工 0.03mm（见图 4-95）。

6）首层铺粉。单击“设备调试”按钮，弹出“设备调试”对话框，设置参数并按照图 4-96 中操作顺序完成第一层铺粉工作。为了让打印件更好地与基板粘牢，第一层粉末铺粉厚度建议为 0.03 ~ 0.05mm 之间（见图 4-96）。

7）单击“单层制造”按钮进行打印测试（见图 4-97）。

8）确认无误后，单击“多层制造”按钮（见图 4-98）。

9）打印过程中要不定期观察打印进度，防止打印过程中出现问题。

（6）后处理

1）关闭惰性气体的流量阀门和气罐阀门（见图 4-99 和图 4-100）。

2）下调粉缸，上升工作缸（见图 4-101）。

3）使用毛刷清除基板上的耗材粉末，将耗材粉末清理至粉末回收盒（见图 4-102）。

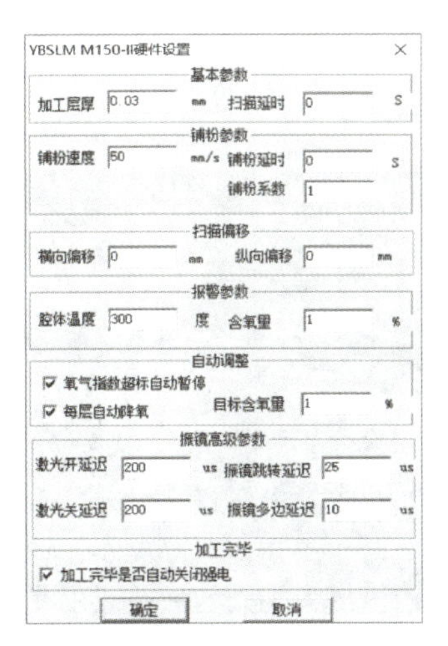


图 4-95　硬件设置

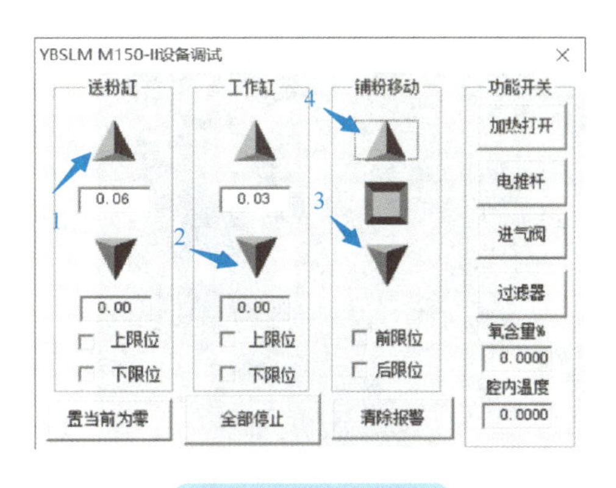


图 4-96　首层铺粉

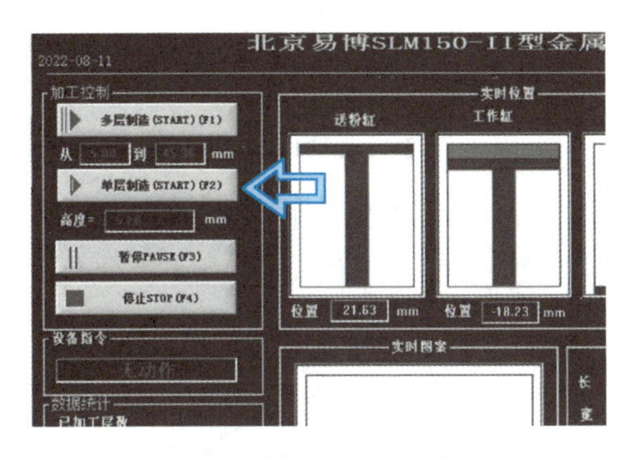


图 4-97　单层制造

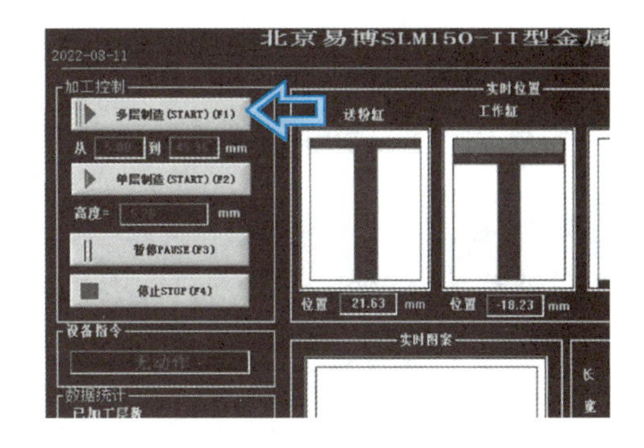


图 4-98　多层制造

图 4-99　关闭流量阀门

图 4-100　关闭气罐阀门

图 4-101　上升工作缸

图 4-102　清理耗材

4）使用六角扳手拆下基板固定螺母（见图 4-103）。

5）小心取出基板（见图 4-104）。

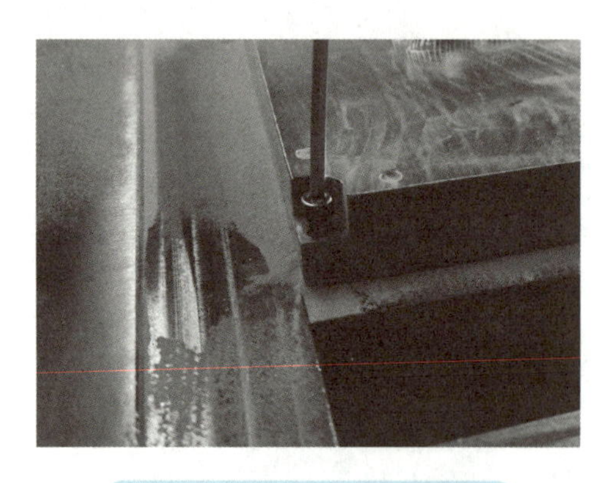

图 4-103　拆下基板固定螺母

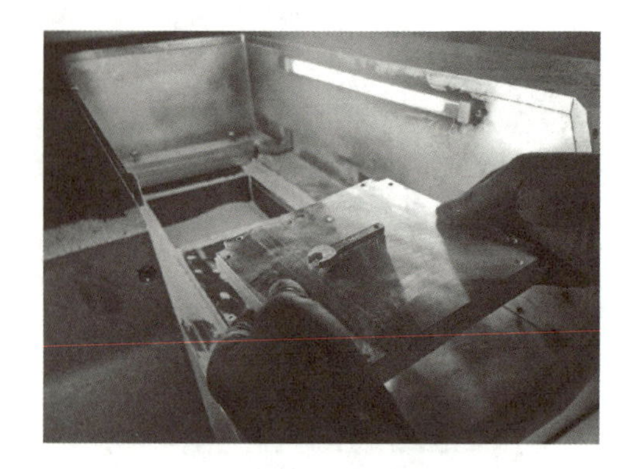

图 4-104　取出基板

6）将使用完的耗材粉末清理至粉末回收盒，将未使用的耗材粉末清理至粉缸（见图 4-105）。

7）清理完成后，关闭工作缸。

8）使用“吹尘球”进一步清理模型和支撑之间的耗材粉末（见图 4-106）。

图 4-105　耗材回收

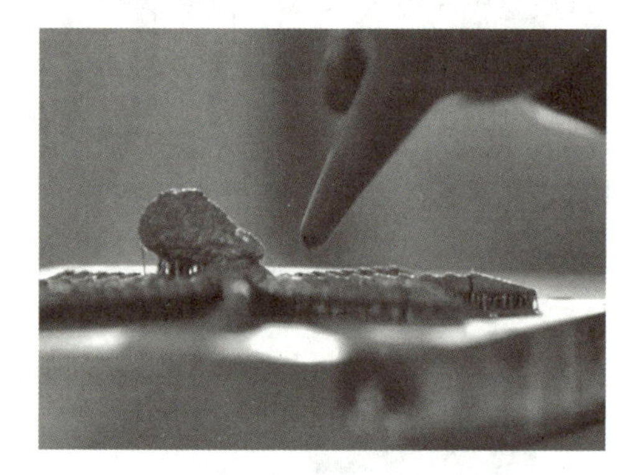

图 4-106　使用“吹尘球”清理粉末

9）使用偏口钳将模型从基板上拆取下来（见图 4-107）。

10）使用偏口钳将与模型连接的支撑拆卸掉（见图 4-108）。

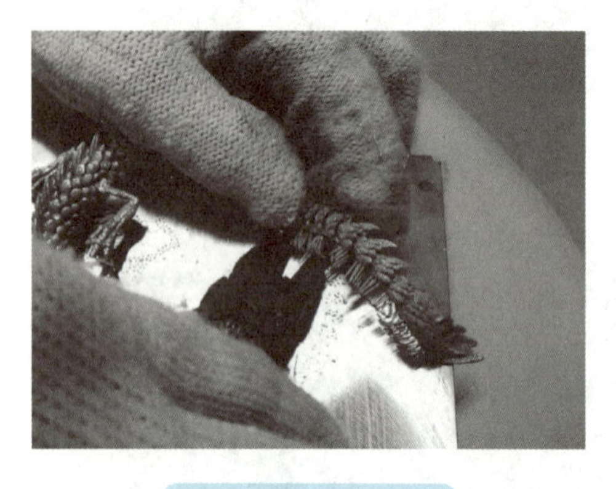

图 4-107　拆取模型

图 4-108　拆卸支撑

11）使用小锉刀、砂纸、砂轮、喷砂机等工具对模型表面进行光滑处理（见图 4-109）。

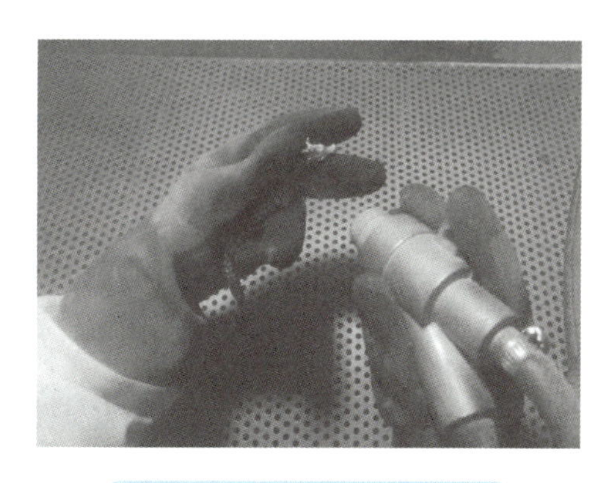

图 4-109 模型表面光滑处理

## 知识与技巧

### 常见的 SLM 3D 打印机耗材与特性

(1) 不锈钢 316L 不锈钢牌号为 (022Gr17Ni12Mo2) 的基本性能参数见表 4-6。

表 4-6 316L 不锈钢的基本性能参数

| 材料性能 | 性能参数 |
|---|---|
| 密度 | 7.98g/cm$^3$ |
| 抗拉强度 | 485～620MPa |
| 屈服强度 | 170～310MPa |
| 耐温性 | 550℃ (保持一般性能温度) |
| 耐蚀性 | 良好 |
| 生物相容性 | 良好 |

316L 不锈钢的化学成分包括质量分数为 16%～18% 的铬、质量分数为 10%～14% 的镍和质量分数为 2%～3% 的钼。此外，它还含有少量的碳、锰、硅和其他元素。在工业中扮演着重要角色的 316L 不锈钢有着优异的性能，这种钢材具有良好的耐蚀性，能够抵抗氧化、酸、碱等化学介质的侵蚀，尤其是在氯化物等强腐蚀介质中表现出色。金属材料中有可能存在结构或组织上的不完整和不规则，这种情况称为金相缺陷。金相缺陷可能是由于材料的制备、处理或使用过程中的各种因素引起的，会影响材料的力学性能、电学性能、耐蚀性，以及其他物理和化学性能。而 316L 不锈钢中的低碳含量可以降低形成金相缺陷的风险，在焊接过程中也能更好地控制其质量和性能。

在钢材加工方面，316L 不锈钢具有高强度和良好的加工性能，经过适当的冷加工和热处理后，316L 不锈钢可以获得较高的强度和韧性，经常应用于一些机械负荷较大的场景。同时，316L 不锈钢易于切割、成形和焊接，可满足不同的加工和制造要求。

316L 不锈钢还具有良好的热稳定性和高温强度，在高温环境下 (1200～1300℃)，仍能保持较好的性能，因此也可作为食品级钢材使用 (见图 4-110)。316L 不锈钢还具有良好的抗菌性，除了本身不会产生有害物质外，加工后的制品表面光滑，可以有效地抵抗细菌的滋生，也更利于消毒清理，因此在医疗器械领域，316L 不锈钢常用于制造手术刀片、外科手术器械、针头、手术钳、骨科植入物、牙科器械等。

图 4-110 316L 不锈钢餐具

除了材料本身所具有的高性能外，针对 3D 打印领域，316L 不锈钢也有着巨大的“吸引力”。它是一种相对易于获取的材料，具有统一的质量和规范，这对于 3D 打印生产中的可靠性和一致性非常重要。该材料还具有良好的可加工性和流动性，有利于金属 3D 打印过程中的熔化和凝固。

(2) 钛合金 TC4 钛合金 (Ti-6Al-4V) 的基本性能参数见表 4-7。

钛合金是一种由钛和其他金属元素 (如铝、铁、钒等) 组成的合金。钛是 20 世纪 50 年代发展起来的一种重要的结构金属，它本身是一种轻质且高强度的金属，具有优异的耐蚀性和生物相容性。添加其他金属元素可以改变钛合金的特性，如增加强度、改善耐热性等 (见图 4-111)。

表 4-7　TC4 钛合金的基本性能参数

| 材料性能 | 性能参数 |
| --- | --- |
| 密度 | 4.5g/cm$^3$ |
| 抗拉强度 | 800～1200MPa |
| 屈服强度 | 500～1100MPa |
| 耐温性 | 600℃（保持一般性能温度） |
| 耐蚀性 | 优异 |
| 生物相容性 | 优异 |

图 4-111　采用钛合金制作的眼镜架

工业中的首个实用钛合金是在 1954 年由美国成功研制出的 Ti－6Al－4V 合金。该材料因其在耐热性、强度、塑性、韧性、成形性、可焊性、耐蚀性和生物相容性等方面的出色表现而成为该领域的顶级合金。迄今为止，Ti－6Al－4V 合金已成为钛合金领域的主要合金之一，它被广泛应用于航空航天、医疗、汽车工业和其他高性能领域。其使用量已占据全部钛合金的75%～85%。其他许多钛合金在某种程度上可以看作是 Ti－6Al－4V 合金改进后的产物。

钛合金的密度一般在 4.5g/cm$^3$ 左右，仅为钢的 60%，一些高强度钛合金甚至超过了许多合金结构钢的强度。因此钛合金具有高比强度，比许多传统金属更轻且强度更高，可用于制作单位强度高、刚性好、质轻的零部件。钛合金可在潮湿的大气和海水介质中工作，其耐蚀性远优于不锈钢，对点蚀、酸蚀、应力腐蚀的抵抗力特别强；对碱、氯化物、氯的有机物品、硝酸、硫酸等也有优良的耐蚀能力。但钛对具有还原性氧及铬盐介质耐蚀性差。

钛合金在低温和超低温下，仍能保持其力学性能。低温性能好，间隙元素极低的钛合金，如 TA7（Ti－5Al－2.5Sn），在－253℃下还能保持一定的塑性。因此，钛合金也是一种重要的低温结构材料。钛合金还具有优异的耐高温性能和低热膨胀系数，能够在高温环境下保持较好的强度和稳定性。

在生物相容性方面，钛合金具有良好的生物相容性，即与人体组织相容性良好，不容易引起排异反应或过敏反应。这使得钛合金成为一种用于制造医疗植入物的理想材料，如人工关节、牙科种植体、骨板和螺钉等。

钛合金还具有良好的可塑性和可加工性，可以通过各种加工方法进行形状定制和制造，如铸造、锻造、机械加工和增材制造等。

（3）铝合金　AlSi10Mg 合金的基本性能参数见表 4-8。

表 4-8　AlSi10Mg 合金的基本性能参数

| 材料性能 | 性能参数 |
| --- | --- |
| 密度 | 2.6～2.65g/cm$^3$ |
| 抗拉强度 | 200～400MPa |
| 屈服强度 | 200～300MPa |
| 耐温性 | 200～300℃ |
| 耐蚀性 | 良好 |
| 生物相容性 | 差 |

铝合金是工业上应用最广泛的轻质结构材料之一，其中 AlSi10Mg 合金作为一种亚共晶铝硅合金，具有密度低、强度高、力学性能良好、导热导电性能好和耐蚀性能好等优点，被广泛应用于生物医学、交通运输和航空航天等领域。AlSi10Mg 是一种铸造铝合金，最早由德国汽车制造商奥迪（Audi）公司于 20 世纪 60 年代开发。该合金最初被用作汽车发动机的原材料，以提高发动机的性能和使用寿命。

AlSi10Mg 牌号中，Al 代表铝，Si 代表硅，10 代表硅的质量分数约为 10%，Mg 代表镁。硅和镁都是常见的铝合金元素，它们的添加可以改善合金的强度和韧性。AlSi10Mg 合金的开发旨在提供高强度和轻量化的材料，以满足汽车和航空航天等工业领域对材料性能和重量的要求。随着时间的推移，AlSi10Mg 合金在不同的工业领域中得到了广泛的应用，并成为一种重要的铝合金材料。

随着现代科学技术的发展，对 AlSi10Mg 合金的性能提出了更高的要求。通过改变成形方式和进行后处理可以影响 AlSi10Mg 合金的性能。这意味着，可以通过不同的制造和处理方法来增强 AlSi10Mg 性能，以适应不同的应用需求；通过优化 AlSi10Mg 合金的加工和处理过程，可以更好地满足海洋环境下的使用要求，并提高材料的使用寿命和可靠性。

在传统加工方面，AlSi10Mg合金具有良好的流动性和可加工性，适用于各种铸造方法，如压铸和砂铸。此外，它也适合锻造工艺，可以用于制造高强度和轻量化的组件，从而改善材料的力学性能和致密度。AlSi10Mg合金还可通过传统的机械加工方法如铣削、车削、钻孔进行加工，因为它相对柔软，易于加工，适用于制造各种工业零件。该合金还具有良好的焊接和铆接性能，在与其他材料的焊接接头上能提供良好的强度和耐蚀性。

目前，AlSi10Mg合金已经成为增材制造领域中非常受欢迎的材料之一，特别适用于金属增材制造技术。通过3D打印可以制造出具有复杂形状和优良性能的金属部件，所以进一步推动了AlSi10Mg合金的应用与发展（见图4-112）。

图4-112　AlSi10Mg合金3D打印件

## 知识拓展

### 1. SLM增材制造技术的应用领域

（1）SLM增材制造技术在航空航天领域的应用　金属增材制造技术在航天航空领域具有许多优势。首先，增材制造技术可以制造出复杂的几何结构，3D打印的这一特性使得一些传统加工工艺无法实现制造的零件都具备了制造的可能，对于航空航天领域这一点有着非常重要的意义。其次，航天器和飞机的部件需要具有轻量化和优化设计，以提高性能、减少重量、提高燃料效率。再者，通过3D打印，可以将数字模型零部件直接制造出来，无须烦琐的工艺流程，零部件模型数据保存后可以随时重复打印，从而更加自由和方便地制造零件。

从可持续发展的角度来看，金属增材制造技术可以提高材料的使用效率。传统的制造过程需要从大块材料中切割和剔除多余的部分，而增材制造技术可以按需制造部件，减少了材料的浪费。这不仅节省了成本，还有助于减轻对有限资源的压力。

SLM增材制造技术可以用于制造复杂形状的航空航天零部件，如燃烧室、涡轮叶片、燃烧器、燃气轮机部件等。这些部件通常需要高强度、高温耐受和轻量化的特性，而SLM增材制造技术可以在保证实现这些特性的基础上完成高精度、高密度的金属部件制造（见图4-113）。

图4-113　SLM 3D打印加工的涡轮叶片

SLM增材制造技术还可以制造具有复杂内部结构和精细喷孔的燃料喷嘴，用于航空发动机的燃烧过程控制和燃烧效率提升。而采用SLM增材制造技术制造的热交换器，可以用于航空器的热管理和温度控制，与以前的部件相比提高了燃料效率和航空器的性能。

2016年，我国SLM技术顺利通过现场测试验收。该项目以新型航天发动机涡轮泵研制为背景，针对核心零件油冷涡轮叶片轴转子开展增材制造技术工程应用研究，突破了盘轴叶片一体化主动冷却结构设计、转子类零件激光选区熔化成形等关键技术，解放了传统工艺对结构设计的束缚，实现了复杂狭长内通道转子类结构设计制造，使结构的换热冷却效果提升了90%，有效解决了涡轮泵高温热防护技术难题，产品顺利通过高温考核试验。该项目在国内首次实现了增材制造技术在转子类零件上的应用，研究成果也推广应用到航天发动机其他关键零部件的研制，突破了复杂异型薄壁轴承座、中空薄壁主动冷却喷管、细长薄壁内流道喷嘴等产品的制造技术瓶颈，实现了发动机关键结构的快速制造，显著提升了航天器发动机的综合性能。

（2）SLM增材制造技术在医疗领域的应用　SLM增材制造技术可以使用多种金属材料进行打印，

包括不锈钢、钛合金、镍基合金等，这些材料在医疗器械和植入物中具有良好的生物相容性和耐蚀性。选择合适的材料可以确保制造的产品符合医疗行业的要求。SLM 增材制造技术可以制造出具有复杂内部和外部结构的金属部件，这意味着可以打印出定制化的医疗器械和植入物，以满足患者个体化的需求。复杂的结构设计还可以改善产品的功能性和性能。

SLM 金属增材制造技术具有高精度和细节表现，能够制造出精确度高的医疗器械和植入物，这对于一些需要精细加工的器械（如假牙和人工关节）尤为重要。高精度的制造可以提供更好的适配性和功能性。SLM 增材制造技术可以快速制造出医疗器械和植入物，相比传统制造方法，更加高效，减少了生产周期，这使得患者可以更快获得所需的医疗产品，并实现个性化的医疗解决方案。SLM 增材制造技术还可以用于医疗器械和设备的快速原型制造，制造商可以通过打印出功能性的样机，快速验证和改进设计，这有助于加快新产品的开发和上市速度。

近年来，口腔医疗行业呈现出数字化发展趋势。对于口腔正畸学，也面临着数字化革命的冲击，特别是三维数字成像和手术模拟，在口腔正畸诊断、设计、治疗和疗效预测中得到越来越广泛的应用。例如，金属增材制造技术在齿科正畸治疗中的应用主要集中在舌侧矫正器方面，通过 SLM 增材制造技术可以直接制造个性化托槽，相比传统的熔模铸造方法，可以避免空穴、空洞等铸造缺陷的出现。这种直接成形的方式可以提高托槽的精度和适配性，使其更好地适应患者的口腔结构。此外，SLM 增材制造技术可以实现更加个性化的治疗方案，通过数字化的设计和制造过程，医生可以根据患者的口腔情况和治疗需求量身定制舌侧矫正器，使其更加贴合患者的牙齿和牙床，提高正畸治疗的准确性和效果。

在骨科植入物方面，使用 SLM 增材制造技术能够制造出更多先进合格的植入物和假体，也使得定制化植入物的交货速度得以提升，从设计到制造一个定制化的植入物最快可以在 24h 内完成。工程师通过医院提供的 X 射线、核磁共振、CT 等医学影像文件，建立三维模型并设计植入物，最终将设计文件通过 3D 打印机制造出来。上海交通大学医学院附属第九人民医院曾为一位 44 岁男性患者成功实施了骨盆软骨肉瘤切除后假体重建手术。患者术后 3 天即能进行下地康复训练，术后 2 周已能扶拐行走，术后 10 个月可完成下蹲和驾驶汽车等动作（见图 4-114）。

图 4-114　上海交大九院重建的假体

近年来，定制式医疗器械在我国也得到了应用发展。2020 年 1 月 1 日，《定制式医疗器械监督管理规定（试行）》正式实施。该规定使得 3D 打印定制化骨科植入物在接受监管的过程中有依据可循，以促进 3D 打印定制化骨科植入物技术在临床中的应用和发展。

（3）SLM 增材制造技术在模具行业的应用　随着激光功率、光斑聚焦和模具钢粉末等关键技术的突破，SLM 增材制造技术在注射模具随形冷却水道制作方面取得了显著的进展。在制造大型复杂注射件的过程中，通过模拟软件分析，设计出水道截面形状及路径，并采用 SLM 增材制造技术制作随形水道镶件，将其嵌入到用切削加工制造的模具基体上。在模具外部使用软管将两个部分的冷却水道连接起来，既避免了模具钢粉末成本高、3D 打印效率低等技术局限，又解决了传统冷却水道存在的问题。

对于小型精密结构件注射模具，通过 CAD 和 CAE 软件进行优化设计，设计出随形冷却水道。利用 SLM 增材制造技术直接将整个模具打印出来，并在打印过程中添加随形水道。同时，还可以利用 SLM 增材制造技术建立起生产线，用于制造某些结构复杂的模具或模具零件，如橡胶轮胎花纹块模具和鞋底花纹模具。目前，SLM 增材制造技术已经能够将这类模具或模具零件的综合成本控制在市场可接受的范围内。

SLM 增材制造技术在注射模具制造中的应用突破了传统制造方法的限制，为模具制造带来了新的机遇。通过优化设计和高效打印，可以实现更精确的冷却水道形状和布局，提高注射件的制造质量和生产率。随着技术的进一步成熟和成本的进一步降低，SLM 增材制造技术有望在模具制造领域得到更广泛的应用。

### 2. SLM 增材制造技术的问题与展望

（1）存在问题　与传统加工工艺相比，SLM 增材制造技术虽然可以在产品性能、创新性、定制化、客户满意度等方面有所提升，但仍有许多不可忽视的问题存在，限制着该技术向工业生产活动中进一步发展。

1）SLM 设备的价格通常比较昂贵。这主要是因为 SLM 设备需要高精度的激光器以及其他复杂的部件和技术，除了设备本身的高成本外，材料成本和维护成本也很昂贵。金属粉末作为打印材料本身就很昂贵，并且消耗材料的数量相对较高，这进一步增加了成本。

2）SLM 技术是一种逐层打印和烧结的过程。虽然每层的打印速度可以很快，但是由于需要逐层打印和冷却，制造大型或复杂的零件可能需要相当长的时间，这对于需要大规模生产或有严格交货时间要求的项目来说，可能是一个限制因素。

3）尽管 SLM 技术可用于处理多种金属材料，但仍然存在一些材料选择的限制。不同材料之间在熔点、热传导性和流动性等方面存在差异，因此不能使用所有金属材料进行打印。这限制了应用该技术的范围，并可能限制某些特定零件的制造。

4）批量加工的零件质量一致性也不是 SLM 技术的优势。SLM 技术中的熔化和固化过程会产生温度变化和热应力等因素，这可能导致制造出的零件存在质量一致性问题。如果无法控制这些变量，大批量打印出的零件质量也许会出现不稳定的情况，从而可能引发力学性能和耐久性方面的问题。

（2）未来展望　虽然目前的 SLM 技术本身或者所使用的相关材料仍存在着一些问题，但随着技术的进步，这些问题都将逐步被解决。重要的研究方向如下：

1）深入研究和开发适用于激光快速成形的金属粉末材料。粉末材料在激光快速成形中扮演着关键角色，它们的物质特性对于改善成形过程和最终零件的性能具有基础性的影响。一个重要的研究方向是深入定量研究适用于 SLM 工艺的粉末化学成分、物性指标、制备技术以及表征方法。通过对粉末的化学成分进行详细分析，可以了解不同元素对成形过程和金属性能的影响。此外，对粉末的物性指标进行定量研究，如粒径分布、形状、流动性等，有助于优化激光快速成形工艺中粉末的流动性、熔化特性和凝固行为。

2）制备适用于激光快速成形的金属粉末。这包括开发合适的合金配方、制备工艺和设备，以获得具有一致性和可重复性的粉末。通过精确控制粉末的物理和化学特性，可以提高激光快速成形的成形效率和零件质量。此外，拓展研究范围至不同类别的金属体系也是关键之一。Al 基、Ti 基、Ni 基、Fe 基、Cu 基、Mg 基等多类金属体系具有不同的特性和应用领域。通过研究和开发适用于这些金属体系的专业化粉末材料，可以满足各种不同行业的需求，并推动激光快速成形技术在更广泛领域的应用（见图 4-115）。

图 4-115　Cu 基金属

3）深入研究和开发高性能复杂结构金属及其合金零件的激光控形控性制造。激光快速成形专用高流动性金属粉末的设计制备是其中的物质基础。通过精心设计金属粉末的化学成分和物性指标，以及调控其流动性，可以使其适用于激光快速成形工艺。这样可以提高粉末的熔化性能和成形质量，为高性能复杂结构金属及其合金零件的激光控形控性制造提供基础材料。此外，通过研究激光熔化过程中非平衡熔池的行为和材料的热力学效应，可以预测激光快速成形过程中的熔化和凝固行为。而通过调控激光成形过程中的显微组织，可以控制成形件的力学性能和表面质量。同时，对激光成形件内应力演化规律的研究，有助于预测和控制成形件的形状稳定性和变形行为。

在研究方法上，采用了粉末设计制备、零件结构设计、SLM 工艺，以及组织、性能评价的一体化研究方法。这种综合研究方法将粉末设计和成形工艺设计有机结合，从而实现了对复杂结构金属及其合金零件的精确成形。同时，通过对成形件的组织和性能进行评价，可以验证成形过程中的理论推测，并不断改进和优化制造过程。

通过以上这些针对 SLM 增材制造技术的研究，将逐步实现高性能复杂结构金属及其合金关键零件的激光控形控性直接制造。这种制造方法可以提供更高的加工灵活性、更高的制造效率和更优异的零件性能，为相关领域的技术进步和应用创新提供重要支持。

## 任务评价

操作 SLM 3D 打印机任务学习评价表见表 4-9。

表 4-9 操作 SLM 3D 打印机任务学习评价表

| 序号 | 评价目标 | 评价标准 | 配分 | 自我评价 | 小组评价 | 教师评价 | 备注 |
|---|---|---|---|---|---|---|---|
| 1 | 熟悉 SLM 3D 打印机的操作 | 能否在 SLM 3D 打印机上完成操作 | 30 | | | | |
| 2 | 掌握不同的耗材类型与特性 | 能够阐述不同耗材类型的区别 | 30 | | | | |
| 3 | 了解 SLM 增材制造技术的应用领域 | 能够结合现有的应用情况，整理你认为有可能的应用方向，并分享 | 30 | | | | |
| 4 | 掌握工、量具的使用规范 | 工、量具使用完后是否规范放置 | 10 | | | | |
| 合计 | | | 100 | | | | |

# 参考文献


[1] 乔彤瑜．经济型激光选区熔化 3D 打印机的结构设计 [D]．石家庄：河北科技大学，2017.
[2] 陈继民．3D 打印技术概论 [M]．北京：化学工业出版社，2020.
[3] 罗威，董文锋，杨华兵，等．高功率激光器发展趋势 [J]．激光与红外，2013，43 (8)：845 – 852.
[4] 宋威廉．激光加工技术的发展 [J]．激光与红外，2006，36 (增刊1)：755 – 758.
[5] 李腾飞．小型选择性激光熔化增材制造设备设计及应用 [D]．上海：华东理工大学，2019.
[6] 杨森，钟敏霖，张庆茂，等．激光快速成形金属零件的新方法 [J]．激光技术，2001 (4)：254 – 257.
[7] 沈初杰．激光近净成形工艺研究及其性能分析 [D]．合肥：合肥工业大学，2016.
[8] 汤慧萍，王建，逯圣路，等．电子束选区熔化成形技术研究进展 [J]．中国材料进展，2015，34 (3)：225 – 235.
[9] 邝治全．DMLS 技术在模具异型水路制造中的应用 [J]．冶金丛刊，2018 (15)：34 – 35.
[10] 武兵书．金属 3D 打印技术正在成为模具制造智能化的关键技术 [J]．金属加工 (冷加工)，2022 (6)：1 – 8.
[11] 李瑞锋，李客，周伟召．激光金属 3D 打印技术的研究进展 [J]．粘接，2022，49 (7)：98 – 105.